国家重点基础研究发展计划（973 计划）项目（2013CB036003)资助
国家自然科学基金项目（51374198,51134001）资助

不同应力环境下断续节理岩体结构效应模型试验研究

杨旭旭　著

中国矿业大学出版社
· 徐州 ·

内 容 提 要

结构面的存在使工程岩体具有结构效应，大幅度增加了对岩石材料力学性质评估的难度，使岩体工程设计更加复杂。断续节理普遍赋存于工程岩体中，在荷载作用下产生新裂隙，并且逐渐扩展、连通，形成宏观破裂面，使工程岩体逐渐丧失承载能力。因此，研究断续节理岩体的结构效应对岩体工程的稳定性控制具有十分重要的意义。本书结合国家重点基础研究发展计划(973 计划)项目(2013CB036003)和国家自然科学基金项目(51374198,51134001)，针对工程岩体力学性质难以预测的科学难题，采用物理模型试验和颗粒流数值模型试验相结合的方法，对单向、双向和三向应力环境下断续节理岩体的结构效应进行系统研究。

本书可供岩石力学与工程方向的研究人员、学生或技术人员参考使用。

图书在版编目(CIP)数据

不同应力环境下断续节理岩体结构效应模型试验研究/杨旭旭著. — 徐州 ：中国矿业大学出版社，2023.11

ISBN 978-7-5646-6049-9

Ⅰ. ①不… Ⅱ. ①杨… Ⅲ. ①节理岩体—岩体结构面—力学性质—研究 Ⅳ. ①TU452

中国国家版本馆 CIP 数据核字(2023)第 220664 号

书　　名　不同应力环境下断续节理岩体结构效应模型试验研究
著　　者　杨旭旭
责任编辑　杨　洋
出版发行　中国矿业大学出版社有限责任公司
(江苏省徐州市解放南路　邮编 221008)
营销热线　(0516)83885370　83884103
出版服务　(0516)83995789　83884920
网　　址　http://www.cumtp.com　**E-mail**:cumtpvip@cumtp.com
印　　刷　苏州市古得堡数码印刷有限公司
开　　本　787 mm×1092 mm　1/16　**印张**　8.75　**字数**　224 千字
版次印次　2023 年 11 月第 1 版　2023 年 11 月第 1 次印刷
定　　价　48.00 元
(图书出现印装质量问题，本社负责调换)

前 言

结构面的存在使工程岩体具有结构效应，大幅度增加了岩石材料力学性质评估的难度，使岩体工程设计更复杂。断续节理普遍赋存于工程岩体中，在荷载作用下产生新裂隙，并且逐渐扩展、连通，形成宏观破裂面，使工程岩体逐渐丧失承载能力。因此，研究断续节理岩体的结构效应对岩体工程的稳定性控制具有十分重要的意义。本书结合国家重点基础研究发展计划(973 计划)项目(2013CB036003)和国家自然科学基金项目(51374198，51134001)，针对工程岩体力学性质难以预测的科学难题，采用物理模型试验和颗粒流数值模型试验相结合的方法，对单向、双向和三向应力环境下断续节理岩体的结构效应进行系统研究。主要研究成果与结论如下：

(1) 采用人工相似材料制备了 182 块断续节理岩体物理模型试件，在单轴压缩条件下分别研究了断续节理岩体节理间距力学效应和节理重叠度力学效应，分析获得了平行节理间的相互作用机理。平行节理间的相互作用对断续节理岩体模型破坏模式、强度性质和变形性质具有重要的影响，受到节理倾角、节理间距和节理重叠度的制约。随着节理间距的减小，断续节理岩体模型的归一化强度和试件表面最大位移变形量均减小；当节理倾角小于或等于 45°时，断续节理岩体的归一化强度和试件表面最大位移变形量随着节理重叠度的减小而减小。

(2) 在上述室内物理模型试验基础上，采用颗粒流数值模型试验扩展研究了断续节理岩体结构几何参数力学效应。首先对数值模型中完整材料的微观参数采用与物理试验结果校验的方法进行确定；然后，通过反演分析确定数值模型中节理张开度及相应的微观力学参数。在确定微观力学参数体系基础上，系统研究了断续节理岩体节理倾角、节理连续度和节理张开度力学效应。节理倾角和节理连续度对断续节理岩体的力学性质的影响显著，节理张开度对断续节理岩体力学性质的影响随着节理倾角的变化而变化。节理表面的接触和相互作用对断续节理岩体宏观力学性质具有重要影响。

(3) 用锚杆对84块不同几何结构断续节理岩体物理模型试件进行锚固约束,研究侧向定刚度约束条件下断续节理岩体的结构效应。同时,采用颗粒流数值模型试验研究侧向定压力约束条件下断续节理岩体的结构效应。研究结果表明:尽管侧向应力对断续节理岩体的破坏模式的影响较小,但可以有效提高各个倾角时断续节理岩体的强度。当断续节理岩体中节理倾角为30°、45°、60°时,采用锚杆进行支护可以提高岩体的承载力;当节理倾角为0°和15°或75°和90°时,采用提高支护应力的措施可以提高岩体的承载力;在锚杆上施加预紧力是进行岩体加固的有效措施。

(4) 在上述单向、双向应力环境下模型试验的基础上,采用颗粒流数值模型试验研究了隧道开挖三向应力环境下断续节理岩体节理倾角力学效应。阐明了在无支护应力条件下断续节理岩体受预制节理倾角的影响主要表现的三种破坏模式,即完整材料破坏、阶梯形破坏和平面破坏。完整材料破坏模式下断续节理岩体的强度较高,阶梯形破坏和平面破坏模式下断续节理岩体的强度较低。断续节理岩体自由面的收敛变形分为三个阶段,每个阶段收敛变形的大小受到节理倾角和支护应力的影响。提高自由面上的支护力可以大幅度提高断续节理岩体的强度,一定条件下,断续节理岩体强度的平均增量可以达到所施加支护应力10倍以上。

(5) 在三向应力环境下,采用颗粒流数值模型试验进一步系统研究了断续节理岩体结构效应中的节理力学参数效应。考虑黏结的平滑节理模型,分别研究了断续节理岩体节理法向刚度、剪切刚度、节理摩擦系数、节理内摩擦角、节理内聚力和节理抗拉强度的力学效应。研究揭示了三向应力作用下沿原有节理的剪切滑移是造成断续节理岩体破坏的原因,节理力学参数中与节理剪切强度相关的参数,如节理内聚力和节理内摩擦角,对断续节理岩体的宏观力学性质起主要作用。

著 者

2023年5月

变量注释表

符号	变量名称
E	弹性模量
i	等效膨胀角
n	锚杆数
ν	泊松比
σ_{n}	正应力
σ_{c}	抗压强度
σ_{t}	抗拉强度
σ_1	第一主应力
σ_2	第二主应力
σ_3	第三主应力
ε_1	σ_1 方向应变
ε_2	σ_2 方向应变
ε_3	σ_3 方向应变
α	节理倾角
d	节理间距
L_{o}	节理重叠度
L_{r}	岩桥长度
k	节理连续度
L_{j}	节理长度
gap	节理张开度
h	节理中心距
$\overline{k}_{\mathrm{nj}}$	节理法向刚度
$\overline{k}_{\mathrm{sj}}$	节理剪切刚度
μ_{j}	节理摩擦系数
$\overline{\sigma}_{\mathrm{cj}}$	黏结节理抗拉强度
$\overline{\tau}_{\mathrm{cj}}$	黏结节理剪切强度
c_{j}	黏结节理内聚力

表(续)

符号	变量名称
ψ_j	黏结节理内摩擦角
UCS_r	岩石单轴抗压强度
UCS_{rm}	节理岩体单轴抗压强度
F_n	法向力分量
U_n	法向位移
ΔF_s	剪切力增量
ΔU_s	切向位移增量
k_n	颗粒体法向刚度
k_s	颗粒体切向刚度
μ	颗粒体之间的摩擦系数
ρ	颗粒体密度
E_c	颗粒体的弹性模量
R_{min}	颗粒体最小半径
R_{rat}	颗粒体最大与最小半径比值
λ	平行黏结面半径系数
$\overline{E}_c$	平行黏结弹性模量
$\overline{\sigma}_c$	平行黏结抗拉强度
$\overline{\tau}_c$	平行黏结剪切强度
$\overline{k}_s$	平行黏结剪切刚度
$\overline{k}_n$	平行黏结法向刚度
$\overline{F}_n$	平行黏结面上法向力
$\overline{F}_s$	平行黏结面上切向力
$\overline{M}_n$	平行黏结面上法向力矩
$\overline{M}_s$	平行黏结面上切向力矩
θ_n	法向扭转角分量
θ_s	切向扭转角分量
Ψ	节理膨胀角
A	接触面面积
J	接触面极惯性矩
I	接触面惯性矩

目　录

1 绪论

1.1 研究目的与意义

大多数天然存在的岩体由完整的岩石和将岩石分离开的不同类型的结构面组成。这些结构面包括片理(fissure)、裂隙(fracture)、节理(joints)、断层(faults)、层理面(bedding planes)、剪切带(shear zones)和岩脉(dykes),对岩体力学行为起决定性作用。在水电、土木、交通和采矿工程中,工程师经常会面临在岩体上或岩体中进行岩体工程系统的设计和建设,如水电或交通隧道、大坝基础、天然和人造边坡、采矿硐室、石油和天然气储存硐室、隔离放射性废物硐室等。为达到对这些岩体工程系统进行安全、经济设计,科学认识岩体的强度、变形和破坏机制至关重要。

在地下工程中,特别是隧道或煤矿巷道工程,由于开挖扰动等的影响,隧道围岩体中大量新生节理(本书中为片理、裂隙、剪切带、断层等的统称)发育,对隧道围岩稳定性产生重要影响。隧道围岩体的破坏过程主要涉及沿原有节理表面的剪切滑移、张开闭合和大量微裂隙的起裂、发展及合并。采用现有岩石力学理论,如弹塑性理论,难以合理预测节理岩体的各向异性和非连续性。而且,由于隧道在开挖过程中及开挖后,岩体内结构特征和状态是变化的,难以采用基于结构分析的力学理论(如块体理论等)进行围岩体稳定性分析。因此,需要采用科学的研究方法对隧道围岩体破坏机理进行系统研究,实现对节理岩体力学性质的合理预测,便于采取有效措施进行隧道围岩稳定性控制。

岩体结构是决定节理岩体力学性质的重要因素,节理岩体力学性质具有结构效应。岩体结构效应是指岩体中结构面的空间分布、组合规律等因素对岩体力学性质的影响。岩体力学性质的结构效应包括:① 岩体强度的结构效应;② 岩体变形的结构效应;③ 岩体破坏的结构效应[1]。这些结构效应又可以进一步分为:① 结构面形态力学效应;② 结构面充填物力学效应;③ 结构面连续性力学效应;④ 结构面密度的力学效应;⑤ 结构面产状的力学效应。将结构面形态、充填物、连续性、密度、组数、产状及岩块形状、大小、结构等称为岩体结构因素。这些结构因素的几何特性和力学特性决定了它们在岩体力学性质的结构效应中发挥的作用。如图 1-1 所示,对于结构面形态和充填物两个因素的研究,可以归结为结构表面力学性质研究;对于结构面连续性、密度、组数、产状等因素的研究,可以归结为结构面

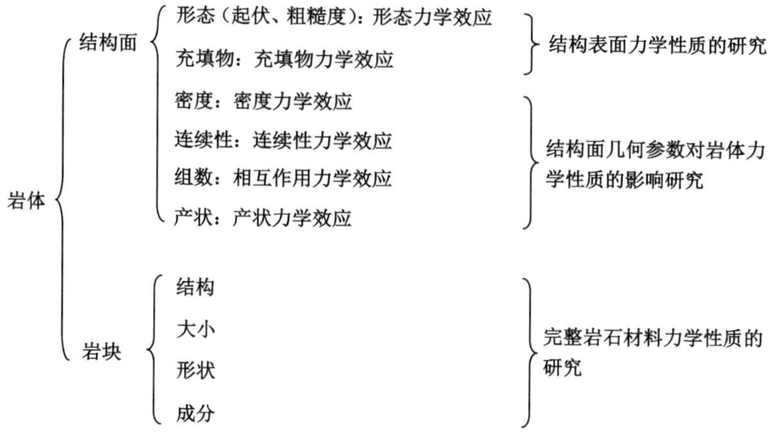

图 1-1　岩体结构效应的不同研究方向

几何参数对岩体力学性质的影响研究；对于岩块的研究，则可以归结为对完整岩石材料力学性质的研究。

在结构表面力学性质的研究方面，Barton-Bandis 模型较好地定量反映了结构表面粗糙度、岩壁强度、张开度、充填情况、渗流等对结构面抗剪力学性质的影响，并得到了广泛的应用和发展[2]。但是，上述模型重点研究了结构面自身的力学性质，而对结构表面力学性质如何影响结构面所在岩体的宏观力学性质没有研究。另外，节理岩体结构面几何参数（如组数、产状、连续性、密度、排布方式等）对岩体宏观力学性质的影响，由于其空间分布的多样性和其与应力状态组合下对岩体强度、变形和破坏特征影响的各向异性和复杂性，至今还是岩体力学研究的热点和难点之一。因此，节理岩体的结构效应仍需要系统研究。

由于岩桥的存在使岩体受力和变形破坏性质发生改变，断续节理岩体的变形破坏机制比连续节理岩体的复杂得多[3-7]。虽然已有部分学者开展对预制断续节理试件的试验研究，且对节理岩体的裂隙扩展、汇合贯通模式和破裂模式有了初步了解，但是对节理岩体强度、变形等力学性质的研究还不够深入。各试验研究中采用的节理几何分布各不相同，缺乏关于节理几何参数（如组数、产状、延续性、排布方式、张开度）及其组合下与岩体宏观力学行为之间的定量关系的试验研究。除节理几何参数外，节理的力学参数（如法向刚度、剪切刚度、摩擦系数、黏结强度等）对节理岩体特别是断续节理岩体的宏观力学性质同样具有重要影响，而现阶段缺乏相关的深入研究。

现有岩体力学试验研究中多数采用常规试验方法，如单轴压缩试验、双轴压缩试验等，而考虑工程岩体在开挖过程中和开挖后所经历的复杂应力环境的研究较少。如隧道开挖过程中，隧道围岩体内径向应力逐渐增大，法向应力逐渐减小，直至达到新的应力平衡状态[8-11]。施工过程中施加的支护作用也会使隧道围岩体内的应力状态发生改变，其应力路径较单双轴压缩试验复杂得多。在应力不断调整的过程中，隧道围岩体的内部结构也在发生改变。真实还原新生裂隙的起裂、发展和贯通过程是揭示隧道围岩体破坏机理的有效途径。在此基础上，可对隧道围岩体的破坏模式进行分析，并获得不同破坏模式对岩体的强度和变形性质的影响规律。

因此,根据上述岩体工程中,特别是隧道工程中存在的科学问题,为深入揭示断续节理的岩体结构效应,本书采用物理模型试验与颗粒流数值模型试验相结合的方法系统研究了不同应力环境下断续节理岩体结构对节理岩体力学性质的影响,以期为合理进行岩体工程稳定性分析与控制提供科学依据。

1.2 国内外研究现状

1.2.1 节理岩体力学性质研究现状

1.2.1.1 连续节理岩体力学性质

地下隧洞工程被广泛应用于采矿、运输、核废料处理及液体储存等。地下开挖硐室的稳定性对施工人员的安全及施工设施的正常运行具有重要的意义。在完整岩体中不施加支护措施的条件下,开挖硐室能够在一定程度上维持稳定[12],然而在节理岩体中,若没有支护措施,开挖硐室将不能维持稳定。在非连续岩体中开挖隧道的稳定性与节理几何参数等存在重要关系。

结构面(如节理、层理、剪切带和断层等)的存在,使岩体表现出各向异性。大量对节理岩体模型的研究根据节理的连续性可以分为两类:连续节理模型和断续节理模型。Z. Y. Yang 等[13]研究了连续节理对合成岩石模型单轴抗压强度和变形性质的影响,发现岩体的破坏模式可以分为三类,即劈裂破坏、沿节理表面滑移破坏和混合破坏,研究证实了节理的倾向使岩体的强度和变形表现为各向异性。P. H. S. W. Kulatilake 等[14]通过对含连续节理岩石块体的单轴压缩试验得到了类似的研究成果。物理和数值试验均表明节理岩体的单轴抗压强度随着裂隙张量分量的增大而降低,且二者呈非线性关系[15]。Y. M. Tien 等[16]通过物理模型试验研究了横向各向同性岩石试件的破坏机理。研究结果表明:横向各向同性岩石试件的破坏模式受到节理倾向和围压系数的影响,可以分为沿节理平面滑移破坏和非沿节理平面滑移破坏两类。其中非沿节理平面的滑移破坏又可以细分为穿过节理平面的张拉破坏、沿节理平面的张拉劈裂破坏和穿过节理平面的滑移破坏。

1.2.1.2 断续节理岩体力学性质

为了深入理解裂隙的起裂、扩展和合并机理,国内外学者针对含 1 条裂缝[17-21]、2 条裂缝[22-27]和 3 条裂缝[28-31]的岩石块体模型进行了大量的物理试验和数值试验研究。这些研究成果对揭示节理岩体的破坏机理具有重要意义[32]。S. Q. Yang 等[17]通过单轴压缩试验观察到在预制节理的尖端产生新生裂隙,并进一步导致岩块抗压强度、弹性模量、轴向应变的降低。当试件中的预制节理多于 1 条时,L. N. Y. Wong 等[23]发现新生裂隙的合并方式与预制节理的倾角、岩桥长度和岩桥倾角相关。C. A. Tang 等[28]指出由相邻两节理尖端产生的新生裂隙会选择最弱的路径合并,且随着预制节理的增加,新生裂隙合并更容易。M. Sagong 等[33]通过物理模型试验研究了岩体中含有多条裂缝(3 条和 16 条)在单轴压缩条件下的合并过程,并与含 2 条节理岩体的试验结果进行了比较。结果表明:含有多条裂缝岩体的破坏模式与含有 2 条裂缝岩石块体中岩桥的破坏模式相类似。上述节理模型[22-33]由于裂缝之间岩桥的存在,均被认为是断续节理模型。

断续节理或称为非连续节理，普遍存在于工程岩体中，如 E. Z. Lajtai 等[34]在 Saskatchewan 钾矿的岩柱中发现了两类节理模式，即雁形排列的张拉裂缝和雁形排列的剪切裂缝。R. H. C. Wong 等[35]报道了 1991 年发生在香港筲箕湾采石场 2 000 m^3 的巨石滑坡事故。事故发生时，采石场正在进行爆破作业，同时进行的还有对新房屋地基的现场平整施工作业。事故调查报告[36]表明事故发生前，在边坡岩体中存在着大量的平行节理，而这些节理是非连续的，即断续节理。由于这些节理的倾向垂直于边坡表面，地质调查认为没有滑坡危险。但是由于施工作业的扰动，在断续节理的尖端产生了新生裂隙，并且新生裂隙合并成为平行于边坡表面的宏观破裂面，最终导致大体积滑坡事故。由于断续节理的发展与合并对岩石工程稳定性具有重要影响，一些学者对含断续节理岩体的力学性质进行了研究。S. M. Jamil[37]通过对岩石相似材料的单轴和双轴压缩试验，研究了节理结构和加载方式对闭合断续节理岩体破坏模式和强度的影响规律。Jamil 所研究的节理参数包括节理倾向$c_j=0.5$ MPa、节理间距 $\overline{\sigma}_{cj}$、节理连通率 $\overline{k}_{nj}=1.36\times10^{10}$ N/m^3 和围压应力，且在试验过程中保持步距角不变，即 $\overline{k}_{sj}/\overline{k}_{nj}=1/3$。通过试验研究，Jamil 获得 4 种破坏模式：平面破坏模式、阶梯破坏模式、多平面阶梯破坏模式和完整岩样破坏模式。E. J. Cording 等[38]发现对于阶梯破坏模式，岩桥抗拉强度对岩体的破坏强度起控制作用，因此根据极限平衡方法提出了下列阶梯破坏模式下的岩体破坏准则：

$$\tau=\sigma_t\frac{d}{L_j}+\sigma_n\tan(\phi_j+i) \tag{1-1}$$

$$\sigma_1=\frac{\dfrac{2\sigma_t d}{\sin 2(\beta-i)L_j}+\sigma_2[1+\tan(\phi_j+i)/\cot(\beta-i)]}{1-\tan(\phi_j+i)\tan(\beta-i)} \tag{1-2}$$

式中，σ_t 为岩石的抗拉强度；i 为等效膨胀角$[i=\arctan(d/L_j)]$；ϕ_j 为非黏结节理的摩擦角。但是，与 Jamil[37]所得到的物理试验结果对比表明上述极限平衡公式对节理岩体强度的估算是过高的，特别是在低围压条件下。O. Mughieda[39]和 M. V. S. Jan[40]所得到的物理试验结果同样证明了式(1-1)、式(1-2)过高估算了节理岩体的强度，这是由于上式是基于以下假设得出的：① 法向应力在节理上是均匀分布的；② 岩桥和节理的抗拉强度是同时发挥作用的。

O. Mughieda[39]通过对多平面和单平面断续节理岩体进行单轴压缩试验，发现单节理平面岩体的强度较多节理平面岩体的强度大，这是由于在单节理平面条件下应力集中在岩桥上，而多节理平面条件下应力在岩桥和节理上分布更均匀。M. Prudencio 等[41-42]通过对含有断续节理岩体模型进行双轴压缩测试，总结出节理岩体的破坏模式和强度与断续节理的几何参数、主应力方向以及中间应力与岩石强度的比值之间的关系。节理岩体的破坏模式分别为平面破坏(failure through a planar surface)、阶梯破坏(stepped path failure)和块体转动破坏(failure by rotation of new blocks)。M. Prudencio 等[42]根据试验结果提出下列断续节理岩体强度公式：

$$\frac{\sigma_1}{\sigma_c}=m\frac{\sigma_2}{\sigma_c}+b \tag{1-3}$$

在 M. Prudencio 等[42]研究的基础上，M. Bahaaddini 等[43]采用颗粒流数值方法研究了断续节理几何参数对岩体单轴压缩条件下力学性质的影响。研究发现:节理岩体的破坏模式主要受节理步距角和节理倾角的影响。Q. Wu 等[44]通过对不同尺寸断续节理岩体的三维应力进行分析获得了节理岩体强度和变形参数与裂隙张量分量的函数关系。利用该函数关系,Q. Wu 等[44]发展了新的正交各向异性本构模型。

1.2.2 含节理隧道围岩体破裂机理研究现状

深埋隧道围岩体的原始状态将受到开挖和远场应力的相互作用而发生改变[45],并产生一系列的动态或准静态调整。在隧道周围发生伴随原有裂隙发展或新裂隙产生的非可恢复变形岩体区域称为开挖破裂区(excavation disturbed zone,EDZ)[46]。EDZ 的形成反映了深埋隧道围岩体的渐进破坏过程。如在 URL 实施的大尺度隧洞试验就验证了围岩体的破裂发展过程[47-48];E. Z. Lajtai 等[49-50]在进行的室内二轴压缩试验中观察到岩石裂隙的发展过程,并总结归纳了岩体破坏模式。在 EDZ 范围内,岩体的破坏程度随着集中应力与岩石强度的比值变化而变化[51]:集中应力与岩石强度的比值越大,岩体的破坏程度越高;集中应力与岩石强度的比值越小,岩体的破坏程度越低。集中应力(原岩应力的重分布)在原有裂隙的尖端作用产生新生裂隙,并进一步降低岩体强度[52]。深入研究原有节理的力学行为以及新生裂隙产生、发展及合并的机理,对合理进行深埋隧道稳定性分析具有重要意义[53-54]。

1.2.2.1 单节理模型

在地下工程中,由于结构面的存在,岩体往往表现出各向异性。结构面将加剧应力集中和强度衰减,使隧道围岩产生多种破坏模式,如崩裂及滑移。根据所研究模型中结构面的数量,相应的分析模型可分为单节理模型[55-58]、单组节理模型[51,59-62]和多组节理模型[63-66]。单节理模型多数用于研究断层等对深埋隧道围岩体变形、破坏机理的影响。如 Y. H. Hao 等[56]采用 UDEC 进行断层几何、力学参数敏感性研究,指出断层倾向、断层剪切强度及断层的相对位置对地下工程结构稳定性具有重要的影响。断层增大了围岩体塑性区范围及位移量,并使二者在隧道周围非对称分布。S. Yan 等[57]通过理论分析、数值模拟及现场实测对开采过程中断层附近回采隧道的变形节理及相应的稳定性控制措施进行了研究。研究结果表明:断层大幅度增加了回采隧道的收敛位移,并需要采取措施进行稳定性控制。

1.2.2.2 单组节理模型

由于在地下工程中经常会遇到层状岩体,因此采用单组节理模型进行深埋隧道围岩稳定性研究较多。层理影响工程岩体的力学性质,使工程岩体表现为各向异性或横向各向同性,大幅度增加了岩体的力学响应的预测难度。在物理或数值模型试验中,层理岩体往往被简化为单组层理模型。P. Jia 等[59]采用数值分析软件 RFPA 研究了节理倾角及侧向压力系数对隧道稳定性的影响,指出节理倾角和侧向压力系数对深埋隧道的破坏模式和位移变形均具有重要影响。M. Sagong 等[51]通过室内物理试验及数值分析对含有圆形孔洞节理岩体的岩石劈裂和节理滑移进行了研究。研究结果表明:张拉裂隙的发展方向与预制节理近于垂直,并随着张拉裂隙的扩展产生可转动的新生块体。S. Y. Wang 等[61]开展了一系列数值试验,研究圆形孔洞周围横向各向同性岩体的破裂过程。根据数值计算结果,节理岩体主要产生两种破坏模式,即穿过层理的张拉破坏和沿着层理的滑移破坏。两种破坏模式的发生与层理的倾角、围压及层埋与完整岩石强度的比值有关。

1.2.2.3 多组节理模型

虽然在岩石力学中，岩体一般被假设为各向同性或横向各向异性体，但仍然有很多学者试图建立含有多组节理的岩体模型，以便更深入地研究节理岩体的力学性质。R. Bhasin 等[63]研究了节理间距对大跨硐室稳定性的影响，研究结果表明：硐室周围块体的尺寸和数量对围岩体的收敛变形量具有重要影响。Y. J. Jiang 等[64]根据对隧道围岩体的分形分析及数值计算，探讨了隧道围岩变形量与分形维数、节理倾向之间的关系。J. T. Wang 等[65]研究了圆形隧洞周围的各向异性变形行为，该圆形隧洞所在岩体中包含了数组倾斜节理。研究指出：当岩体中含有 2 组不利倾向的节理时，节理的滑移破坏将使围岩失稳造成较大的各向异性变形。然而，当岩体含有 3 组有利倾向的节理时，各组节理引起的滑移变形及应力变化将相互抵消，使岩体的各向异性变形小于含有 2 组不利倾向节理时的。

上述模型中的节理基本上为连续节理，即节理贯穿整个岩体模型。大量对连续节理岩体力学性质的研究，为理解深埋隧道的破坏机理和合理选用稳定性控制措施提供科学依据。但是，很少有研究断续节理所引起隧道围岩体破坏的[44]。深埋隧道围岩体的变形破坏机理及稳定性不仅受已有节理表面的影响，还受新生节理产生、扩展及合并的影响[51]。断续节理由于受开挖扰动等的影响，普遍存在于地下工程岩体中，并引发大量微小裂隙而造成岩体损伤。E. Z. Lajtai 等[50]在 Saskatchewan 钾矿的岩柱中发现了雁形排列的张拉裂隙及雁形排列的剪切裂隙两种裂隙类型。通过对深埋隧道围岩体的钻孔照相测试，发现了断续节理，并通过连续测试监测到断续节理合并过程，如图 1-2 所示[67]。隧道围岩体的稳定性与节理的连通率紧密相关[68]。因此，为了合理进行深埋隧道稳定性分析，对含有断续节理隧道围岩体破裂机理的研究具有重要意义。

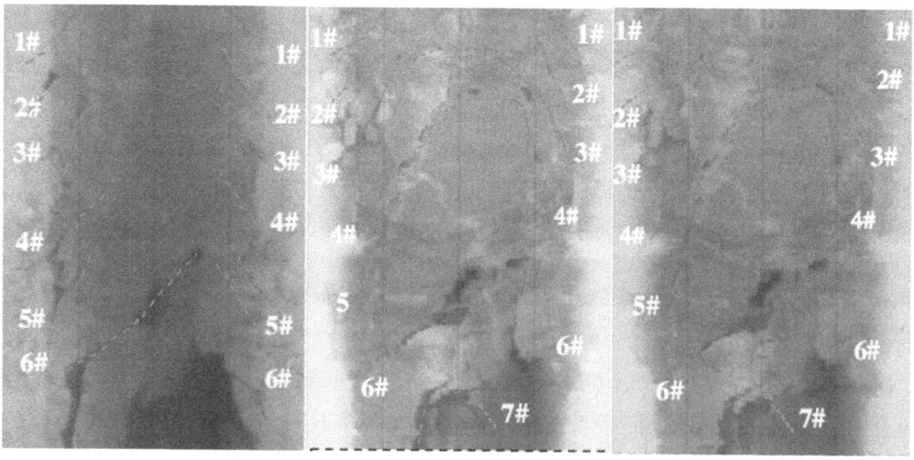

图 1-2 隧道围岩体中的断续节理[67]

1.2.3 节理岩体的锚固性质研究现状

在节理岩体条件下，喷浆、锚杆、锚索或钢架等是维持隧道稳定性的有效措施。P. H. S. W. Kulatilake 等[69]通过分析不同隧道形状和支护形式对隧道稳定性的影响，对隧道支护体系进行优化设计，研究表明：合理的支护设计能够大幅度提高围岩体的强度，并减小塑性区范围和隧道收敛变形量。X. Wang 等[70]通过对煤矿隧道稳定性的非连续、连续应力分析，指出采用支护措施可以将隧道墙体变形量减小 43%～51%，顶板变形量减小 29%～39%，底板变形量减小 9%～10%。作为岩体工程最主要的支护措施，锚杆支护体系的合理设计越来越重要。锚固的作用机制是国内外学者研究的热点。一般认为在节理岩体中锚杆起阻止岩体沿节理平面或软弱面发生剪切滑移破坏作用，或者对破裂岩体起悬吊作用。此外，一些学者讨论通过施加锚杆促进岩拱的形成来进行深埋隧道稳定性控制[71]。

1.2.3.1 节理岩体锚固性质剪切试验

对锚杆锚固性质的物理模型研究、数值模型研究以及理论分析模型研究根据施加荷载可以分为两类：一类为剪切荷载，另一类为压缩荷载。在岩石工程中，特别是隧道工程中，沿节理平面或软弱面的剪切滑移破坏是造成岩体失稳的重要原因，因此，锚杆能否起到抑制剪切滑移破坏的作用受到极大关注。在物理模型试验方面，葛修润等[72]采用室内物理模型试验研究了节理岩体加锚后其节理表面抗剪性能的变化规律，分析了贯穿节理表面锚杆的“销钉”作用。研究发现：随着节理表面的剪切位移增加，锚杆支护后节理表面的抗剪强度增大，并且由于锚杆的高弹性模量，使得剪切位移较小时锚杆就能充分发挥其抗剪作用。此外，锚杆的倾角是影响节理表面加锚后其抗剪强度的又一重要因素。M. Kharchafi 等[73]采用大尺度三维试验台研究了尺寸为 100 cm×60 cm×60 cm 岩体中节理表面加锚后抗剪性能的变化，研究发现锚杆在节理表面产生的抗力与其和节理表面的接触面积成正比，锚固力和节理系统的刚度受锚杆倾角的影响较大，锚杆提供的剪应力随其倾角的增大而减小。温进涛等[74]利用室内相似材料模拟研究了不同锚杆安装角和结构面粗糙程度变化过程中锚索加固节理的抗剪性质及机理。研究发现：① 当节理表面粗糙程度较高时，锚固体多数由于锚索脱离锚固剂而发生剪切破坏，其剪切荷载与位移的关系曲线呈现“脆性”特征；② 节理表面光滑时，锚索与锚固剂之间的挤压破坏往往控制着锚固体的破坏形式，使其表现为“塑性”特征；③ 由于锚索具有很强的柔性，因此在加固光滑节理表面时，能使锚固体在节理表面剪切位移很大的情况下仍能保持较高的剪切强度；④ 通常情况下，锚固体的抗剪强度受锚固角的影响程度较高，然而当节理表面光滑时，锚固体峰值抗剪强度随锚固角变化而变化的幅度不超过 15%，当节理表面比较粗糙时，这一比值约为 30%，锚固体节理表面抗剪强度在锚固角为 90°时达到最大值。K. Spang 等[75]采用现场剪切试验和室内物理模型研究了锚杆加固节理岩体的作用机理，研究发现：① 锚杆的施加使锚固体粗糙节理表面的抗剪强度得到大幅度提高，当剪应力和荷载都达到最大值时，锚固体的剪切位移随锚杆横断面面积的增大而增大；② 试验过程中锚杆在剪切应力作用下发生弯曲，进而使其内部保持较大的拉应力，当锚杆的倾斜角 β 不大于 45°时，节理表面的峰值抗剪强度随 β 的增大而增大，并且当 β 不大于 30°时，锚固体剪切位移大幅度降低，使得剪切位移非常小时锚固体抗剪强度就能达到其峰值的 80%；③ 采用全长锚固的锚杆在加固节理岩体提高其节理表面抗剪强度可以采用“摩擦”和“销钉”两种形式，提供的抗剪强度一般为锚杆最大拉力的 70%～80%。

P. M. Dight[76]对锚杆的作用进行了理论分析，提出锚杆对剪切节理强度的增强作用是锚杆内的拉应力和暗隼效应协同作用引起的。F. Pellet 等[77]在分析锚杆对岩体节理剪切强度的增强作用时考虑锚杆发生较大塑性变形时锚杆内的轴向力和切向力之间的相互作用。对于锚杆力学行为的描述可以分为两个部分：一是锚杆的弹性阶段；二是锚杆的塑性阶段，即锚杆从屈服到破坏阶段。F. Pellet 等[77]考虑了锚杆倾角低于 90°时的情况，但是对锚杆垂直于节理平面这种情况没有研究。H. Jalalifar 等[78-79]通过物理模型试验和理论分析研究了节理平面发生剪切滑移时垂直锚杆的力学效应。研究发现：作用在锚杆上的轴向荷载对锚杆的变形节点位置具有重要影响，特别是锚固介质（水泥）强度较低时。同时，锚杆直径也对锚杆变形节点的位置具有很大影响。

1.2.3.2 节理岩体锚固性质压缩试验

上述研究对于揭示锚杆在节理岩体中的作用机理与性质具有重要意义。但是，现阶段对于锚杆对节理岩体宏观力学性质的影响规律仍缺乏系统研究。伍右伦等[80]采用物理模型试验研究了受压作用下临空结构面的扩展特点及锚杆的作用。研究结果表明：临空结构面的最终破坏形式有张拉型破坏的翼裂纹与剪切型的次生裂纹两种。倾角越大，越可能产生翼裂纹扩展破坏；倾角越小，越可能发生剪切型裂纹扩展破坏。锚杆的作用是提高了结构体的最大承载力与残余强度，使翼裂纹扩展的起始荷载变大，并且改变了翼裂纹的扩展方向，从而减缓了裂纹的扩展，减轻了裂纹尖端的应力集中现象。锚杆对裂纹抑制作用取决于锚杆的安装角度、长度以及锚杆的刚度。张茂林[81]和孟波[82]对隧（巷）道开挖真实应力路径下破裂围岩体的锚固性质进行了研究。张茂林[81]采用研制的试验系统，对不同倾角的断续节理岩体进行模拟试验研究，发现锚固体的强度主要由岩体的强度、锚杆预紧力引起的初始等效约束应力以及锚杆变形过程中产生的等效约束应力所贡献的强度组成。同时，研究了锚固体的弹性模量、泊松效应及体积应变与加锚密度、预制节理倾角之间的关系：弹性模量随加锚密度总体呈非线性增长；同一倾角情况下应力峰值时的广义泊松比与水平方向应变随锚杆密度增大而增大；岩体的强度峰值点与体积膨胀起始点并不完全一致，多数情况下岩体强度峰值滞后于体积应变峰值；锚杆可明显抑制剪切破坏的发生，但是对拉伸破坏的抑制作用偏弱。孟波[82]通过模拟实际巷道开挖和返修过程中围岩应力路径预制了破裂岩体，并在此基础上进行不同围岩初始破裂程度、不同锚杆预紧力、不同锚杆密度条件下大比尺、三轴应力条件下破裂围岩锚固体模拟试验，得到了破裂围岩锚固体强度随锚固条件的变化规律。

上述研究对科学认识锚杆锚固作用对节理岩体破坏模式、强度性质、变形性质的影响提供了依据。但是，在岩体工程中节理岩体的几何结构十分复杂，需要进一步研究不同节理几何参数条件下锚杆对节理岩体宏观力学性质的影响。

1.2.4 节理岩体颗粒流数值模拟研究现状

岩石力学性质受到微观裂隙的形成、发展及相互作用的影响。岩石的微观研究揭示了岩石材料中初始缺陷和新生裂隙的结构信息，如裂隙长度、密度、纵横比和倾向等[83-87]。声发射技术（AE）可以记录微观裂隙产生时的声发射信号，并根据声波在岩石介质传播过程中的变化（如速度、衰减和散射等）获得声发射事件的范围、位置和变形机理，以及岩石的物理力学性质[88]。物理试验表明：大多数由压力引起的微观裂隙成核于岩石内的初始缺陷，如晶体边界或扁平的孔洞，且此类微观裂隙的发展方向平行于最大压应力的方向。这一类微观裂隙的产生机理尚不明确，但是许多力学模型可以解释这种脆性破裂现象[83,89-97]。在这些力学模型中，由压力引起的微观裂隙通常假设为张拉裂隙。

图 1-3(c)所示为一种可以解释压力引起张拉裂隙机理的模型[98]。在该模型中，4 个圆形颗粒体被轴向荷载挤压分离，在颗粒体间的约束中产生了张拉应力。这些与轴向一致的“微观裂隙”一般发生在压缩试验的早期阶段。当采用不同结构岩石模型时，也可以发现类似的张拉裂隙诱发机理。比如，“楔形体”(wedges)模型和“阶梯”(staircases)模型在受到压缩作用时同样会在局部产生张拉应力，如图 1-3(a)和图 1-3(b)所示。在压缩试验中，只有生成的微观裂隙相互作用才会进一步产生轴向劈裂缝或破裂带。因此，理想的力学模型不仅可以解释张拉裂隙的生成，还需要考虑这些微观裂隙之间在受力过程中的相互作用。

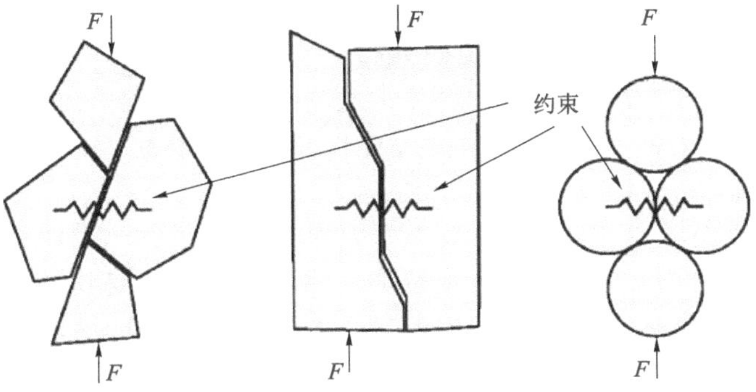

图 1-3　张拉裂隙模型

岩石可以简化为由黏结颗粒体组成的非均质材料。在沉积岩(如砂岩)中可以发现胶结质的存在；而在结晶岩(如花岗岩)中，晶粒间的自锁力也可以认为是概念化的胶结质。在这个材料介质体系中，涉及大量的无序因素，这些因素都会影响对材料的力学性质，且某些因素在加载过程中是动态变化的。

D. O. Potyondy 等[99]提出的颗粒流模型可以模拟岩石在内部力链结构发生变化时所表现出的力学性质，如图 1-4 所示。作用在模型上的宏观荷载将会被由颗粒体和胶结质所构成的骨架以力链的形式承担，并通过颗粒间的接触相互传递。这里的力链与颗粒材料中形成的力链类似[100]。颗粒体间的接触，如果存在胶结质，则能够承担压力、拉力和剪切力的作用，并且可以在颗粒间传递弯矩；若不存在胶结质，则颗粒体间的接触只能承担压力和剪切力的作用。

颗粒流材料中的力链是非均匀的，一些为高荷载力链，而一些则为低荷载力链。力链在一定条件下所能承担的荷载比所施加的荷载大得多，因此一些颗粒会承担过多的荷载，而一些颗粒只承担较小或不承担荷载，这就导致在颗粒流材料中，力在颗粒或力链中的分布微观上是非均匀的。微观荷载和弯矩在局部造成“超载”，使颗粒和/或胶结质发生破坏，造成应力重分布，并最终形成宏观破裂面或破碎带。随着越来越多的颗粒和胶结质发生破坏，胶结材料逐渐形成颗粒堆积材料，并在内部形成更不稳定的力链。因此，根据实际情况不断调整力链结构是合理模拟材料力学行为的关键，这一过程受到颗粒和黏结材料的变形和强度、颗粒体尺寸和形状、堆积方式和黏结度等影响。

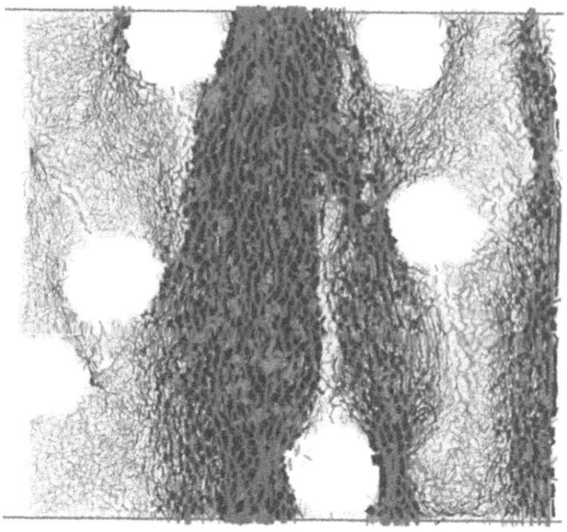

图 1-4　颗粒流模型中力和力矩的分布

岩石材料计算模型根据是否直接显示损伤可以分为两类：一类通过对本构关系的影响间接表示材料的损伤；另一类通过对微观裂隙的捕捉直接表示材料的损伤。大多数间接计算模型将岩石材料假设为连续体，并利用本构关系中强度参数的衰减表示材料的损伤[101]。而大多数直接计算模型将岩石材料假设为某些结构单元的集合，利用结构单元之间约束的破坏表示材料的损伤[102-105]。

颗粒流模型是一种岩石材料的直接计算模型。模型中所应用的颗粒体和颗粒体间的黏结与岩石材料的微观结构是相互关联的[106-113]。岩石材料的力学微观机理十分复杂，难以在连续介质理论框架中合理解释。微观结构控制了岩石材料中的微观力学机理。颗粒流模型将岩石假设为相互黏结的颗粒体材料，提供了一种可以研究微观结构对宏观力学性质影响规律的合成材料模型。该模型可以在一系列颗粒体和黏结的微观性质的基础上，反演出岩石材料的宏观力学性质。

颗粒流模型在 Particle Flow Code (PFC) 软件平台的基础上能够模拟断续节理岩体在不同应力条件下的裂隙扩展。这种模型可以根据微观的力学规律衍生出复杂的岩石宏观性质，而不需要预设本构模型。同时，颗粒流模型可以模拟三维的节理表面，并在计算过程中考虑新生裂隙的起裂、发展和合并，以及沿原有节理表面的剪切滑移。因此，颗粒模型适用于课题研究。

实际上，颗粒流方法已广泛应用于对岩石力学性质的研究，比如单轴抗压强度(UCS)、Kaiser 效应[114]、声发射[115]、微震事件[116]、各向异性[117]、剪切带的形成[118]、剪切性质[119]、岩石变形和破裂[120]、岩石老化对堆积坝体的影响[121]、岩石性质的应力衰减[122]和开挖引起的岩层运动[123]等。此外，对颗粒流材料与人工相似材料力学性质的试验对比，也表明颗粒流模型适用于对人工相似材料的模拟[124-125]。但是颗粒流数值模型方法是通过微观力学性质反演获得宏观力学性质的方法，如何合理确定大量微观力学参数使模型的宏观力学性质满足岩体模型的要求是十分复杂的，也是亟须解决的难题。

1.3 现有研究存在的问题

尽管国内外学者对节理岩体力学性质的研究已取得一定的成果，但是由于自然岩体所处环境极其复杂，节理、裂隙的发育具有随机性、模糊性和不确定性，造成目前对复杂应力环境下断续节理岩体结构效应的研究还不完善，主要存在以下问题：

(1) 断续节理岩体的几何结构极其复杂，缺乏关于节理几何结构参数(如组数、产状、连续度、排布方式、张开度及其组合)与岩体宏观力学行为定量关系的试验研究。

(2) 节理的力学参数，如切向刚度、法向刚度、摩擦系数及黏结强度等，会对岩体的力学行为产生重要影响。现阶段的研究侧重于结构面自身的力学性质，而对节理自身的力学性质与节理岩体的宏观力学行为的相关关系的研究较少。

(3) 隧道开挖后，围岩体内的应力重分布，属于复杂的应力环境。一方面，断续节理的存在影响应力的调整；另一方面，应力的重分布造成断续节理的起裂、扩展和贯通，使围岩体的破裂演化过程难以预测。

(4) 岩体工程中，需要施加锚杆锚固或支护应力(围压)等措施进行稳定性控制。现阶段对断续节理岩体在锚杆或支护应力作用下的破坏机理及力学性质的研究较少，对锚杆与预制节理的相互作用机理需要进一步研究。

1.4 研究内容、方法及技术路线

1.4.1 研究内容

在工程岩体中，特别是隧道围岩体中，普遍存在工程扰动等所产生的损伤结构面，以其为研究背景，对不同应力环境下断续节理岩体的结构效应进行系统研究。针对断续节理岩体结构复杂和力学响应难以预测的难题，采用将室内物理模型试验与颗粒流数值计算相结合的方法对不同结构断续节理岩体进行压缩试验，分析不同节理几何参数力学效应以及侧向约束(锚杆和侧向压力)条件对断续节理岩体力学性质的影响；通过在隧道围岩体中分离断续节理岩石块体模型，研究在复杂应力环境下隧洞开挖过程中不同节理倾角(α)及支护力(σ_3)对断续节理岩石块体破坏模式、强度性质及变形性质的影响；在此基础上，考虑具有一定黏结强度的预制节理，研究了复杂应力环境下节理力学参数效应。本书的研究目的是在合理建立断续节理岩体模型的基础上，通过改变断续节理岩体中节理结构几何参数和力学参数，揭示断续节理岩体在不同结构和不同应力条件下的力学性质，为岩体工程的稳定性控制提供科学依据。因此，主要研究内容包括以下几个方面：

(1) 单向应力环境下断续节理岩体结构效应模型试验研究

针对节理岩体结构复杂、力学响应难以预测的难题，采用室内物理模型试验，重点研究在单轴压缩条件下，不同节理间距(d)和节理重叠度(L_o)对断续节理岩体模型破坏模式、单轴抗压强度和表面位移变形的影响规律，揭示了平行节理间的相互作用机理。在物理模型试验的基础上，首先建立断续节理岩体颗粒流数值模型，通过对不同结构的断续节理岩体进行数值模型试验，扩展研究了结构几何参数，如节理倾角(α)、连通率(k)和节理张开度，对断续节理岩体模型力学性质的影响,并分析了颗粒流数值方法中生成张开型预制节理的不同方法对断续节理岩体数值模型计算结果的影响。

(2) 双向应力环境下断续节理岩体结构效应模型试验研究

在室内物理模型的基础上,对断续节理岩体模型施加侧向锚杆约束,研究断续节理岩体在侧向定刚度约束条件下锚杆的加固机理以及锚杆作用对不同节理间距和节理倾角条件下断续节理岩体模型力学性质的影响;在颗粒流数值模型的基础上,对断续节理岩体模型施加侧向压力约束,研究断续节理岩体在不同侧向压力条件下断续节理岩体的力学性质。

(3) 三向应力环境下断续节理岩体结构效应数值模型试验研究

通过对从隧道围岩体中分离出来的岩石块体进行概念模型设计,在建立的含断续节理隧道围岩体颗粒流模型的基础上,在隧道开挖真实应力条件下研究断续节理倾角对围岩体破坏模式、强度性质及变形性质的影响规律;创造性地以围岩块体自由面应变与垂直加载应变比值为研究对象,揭示了围岩块体在隧道开挖过程中收敛变形机理;同时,研究获得了支护应力对含断续节理隧道围岩体强度增强与变形抑制的作用规律。

(4) 三向应力环境下断续节理岩体节理力学参数效应模型试验研究

在建立的隧道围岩体颗粒流数值模型的基础上,研究在复杂应力环境下闭合黏结型节理力学参数,如法向刚度、剪切刚度、摩擦系数、黏结抗拉强度及黏结抗剪强度(内聚力和内摩擦角)等对断续节理岩体破坏模式及强度性质的影响规律,并研究节理的剪切滑移行为对断续节理岩体强度性质的影响。

1.4.2 研究方法及技术路线

采用室内物理模型试验与颗粒流数值模拟试验相结合的方法对不同应力环境下断续节理岩体结构效应进行系统研究,技术路线如图 1-5 所示。

对不同应力环境下断续节理岩体结构效应的研究分为三个主要部分,即单向应力环境下断续节理岩体模型试验研究、双向应力环境下断续节理岩体力学性质试验研究和三向应力环境下断续节理岩体力学性质试验研究。研究方法上,先进行室内物理模型试验,后进行颗粒流数值模型试验:室内物理模型试验是颗粒流数值模型试验的基础,为颗粒流数值模型的建立提供参数依据;颗粒流数值模型试验是室内物理模型试验的扩展研究,进一步揭示断续节理岩体的破坏机理。另外,先进行室内常规应力环境下模型试验,后进行隧道开挖复杂应力环境下的模型试验:室内常规应力环境下模型试验简便易实施,可以系统地对多个因素进行影响显著性研究,且研究成果更具有普遍意义;隧道开挖复杂应力环境下模型试验更具有针对性,为岩体工程(特别是隧道工程)的稳定性控制提供了科学依据。

系统研究了断续节理岩体结构效应的两个重要组成部分:断续节理岩体结构几何参数力学效应和断续节理岩体节理力学参数效应。断续节理岩体结构几何参数力学效应方面,系统研究了断续节理倾角(α)、节理间距(d)、节理重叠度(L_o)、节理张开度(gap)和节理连续度(k)等节理几何参数对断续节理岩体破坏模式、强度性质和变形性质的影响规律;在断续节理岩体节理力学参数效应方面,本书系统研究了节理法向刚度($\overline{k}_{nj}$)、剪切刚度($\overline{k}_{sj}$)、摩擦系数(μ_j)、黏结抗拉强度($\overline{\sigma}_{cj}$)及黏结抗剪强度($\overline{\tau}_{cj}$,包括内聚力 c_j 和内摩擦角 φ_j)等对断

图 1-5　技术路线

续节理岩体在三向应力环境下的破坏模式及强度性质的影响规律。

1.5　主要创新点

(1) 颗粒流数值模拟方法是通过大量微观力学参数反演获得宏观力学性质的方法。通过科学设计校验试验和反分析试验，解决了如何确定完整材料和节理微观力学参数使颗粒流模型符合岩体模型宏观力学性质要求的难题。

(2) 通过对 182 块物理模型试件的测试和大量颗粒流数值模拟试验，系统研究了断续节理岩体结构效应中节理几何参数力学效应，包括节理倾角力学效应、节理连续度力学效应、节理张开度力学效应、节理重叠度力学效应和节理间距力学效应，揭示了平行节理相互作用机理。

(3) 在隧道工程中开挖三向应力环境下，系统研究了断续节理岩体结构效应中节理力学参数效应，包括节理法向刚度力学效应、节理切向刚度力学效应、节理摩擦系数力学效应、节理内摩擦角力学效应、节理内聚力力学效应以及节理抗拉强度力学效应，揭示了沿预制节理的剪切滑移对断续节理岩体力学性质的影响，为合理进行岩体加固提供科学依据。

(4) 结合隧道开挖复杂应力环境和上述研究结论,重点研究了断续节理岩体节理倾角力学效应,揭示了隧道开挖后围岩体自由面发生收敛变形的三个阶段,阐明支护应力对断续节理岩体的作用效果受到节理倾角和支护应力影响的机制,获得了三向应力环境下断续节理岩体的破坏模式,提出了隧道围岩稳定性评价指标及其控制机理。

2 单向应力环境下断续节理岩体结构效应物理模型试验研究

2.1 引言

E. Z. Lajtai 等[34]在 Saskatchewan 钾矿的岩柱中发现了两类节理模式，即张拉裂缝和剪切裂缝。这两类裂缝都以雁形排列，初始条件下相互之间不贯通，随着应力的调整，裂缝逐渐合并，在岩柱中形成宏观破裂面。R. H. C. Wong 等[35]报道了 1991 年发生在香港筲箕湾采石场 2 000 m^3 的巨石滑坡事故。事故发生时，采石场正在进行爆破作业，同时进行的还有对新房屋地基的现场平整施工作业。事故调查报告[36]表明：事故发生前在边坡岩体中存在着大量的平行节理，而这些节理是非连续的，即断续节理。由于这些节理的倾向垂直于边坡表面，地质调查认为没有滑坡的危险。但是由于施工作业的扰动，在断续节理的尖端产生了新生裂隙，并且新生裂隙合并成为平行于边坡表面的宏观破裂面，最终导致大体积滑坡事故。因此，断续节理在岩体工程中是普遍存在的，且处于不稳定状态，在荷载作用下易发展改变形态。为了预测断续节理岩体的力学性质，需要进行深入系统研究。

通过系统设计，室内物理试验方法相比现场原位测试可以更好地揭示岩体破坏的机理，而且可以用于校验理论分析或数值计算结果的可靠性。本章采用物理模型试验的方法研究了平行节理间的相互作用及其对断续节理岩体破坏模式、强度性质和表面位移变形性质的影响规律。通过不同节理间距和节理重叠度改变平行节理间的相对位置，从而达到改变平行节理间相互作用效果的目的，进而分析断续节理岩体结构效应。

2.2 室内试验设置

2.2.1 试件准备

作为物理试验中常用的一种相似材料，石膏具有容易购得、价格低廉、可靠性高的特点，因而经常被用来进行节理岩体的室内试验研究。X. Chen 等[54,126]采用含有张开型断续节理的石膏试件研究了节理倾角和节理连续度对节理岩体强度和变形性质的影响。研究表明:在单轴压缩条件下,节理倾角和节理连续度对断续节理岩体的宏观力学性质具有重要的影响。物理试验中,制备的断续节理岩体试件采用石膏和水以 1∶0.6 的质量比混合浇筑而成[54,126]。浇筑的试件在室温下养护 21 d。完整试件的单轴抗压强度 UCS 和弹性模量分别为 8.27 MPa 和 2.56 GPa。节理岩体模型的尺寸为 150 mm(高)×150 mm(宽)×50 mm(厚)。与天然岩石相比,由于石膏颗粒更加精细、均匀,相似模型试件具有均质、各向同性的特点。在浇筑模型试件的过程中,插入 0.3 mm 厚的镍合金片,并在相似材料固化前拔出,从而形成预制节理。为便于拔出,镍合金片在插入前均匀涂抹润滑油。采用上述相似材料和试件制备方法,进一步试验研究了节理间距和节理重叠度对断续节理岩体破坏模式和力学性质的影响。试件制作流程如图 2-1 所示。

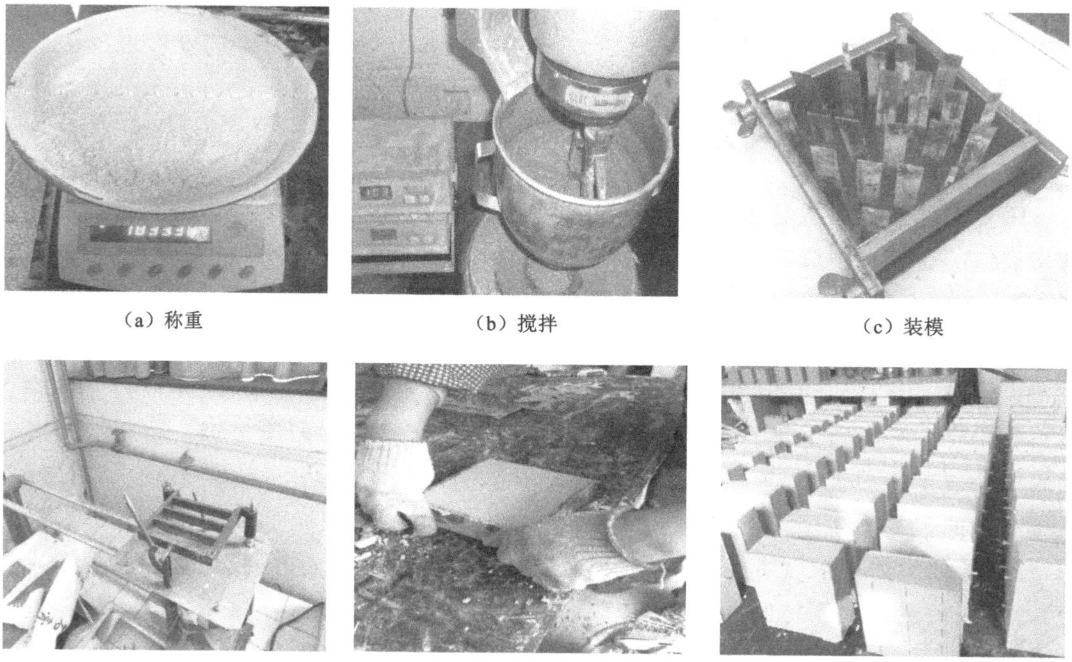

(a) 称重　(b) 搅拌　(c) 装模

(d) 振捣　(e) 脱模　(f) 室内养护

图 2-1　试件制作流程

2.2.2　断续节理几何结构

获得节理的几何结构特征是进行岩体工程设计的基础。理想的方法是调查获得岩体内任一条节理的结构特征[127]。由于岩体内节理的分布十分复杂,且呈三维分布,考虑所有节理的几何特征是难以实现的,因此,岩体内的节理通常作为一个体系进行研究。节理体系在空间中的分布具有随机性。系统描述该随机体系的一种方法称为分解法,以此对该节理体系中每个节理的几何变量分别进行研究分析。X. Chen 等[54,126]采用这种方法分别考虑节理体系的不同几何参数,建立断续节理岩体的概念模型,如图 2-2 所示。在该节理岩体模型中,岩桥的存在阻断了预制节理贯穿整个模型,成为断续节理。断续节理大幅度丰富了节理几何参数,使岩体结构更复杂,也造成节理岩体破坏过程和力学性质更难以预测。

岩桥对节理岩体的宏观力学性质具有重要的影响[128-129]。此外，如图 2-2 所示，位于同一列的相邻平行节理相互作用，也会对节理岩体的力学性质产生影响。

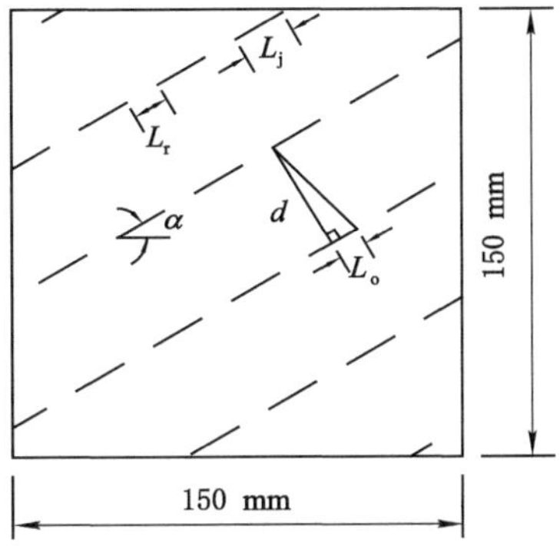

L_o—节理重叠度；L_r—岩桥长度；L_j—节理长度；d—节理间距；
h—节理中心距（$h=L_j+L_r$）；α—节理倾角；k—节理连续度，$k=L_j/h$。

图 2-2 节理分布与几何参数

X. Chen 等[54,126]采用室内物理试验方法重点研究了节理倾角和节理连续度对断续节理岩体力学性质的影响。在进行节理结构设计时，改变节理倾角 α 和节理连续度 k，保持其他节理几何参数不变，如 $d=30$ mm，$h=30$ mm。本章为了进一步深入揭示断续节理岩体的破坏机理和力学性质，研究位于同一列的平行节理相互作用，设置模型中节理间距 d 分别为 75 mm、50 mm、37.5 mm、30 mm，如图 2-3 所示。相应的，断续节理岩体试件中分别包含 2、3、4、5 条相互平行节理平面。另外，定义节理重叠度参数 L_o 用以描述相邻平行节理间沿节理倾向的相对位置。其他学者如 M. Bahaaddini 等[130]研究类似的节理几何参数，如节理步距角等。但是，步距角同时受到节理间距、节理长度以及节理重叠度的影响，不能独立反映其几何相关性；而节理重叠度是独立的，不受其他节理几何参数的影响，适合本课题的研究。节理重叠度 L_o 分别设置为 3 mm、10.5 mm、18 mm，如图 2-4 所示。节理倾角是影响节理岩体各向异性的最重要因素[14,131]，在考虑节理间距 d 和节理重叠度 L_o 的影响时，需要在不同节理倾角条件下进行。节理倾角为 0° 到 90°，每隔 15°设置一个工况，共 7 个工况。物理模型中，其他节理几何参数保持不变，即 $L_j=18$ mm，$L_r=12$ mm，$k=0.6$。准备试件个数与节理几何参数见表 2-1。

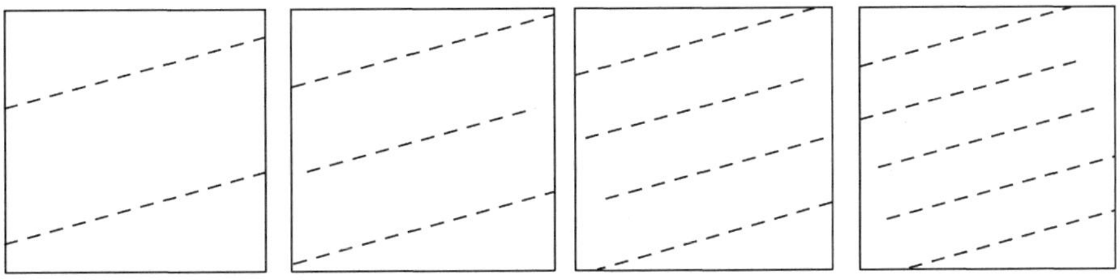

(a) d=75 mm　(b) d=50 mm　(c) d=37.5 mm　(d) d=30 mm

图 2-3 不同节理间距设置（$\alpha=15°$，$L_o=18$ mm）

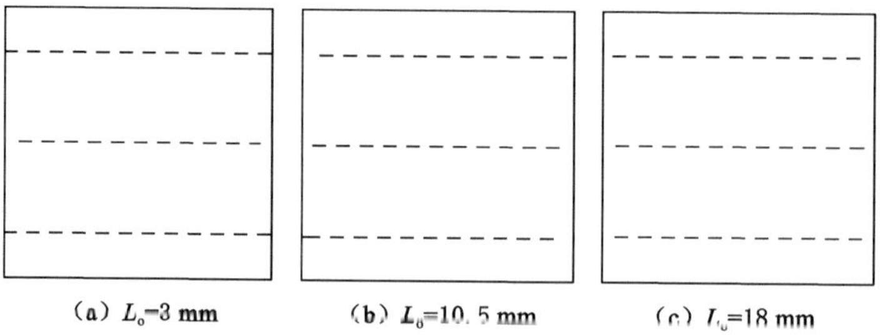

图 2-4　不同节理重叠度设置($\alpha=0°$,$d=50$ mm)

表 2-1　准备试件个数与节理几何参数

锚杆数 n	节理平面数/条	节理重叠度 L_o	节理倾角 α	每种工况试件数/块	累计/块
$n=0$	1	N/A	$\alpha=0°\sim90°$,间隔 15°	2	7×2=14
	2	L_o=18,10.5,3 mm	$\alpha=0°\sim90°$,间隔 15°	2	3×7×2=42
	3	L_o=18,10.5,3 mm	$\alpha=0°\sim90°$,间隔 15°	2	3×7×2=42
	4	L_o=18,10.5,3 mm	$\alpha=0°\sim90°$,间隔 15°	2	3×7×2=42
	5	L_o=18,10.5,3 mm	$\alpha=0°\sim90°$,间隔 15°	2	3×7×2=42
$n=1$	2	L_o=18 mm	$\alpha=0°\sim90°$,间隔 15°	2	1×7×2=14
	3	L_o=18 mm	$\alpha=0°\sim90°$,间隔 15°	2	1×7×2=14
	4	L_o=18 mm	$\alpha=0°\sim90°$,间隔 15°	2	1×7×2=14
$n=2$	2	L_o=18 mm	$\alpha=0°\sim90°$,间隔 15°	2	1×7×2=14
	3	L_o=18 mm	$\alpha=0°\sim90°$,间隔 15°	2	1×7×2=14
	4	L_o=18 mm	$\alpha=0°\sim90°$,间隔 15°	2	1×7×2=14
总数	$N_{(n=0)}+N_{(n=1)}+N_{(n=2)}=182+42+42$				266

注:表中对 $n=1$ 和 $n=2$ 试验结果的分析在第 4 章,本章主要讨论无锚($n=0$)条件下节理间距和节理重叠度对断续节理岩体力学性质的影响。

2.2.3　试验过程

断续节理岩体试件制备完成后,对试件进行单轴压缩试验,获得单轴压缩条件下节理间距和节理重叠度对节理岩体力学性质的影响规律。单轴压缩试验采用 DSN100 型伺服试验机在中国矿业大学深部岩土力学与地下工程国家重点实验室内完成,试验测试系统如图 2-5 所示。试验采用位移控制,加载速度为 0.002 5 mm/s。试验过程中,轴向压力和轴向位移由伺服试验机自动采集。

采用课题组自主研发的 PhotoInfor 系统[132-133]对压缩试验过程中试件表面的位移变化进行测试。该系统通过追踪试件表面像素块的运动,可以提供压缩试验过程试件表面的位移变化信息。如图 2-5 和图 2-6 所示,利用数字照相机获得观测目标的数字图像后,通过 PhotoInfor 和 PostViewer 等图像处理与分析软件对观测目标的变形破坏特征进行分析研究。

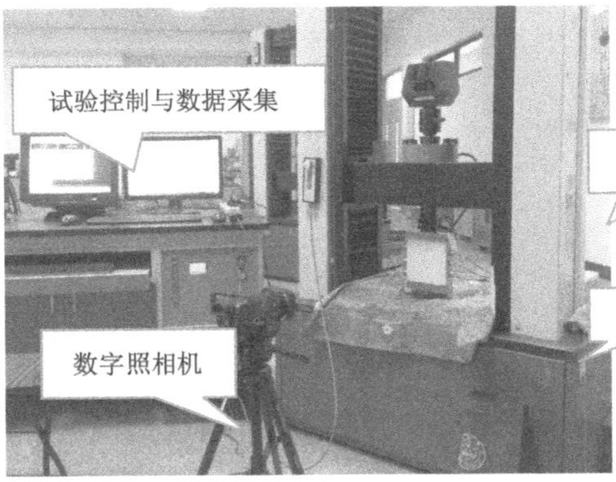

图 2-5　试验测试系统

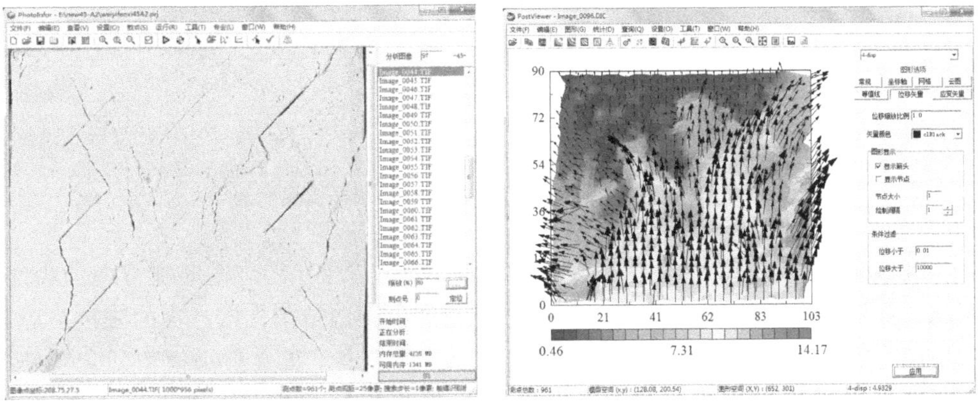

(a) 图像分析软件　　　　(b) 后处理软件

图 2-6　图像分析软件与后处理软件运行界面

2.3　含有一条节理平面岩体模型的力学性质

2.3.1　断续节理岩体模型的破坏模式

为了更加深入了解平行节理间的相互作用，首先对只含有一条节理平面岩体模型的力学性质进行了研究。节理倾角 α 由 0°变化到 90°，每 15°设置一个工况，其他节理几何参数保持不变，即 $L_j=18$ mm、$L_r=12$ mm、$k=0.6$。为减小误差，每种工况制作 2 个试件。图 2-7 所示为不同节理倾角时含一条节理平面岩体模型的破坏模式。由图 2-7 可知：预制断续节理对节理岩体的破坏模式具有重要的影响。当节理岩体受压时，由于应力集中，新生裂隙在预制节理的尖端处产生，该现象与 Griffith 破坏准则[134]一致。此外，随着预制节理倾角的改变，节理岩体的破坏模式也随之改变。根据物理试验结果和新生裂隙的发展与合并方式以及宏观破裂面与预制节理表面的关系，将节理岩体的破坏模式归纳为四类，分别为穿过节理平面的张拉破坏(破坏模式Ⅰ)、沿节理平面的剪切破坏(破坏模式Ⅱ)、沿节理平面的张拉破坏(破坏模式Ⅲ)和完整材料破坏(破坏模式Ⅳ)。

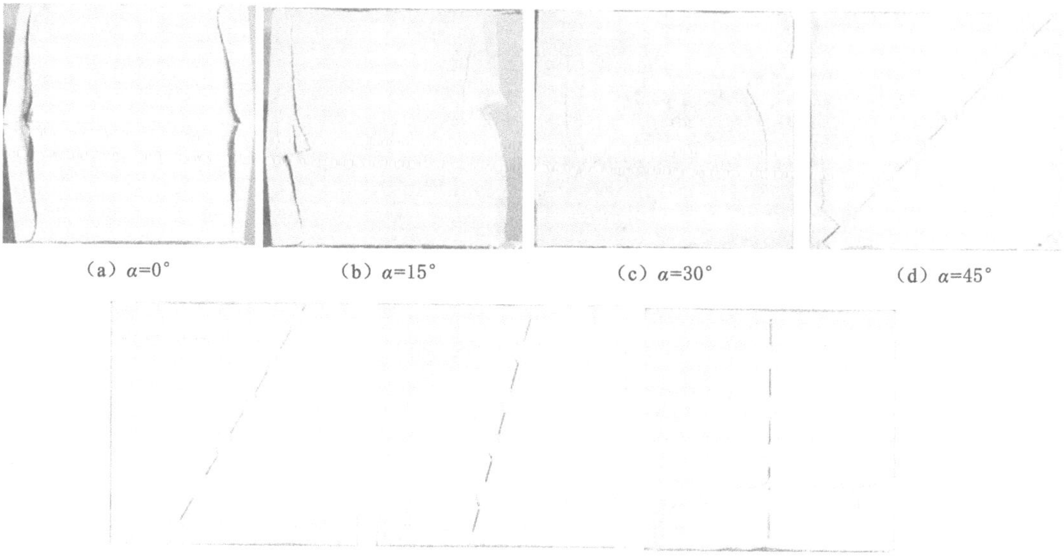

(a) α=0°　(b) α=15°　(c) α=30°　(d) α=45°

(e) α=60°　(f) α=75°　(g) α=90°

图 2-7　不同节理倾角时断续节理岩体的破坏模式

当节理倾角较小时,如 $\alpha=0°$和 $\alpha=15°$,随着轴向压力的增大,在预制节理的尖端处产生翼裂隙。如图 2-8 所示,翼裂隙是一种沿一定角度由预制节理尖端产生的张拉裂隙,并沿着最大主应力方向发展[33]。随着翼裂隙的不断发展,形成了贯穿整个模型的宏观破裂面,使节理岩体试件破坏。同时,预制节理的节理表面逐渐靠近,张开节理转变为闭合节理。在本章中,上述破坏模式定义为穿过节理平面的张拉破坏(破坏模式Ⅰ)。对于含一条节理平面岩体模型,该破坏模式发生在节理倾角较小时,即 $\alpha=0°$和 $\alpha=15°$时(图 2-7)。

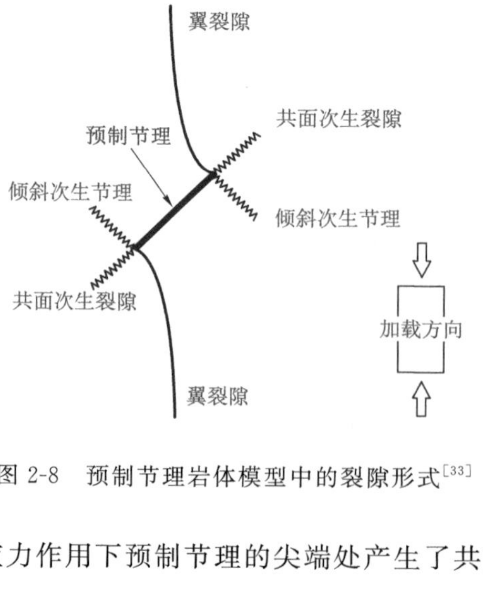

图 2-8　预制节理岩体模型中的裂隙形式[33]

当 $\alpha=45°$时,在压缩应力作用下预制节理的尖端处产生了共面的次生裂隙。次生裂隙是指由预制节理尖端处产生的剪切裂隙。新生的剪切裂隙沿着节理平面发展，穿过节理间的岩桥，形成与节理平面倾向相同的宏观破裂面。该破坏模式定义为沿节理平面的剪切破坏(破坏模式Ⅱ)。此外，当 $\alpha=30°$时断续节理岩体试件以破坏模式Ⅰ和破坏模式Ⅱ的混合模式破坏，如图 2-7 所示。

当节理倾角为 60°和 75°时，随着竖向荷载的增大在预制节理的尖端处分别产生了翼裂隙和倾斜次生裂隙，如图 2-9 所示。虽然产生的翼裂隙沿着最大应力方向发展，但最终与相邻预制节理尖端产生的倾斜次生裂隙合并，或者直接与相邻预制节理的尖端合并。这种方式相比翼裂隙发展到试件的上下边界(破坏模式Ⅰ)产生更短的合并路径。倾斜次生裂隙是指由预制节理尖端产生的剪切裂隙，其发展方向与翼裂隙相反，如图 2-8 所示。随着翼裂隙与倾斜次生裂隙或预制节理尖端合并，与沿节理平面的剪切破坏(破坏模式Ⅱ)模式类似，同样形成了沿节理平面的宏观破裂面。由于在破坏过程中涉及翼裂隙(张拉裂隙)，上述破坏模式定义为沿节理平面的张拉破坏(破坏模式Ⅲ)。当 $\alpha=90°$时，虽然在沿着节理平面的岩桥中会产生新生裂隙，但是断续节理岩体模型的最终破坏是靠近上下端部的完整材料破坏造成的。此时，预制节理平面对断续节理岩体模型的破坏影响较小。因此，上述破坏模式定义为完整材料破坏(破坏模式Ⅳ)。

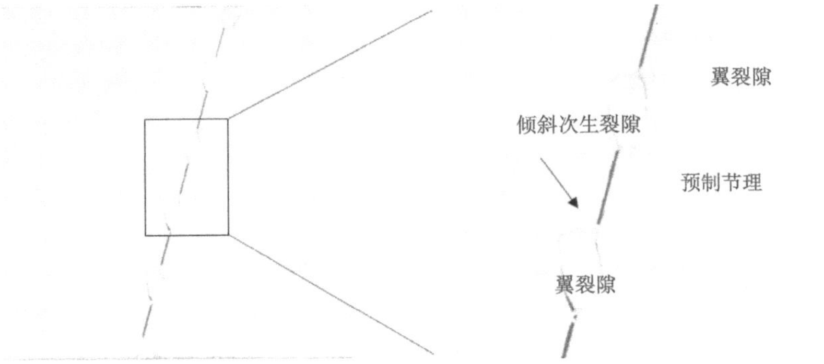

图 2-9 沿节理平面的张拉破坏模式的形成($\alpha=75°$)

2.3.2 含一条节理平面岩体模型的强度性质

随着节理倾角的变化，破坏模式发生变化，进一步造成断续节理岩体的单轴抗压强度的变化。图 2-10 所示为不同节理倾角时断续节理岩体模型的单轴抗压强度 UCS。为了反映预制断续节理对岩体强度性质的影响，本章对断续节理岩体模型试件的单轴抗压强度进行归一化处理，即采用节理岩体强度与完整岩体强度(8.27 MPa)的比值进行分析。如图 2-10 所示，节理倾角对含一条节理平面岩体的强度具有重要的影响。① 当 $\alpha=0°$时，竖向荷载主要集中在节理间的岩桥上，并发生破坏模式Ⅰ(穿过节理平面的张拉破坏)。岩桥的长度占相应节理平面长度的 40%。因此，相比完整岩体模型强度，节理岩体模型的强度发生了较大的衰减。随着轴向位移的增加，当节理闭合时，节理表面发生相互作用可以承担一定的竖向荷载，但是此时节理间的岩桥已经发生破坏，丧失承载能力。当 $\alpha=0°$时，节理岩体的归一化强度值为 0.66。② 类似的，当 $\alpha=15°$时断续节理岩体发生破坏模式Ⅰ，相应的归一化强度值为 0.63。当节理倾角由 0°增大至 15°,岩体内的应力分布更加不均匀,是造成单轴抗压强度减小的主要原因。③ 当 $\alpha=45°$时,节理岩体的单轴抗压强度最低,归一化强度值只为 0.45;这主要是沿节理平面的剪切破坏模式造成的。④ 而当 $\alpha=30°$时,节理岩体同时发生了破坏模式Ⅰ和破坏模式Ⅱ;因此,节理岩体的归一化强度值较$\alpha=45°$时的高,为 0.54。⑤ 随着节理倾角增大至 60°和 75°,节理岩体模型发生沿节理平面的张拉破坏(破坏模式Ⅲ),如图 2-7 所示。与沿节理平面的剪切破坏模式(破坏模式Ⅱ)相比,破坏模式Ⅲ所产生的宏观破裂面的长度增大且曲折。Griffith 理论[134]认为产生新生裂隙所需要的能量与产生该裂隙所破坏的完成岩石材料的长度成正比。而且,即使在沿节理平面的宏观破裂面形成,所产生的块体由于上部和底部仍然与压头接触,仍能够起承载作用。因此,当节理倾角为 60°和 75°时,节理岩体的归一化强度较 $\alpha=45°$时的高,分别达到 0.57 和 0.84。⑥ 当 $\alpha=90°$时,节理岩体的归一化强度最高,达到完整岩体模型强度的 92%。这主要是因为 $\alpha=90°$时断续节理岩体模型发生完整材料破坏。

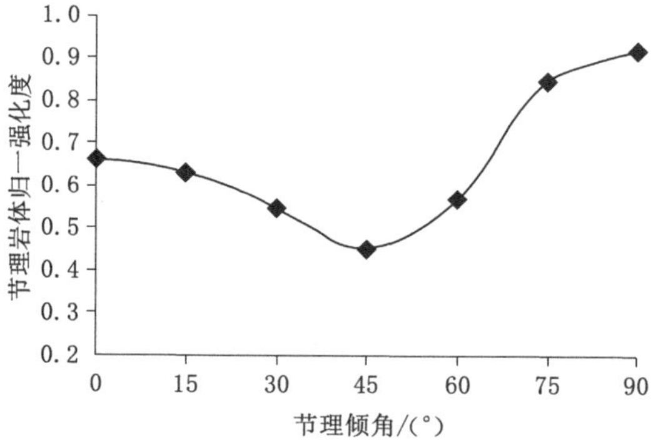

图 2-10 含一条节理平面岩体模型的归一化强度

2.3.3 含一条节理平面岩体模型的变形性质

图 2-11 所示为断续节理岩体模型在峰值应力时试件表面的位移变形分布。图中的表面位移变形分布是通过 PhotoInfor 系统[132-133]对试件破坏过程中所拍摄的照片分析和后处理获得的(图 2-6)。如图 2-11 所示,不同倾向的预制节理平面对断续节理岩体的表面位移也具有十分重要的影响。① 当节理倾角较小($\alpha=0°$,$\alpha=15°$)时,在节理岩体模型的左右边界处产生最大位移变形,变形量分别为 4.91 mm 和 4.56 mm。② 当节理倾角增大至 30°时,节理岩体中出现了明显的位移分界线,这是由于发生了沿预制节理平面的剪切滑移。③ 当 $\alpha=45°$时,虽然没有明显的位移分界线,但是沿着节理平面的剪切破坏模式导致岩块沿着宏观节理表面发生相对移动。节理张开度(节理表面间距)由逐渐闭合转变为逐渐增大。④ 当 $\alpha=60°$和 $\alpha=75°$时,节理岩体发生沿节理平面的张拉破坏(破坏模式Ⅲ)。相比 $\alpha=45°$,预制节理表面的相对运动的趋势增强,沿节理平面的最大位移变形量分别为 2.24 mm($\alpha=60°$)和 1.89 mm($\alpha=75°$);而当 $\alpha=45°$时,沿节理平面的最大位移变形量为 1.68 mm。⑤ 当预制节理倾向是竖直时($\alpha=90°$),最大位移变形量发生在节理岩体模型试件的底部(1.97 mm)。

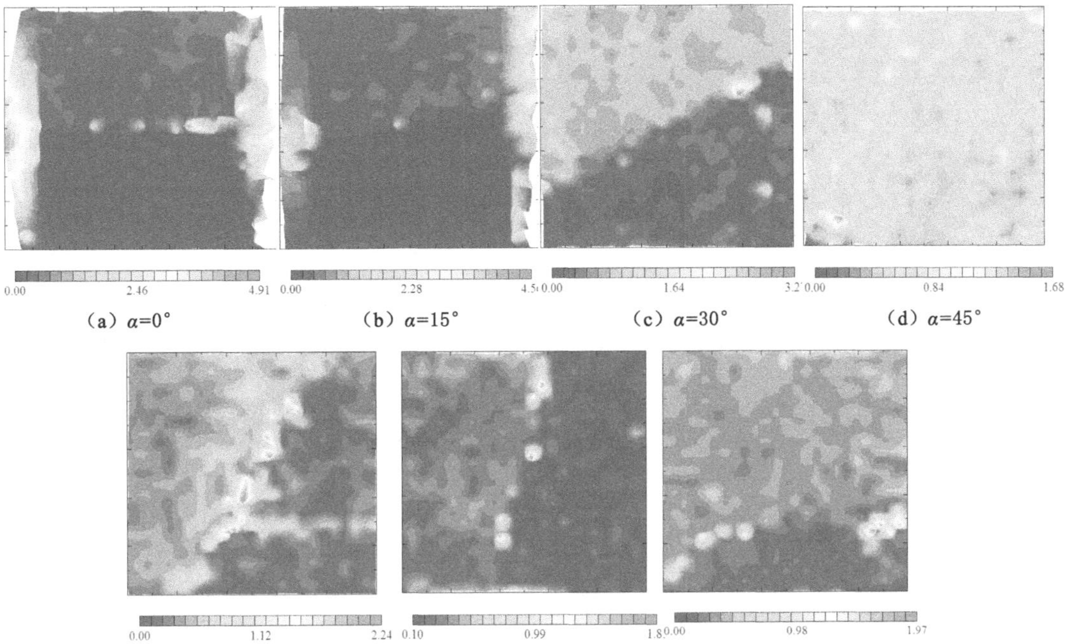

(a) $\alpha=0°$　(b) $\alpha=15°$　(c) $\alpha=30°$　(d) $\alpha=45°$

(e) $\alpha=60°$　(f) $\alpha=75°$　(g) $\alpha=90°$

图 2-11　含一条节理平面岩体模型表面的位移图像（单位：mm）

2.4　断续节理岩体节理间距力学效应

2.4.1　节理间距对断续节理岩体破坏模式和强度性质的影响

为研究节理间距对断续节理岩体模型力学性质的影响，节理间距 d 分别设置为 75 mm、50 mm、37.5 mm、30 mm。相应的，节理岩体模型中分别含有 2 条、3 条、4 条、5 条预制节理平面，如图 2-3 所示。如上文所述，节理间距的作用机理是在一定节理倾角范围内研究的，因此节理倾角由 0°每间隔 15°变化至 90°。其他节理几何参数不变，即 $L_j=18$ mm、$L_r=12$ mm、$L_o=18$ mm。图 2-12 和图 2-13 所示分别为不同节理间距条件下断续节理岩体模型的破坏模式和单轴抗压强度。

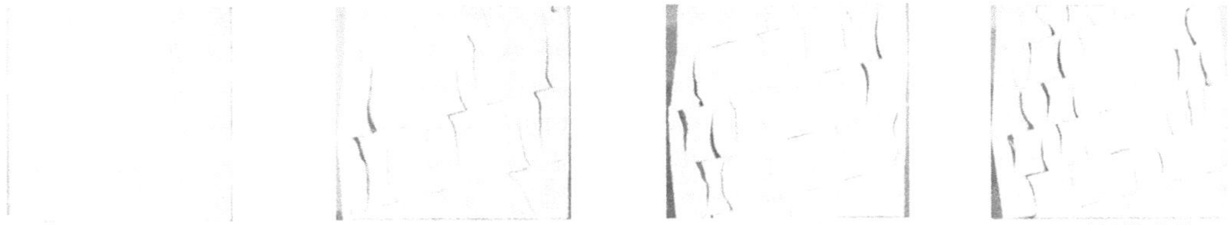

(a) 破坏模式 I，d=75 mm，$\alpha=15°$　(b) 破坏模式 I，d=50 mm，$\alpha=15°$　(c) 破坏模式 I，d=37.5 mm，$\alpha=15°$　(d) 破坏模式 I，d=30 mm，$\alpha=15°$

图 2-12　不同节理间距时断续节理岩体的破坏模式（$L_o=18$ mm）

(e) 破坏模式Ⅰ和Ⅱ，d=75 mm，α=30°　(f) 破坏模式Ⅰ和Ⅱ，d=50 mm，α=30°　(g) 破坏模式Ⅰ，d=37.5 mm，α=30°　(h) 破坏模式Ⅰ，d=30 mm，α=30°

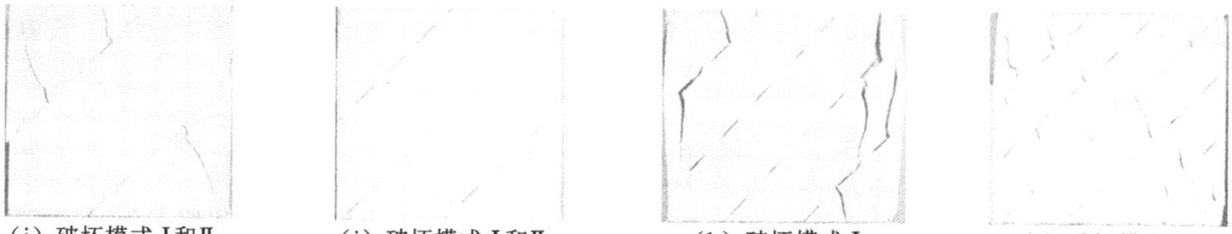

(i) 破坏模式Ⅰ和Ⅱ，d=75 mm，α=45°　(j) 破坏模式Ⅰ和Ⅱ，d=50 mm，α=45°　(k) 破坏模式Ⅰ，d=37.5 mm，α=45°　(l) 破坏模式Ⅰ，d=30 mm，α=45°

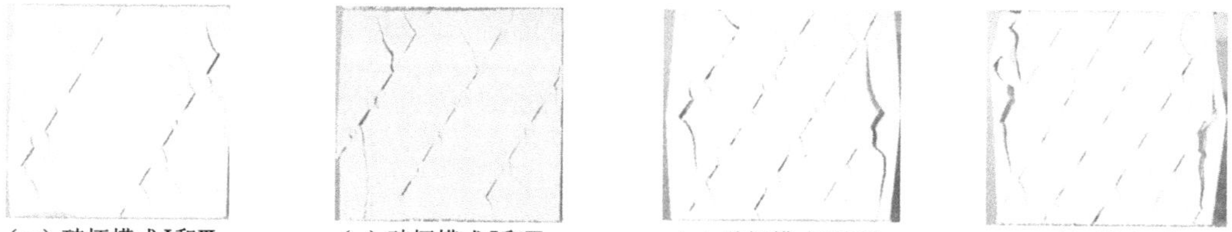

(m) 破坏模式Ⅰ和Ⅲ，d=75 mm，α=60°　(n) 破坏模式Ⅰ和Ⅲ，d=50 mm，α=60°　(o) 破坏模式Ⅰ和Ⅲ，d=37.5 mm，α=60°　(p) 破坏模式Ⅰ和Ⅲ，d=30 mm，α=60°

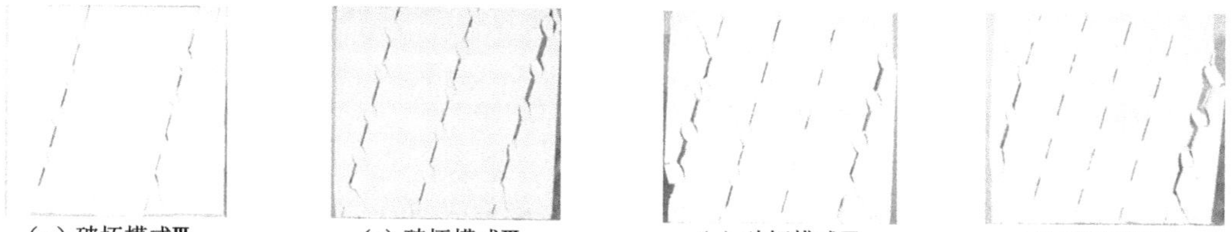

(q) 破坏模式Ⅲ，d=75 mm，α=75°　(r) 破坏模式Ⅲ，d=50 mm，α=75°　(s) 破坏模式Ⅲ，d=37.5 mm，α=75°　(t) 破坏模式Ⅲ，d=30 mm，α=75°

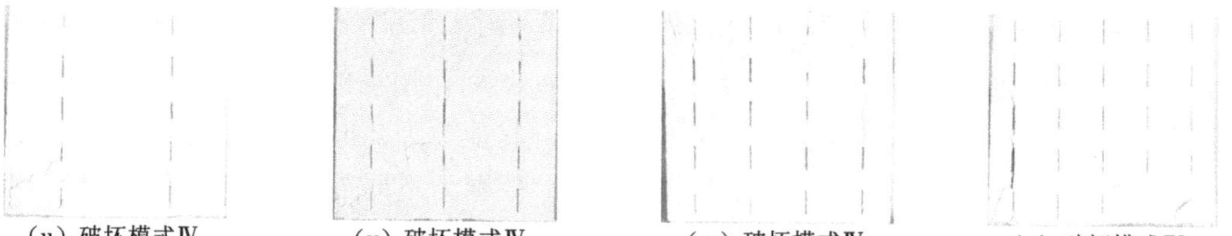

(u) 破坏模式Ⅳ，d=75 mm，α=90°　(v) 破坏模式Ⅳ，d=50 mm，α=90°　(w) 破坏模式Ⅳ，d=37.5 mm，α=90°　(x) 破坏模式Ⅳ，d=30 mm，α=90°

图 2-12(续)

由图 2-12 和图 2-13 可知：节理间距对断续节理岩体模型的力学性质具有重要影响。

① 当预制节理倾向为水平($\alpha=0°$)时，随着节理间距 d 的减小，节理岩体模型的破坏模式不发生改变，均为穿过节理的张拉破坏(破坏模式Ⅰ)，但是节理岩体的单轴抗压强度随着节理间距的减小而减小。当节理间距 d 由 75 mm 减小为 50 mm、37.5 mm、30 mm，相应的节理岩体归一化强度由 0.55 减小为 0.48、0.41、0.38，均小于含有一条预制节理平面岩体模型的归一化强度。如图 2-7 所示，在压缩应力作用下翼裂隙在节理尖端处产生并沿

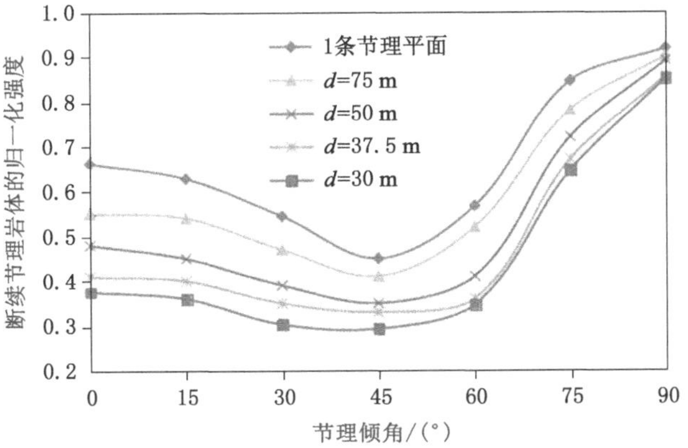

图 2-13　不同节理间距时的断续节理岩体的归一化强度（L_o=18 mm）

着加载方向发展；当翼裂隙发展、合并成贯穿的宏观破裂面时，整个节理岩体模型（含有 1 条预制节理平面）破坏。当节理岩体模型中的预制节理平面数多于 1 条（$d \leqslant 75$ mm）时，在竖向荷载作用下不同节理平面中的节理尖端均会产生翼裂隙（图 2-12）。随着节理间距的减小，不同节理平面产生的翼裂隙之间容易相互合并，减少了翼裂隙破坏完整岩石材料形成宏观破裂面所需的能量输入，进而造成节理岩体模型宏观强度的减小。

② 当 $\alpha=15°$时，断续节理岩体模型均发生穿过节理平面的张拉破坏（破坏模式Ⅰ），而与节理间距 d 无关。但是随着节理间距由 75 mm 分别减小为 50 mm、37.5 mm 和 30 mm，相应的断续节理岩体归一化强度由 0.54 分别减小为 0.45、0.40 和 0.36。因此，当节理倾角较小时，如 $\alpha=0°$和 $\alpha=15°$，平行节理间的相互作用导致断续节理岩体承载能力降低。

③ 当 $\alpha=30°$时，随着节理间距 d 的改变，节理岩体模型的破坏模式也发生改变。当节理岩体模型中含有 1 条、2 条或 3 条预制节理平面时，在竖向荷载作用下发生穿过节理平面的张拉破坏（破坏模式Ⅰ）和沿节理平面的剪切破坏（破坏模式Ⅱ）的混合破坏模式，如图 2-7 和图 2-12 所示。在竖向荷载作用下，节理岩体模型破坏产生岩块并沿预制节理表面剪切滑移。同时，在预制节理的尖端处产生翼裂隙并沿加载方向发展。当节理岩体模型中含有 2 条节理平面时（$d=75$ mm），翼裂隙只发生在靠近模型上下端处，而在 2 条平行节理平面之间没有出现翼裂隙。上述现象说明在此条件下 2 条平行节理平面之间没有发生相互作用。相反，当节理间距减小为 50 mm 时，即节理岩体模型中含有 3 条预制节理平面，在平行节理平面之间开始出现翼裂隙，并导致节理岩体模型的归一化强度由 0.47（$d=75$ mm）减小为 0.39（$d=50$ mm）。随着节理间距 d 进一步减小为 37.5 mm 和 30 mm，节理岩体模型的破坏模式由破坏模式Ⅰ和破坏模式Ⅱ的混合破坏模式转变为破坏模式Ⅰ。在单轴压缩作用下，大量的翼裂隙在预制节理尖端处产生，并沿着与预制节理平面垂直的方向发展至相邻平行节理的尖端处。因此，平行节理平面间产生了岩块，并在节理尖端处集中应力的作用下发生块体转动，如图 2-12 所示。块体转动增加了节理岩体模型的侧向位移变形，一定程度上降低了断续节理岩体模型的承载能力。相应的，节理岩体模型的归一化强度分别减小为 0.35（$d=37.5$ mm）和 0.30（$d=30$ mm）。

④ 当 $\alpha=45°$时，节理间距对断续节理岩体力学性质的影响规律与 $\alpha=30°$时的类似。当预制节理平面的条数由 1 条增加为 2 条和 3 条时，断续节理岩体的破坏模式由破坏模式Ⅱ转变为破坏模式Ⅰ和破坏模式Ⅱ的混合破坏模式。节理岩体的归一化强度由 0.45 分别降低为 0.41 和 0.35。随着节理间距进一步减小到 37.5 mm 和 30 mm，节理岩体破坏模式转变为破坏模式Ⅰ，归一化强度分别为 0.33 和 0.29。当 $d=30$ mm 时，当节理岩体中同样发生了块体转动现象，如图 2-12 所示。

⑤ 当 $\alpha=60°$、节理间距小于或等于 75 mm 时，断续节理岩体模型发生破坏模式Ⅰ和破坏模式Ⅲ的混合破坏模式。在单轴压缩作用下，一些张拉裂隙（翼裂隙）发展与倾斜次生裂隙合并或直接发展至相邻节理的尖端，发生沿节理表面的张拉破坏（破坏模式Ⅲ）；同时，其他一些张拉裂隙继续沿着最大主应力方向发展至相邻的平行节理。当 $d=75$ mm 时，在平行节理表面之间的翼裂隙较少。随着节理间距 d 由 75 mm 逐渐减小到 50 mm、37.5 mm 和 30 mm，在断续节理岩体模型中间部位产生的翼裂隙数量越来越多，表明预制平行节理平面间的相互作用越来越明显。相应的，断续节理岩体模型的归一化强度逐渐减小，分别为 0.52（$d=75$ mm）、0.41（$d=50$ mm）、0.36（$d=37.5$ mm）和 0.34（$d=30$ mm），如图 2-13 所示。

⑥ 当预制节理倾角为 75°时，断续节理岩体模型试件均发生沿节理平面的张拉破坏（破坏模式Ⅲ）。如图 2-12 所示，随着沿预制节理平面形成宏观破裂面，节理岩体模型破坏并产生多个岩梁。当节理间距较大时，如 $d=75$ mm，产生的岩梁由于在端部与上下压头接触，仍能够起到承载作用。然而，当节理间距较小时，如 $d=30$ mm，部分岩梁由于不能与上下压头同时接触发生滑移，不再具有承载能力。因此，随着节理间距的减小，节理岩体模型的单轴抗压强度也减小。如图 2-13 所示，当节理间距为 75 mm、50 mm、37.5 mm 和 30 mm 时，相应的归一化强度分别为 0.78、0.72、0.67、0.65。

⑦ 当节理倾角为 90°时，断续节理岩体模型试件均发生完整材料破坏（破坏模式Ⅳ），但是，随着节理间距由 75 mm 减小到 30 mm，节理岩体模型的归一化强度仍发生较小幅度的衰减，由 0.92 减小到 0.85，这可能是预制节理平面增多，相似材料中预制缺陷增加造成的。

2.4.2 节理间距对断续节理岩体变形性质的影响

图 2-14 所示为不同节理间距时断续节理岩体模型在峰值应力时的表面位移分布。由图 2-14 可知：节理间距 d 对岩体模型表面位移分布的影响随着节理倾角的不同而不同。当预制节理的倾向为水平（$\alpha=0°$）时，试件表面最大位移变形量随着节理间距的减小而减小。当节理间距较大时，如 $d=75$ mm，由翼裂隙组成的宏观破裂面集中在节理岩体模型的左右边界处并产生较大的侧向位移。随着节理间距的减小，新生的翼裂隙在岩体模型中分布更加均匀，使模型边界处的位移变形量减小，从而使最大位移变形量减小。当节理倾角增大至 15°时，翼裂隙的分布较 $\alpha=0°$时的更加均匀，不仅集中在岩样边界处。随着节理间距的减小，在预制节理尖端处产生的张开型翼裂隙数量大幅度增加，进而使试件表面的最大位移变形量增大。

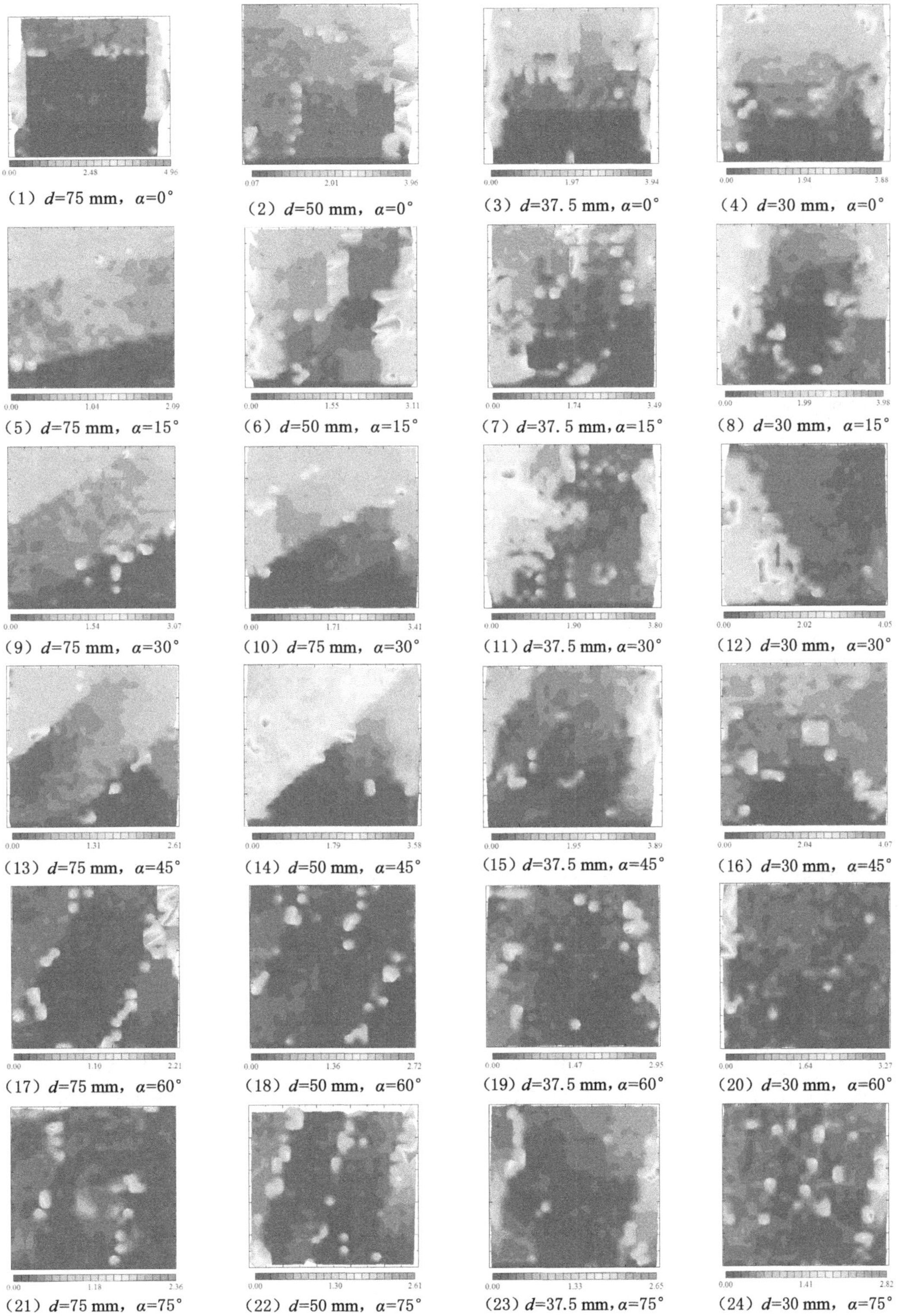

（1）d=75 mm，α=0°　（2）d=50 mm，α=0°　（3）d=37.5 mm，α=0°　（4）d=30 mm，α=0°

（5）d=75 mm，α=15°　（6）d=50 mm，α=15°　（7）d=37.5 mm，α=15°　（8）d=30 mm，α=15°

（9）d=75 mm，α=30°　（10）d=75 mm，α=30°　（11）d=37.5 mm，α=30°　（12）d=30 mm，α=30°

（13）d=75 mm，α=45°　（14）d=50 mm，α=45°　（15）d=37.5 mm，α=45°　（16）d=30 mm，α=45°

（17）d=75 mm，α=60°　（18）d=50 mm，α=60°　（19）d=37.5 mm，α=60°　（20）d=30 mm，α=60°

（21）d=75 mm，α=75°　（22）d=50 mm，α=75°　（23）d=37.5 mm，α=75°　（24）d=30 mm，α=75°

图 2-14　不同节理间距条件下断续节理岩体峰值应力时的位移分布（L_o＝18 mm，位移单位为 mm）

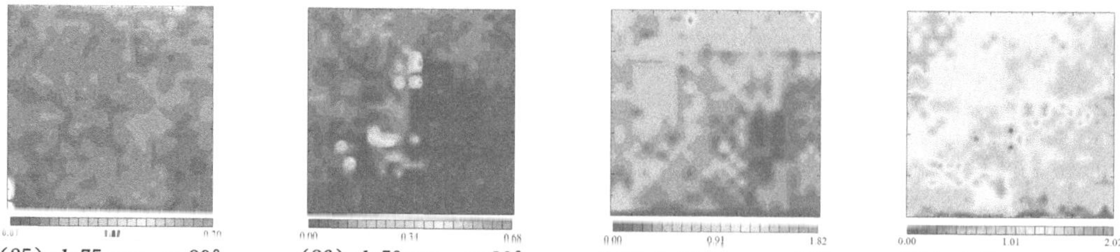

(25) d=75 mm，α=90°　(26) d=50 mm，α=90°　(27) d=37.5 mm，α=90°　(28) d=30 mm，α=90°

图 2-14　(续)

当 $\alpha=30°$和 $\alpha=45°$时，随着节理间距的减小，由翼裂隙分割成的块体发生转动，并主导了节理岩体的破坏和变形性质。如图 2-14 所示，岩块转动破坏大幅度增加了岩体试件表面的最大位移变形量。当节理倾角增大至 60°和 75°时，发生的沿节理平面的张拉破坏(破坏模式Ⅲ)影响了节理岩体模型的变形性质。该破坏模式下，预制节理的张开度大幅度增大。因此，随着节理间距的减小(岩体模型中的预制节理平面条数增加)，岩体模型中的宏观破裂面数量增加，相应的位移变化量也增加，如图 2-14 所示。类似的，当 $\alpha=90°$时，随着节理间距的减小，试件表面的最大位移变形量增加。

2.5　断续节理岩体节理重叠度力学效应

2.5.1　节理重叠度对断续节理岩体的破坏模式和强度性质的影响

节理重叠度 L_o 描述了预制节理与相邻平行节理之间沿节理倾向的相对位置，如图 2-4 所示。为了研究节理重叠度对断续节理岩体模型的破坏模式、强度性质和变形性质的影响，本章将节理重叠度分别设置为 18 mm、10.5 mm、3 mm，其他几何参数保持不变，即 $L_j=18$ mm、$L_r=12$ mm、$d=30$ mm。预制节理的倾角由 0°每隔 15°变化至 90°。图 2-15 和图 2-16 所示分别为不同节理重叠度 L_o 时断续节理岩体模型的破坏模式和归一化强度值。

(a) 破坏模式Ⅰ，L_o=18 mm，α=0°　(b) 破坏模式Ⅰ，L_o=10.5 mm，α=0°　(c) 破坏模式Ⅰ，L_o=3 mm，α=0°

图 2-15　不同节理重叠度时断续节理岩体模型的破坏模式($d=30$ mm)

(d) 破坏模式Ⅰ，
L_o=18 mm，α=15°

(e) 破坏模式Ⅰ和Ⅱ，
L_o=10.5 mm，α=15°

(f) 破坏模式Ⅰ和Ⅱ，
L_o=3 mm，α=15°

(g) 破坏模式Ⅰ，
L_o=18 mm，α=30°

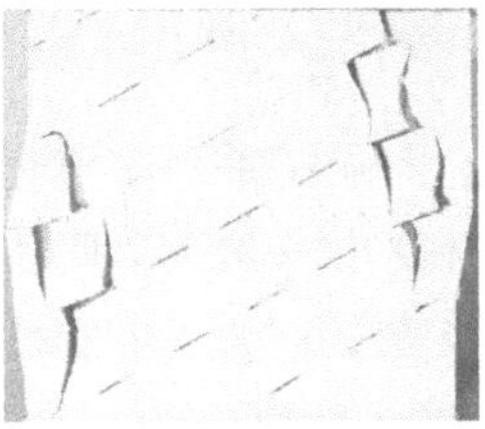

(h) 破坏模式Ⅰ，
L_o=10.5 mm，α=30°

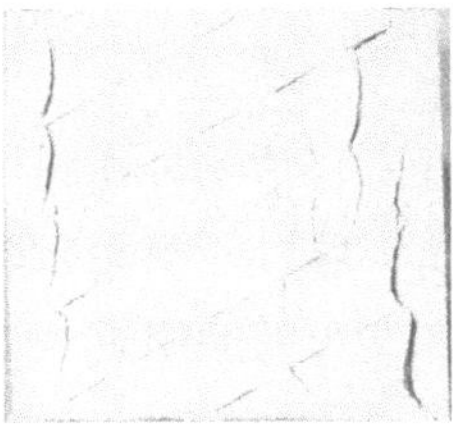

(i) 破坏模式Ⅰ和Ⅱ，
L_o=3 mm，α=30°

(j) 破坏模式Ⅰ，
L_o=18 mm，α=45°

(k) 破坏模式Ⅰ和Ⅲ，
L_o=10.5 mm，α=45°

(l) 破坏模式Ⅰ和Ⅲ，
L_o=3 mm，α=45°

(m) 破坏模式Ⅰ和Ⅲ，
L_o=18 mm，α=60°

(n) 破坏模式Ⅰ和Ⅲ，
L_o=10.5 mm，α=60°

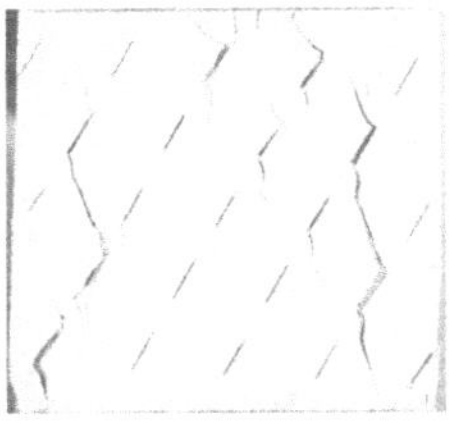

(o) 破坏模式Ⅰ和Ⅲ，
L_o=3 mm，α=60°

(p) 破坏模式Ⅲ，
L_o=18 mm，α=75°

(q) 破坏模式Ⅲ，
L_o=10.5 mm，α=75°

(r) 破坏模式Ⅲ，
L_o=3 mm，α=75°

图 2-15 (续)

(s) 破坏模式Ⅳ，L_o=18 mm，α=90°

(t) 破坏模式Ⅳ，L_o=10.5 mm，α=90°

(u) 破坏模式Ⅳ，L_o=3 mm，α=90°

图 2-15 (续)

如图 2-15 所示，预制节理的倾角是影响节理岩体模型破坏模式的最主要因素，而节理重叠度对节理岩体模型破坏模式的影响较小。然而，即使在破坏模式相同的情况下，节理重叠度的改变仍能引起一些新的破坏特点，并进一步影响节理岩体模型的单轴抗压强度(图 2-16)。比如，当 α＝0°时，虽然不同节理重叠度的岩体模型均发生穿过节理平面的张拉破坏(破坏模式Ⅰ)，但随着节理重叠度的减小，在节理岩体模型中产生了较多的张拉裂隙(翼裂隙)。张拉裂隙不仅在预制节理的尖端产生，也在预制节理中间位置处产生。上述现象表明：随着节理重叠度的减小，平行节理平面之间的完整岩石材料的承载能力减小，因此节理岩体模型的宏观强度也减小。如图 2-16 所示，当节理重叠度 L_o 由 18 mm 减小为 10.5 mm 和 3 mm 时，断续节理岩体模型的归一化强度由 0.37 减小到 0.34 和 0.30。当 α＝15°和α＝30°时，随着节理重叠度的减小，断续节理岩体模型的破坏模式由穿过节理平面的张拉破坏(破坏模式Ⅰ)转变为穿过节理平面的张拉破坏(破坏模式Ⅰ)和沿节理平面的剪切破坏(破坏模式Ⅱ)的混合破坏模式。如 2.2.1 节所述，沿节理平面的剪切破坏(破坏模式Ⅱ)会引起岩体强度的降低。因此，随着节理重叠度由 18 mm 减小到 10.5 mm 和 3 mm，节理岩体模型的归一化强度也相应减小(图 2-16)。

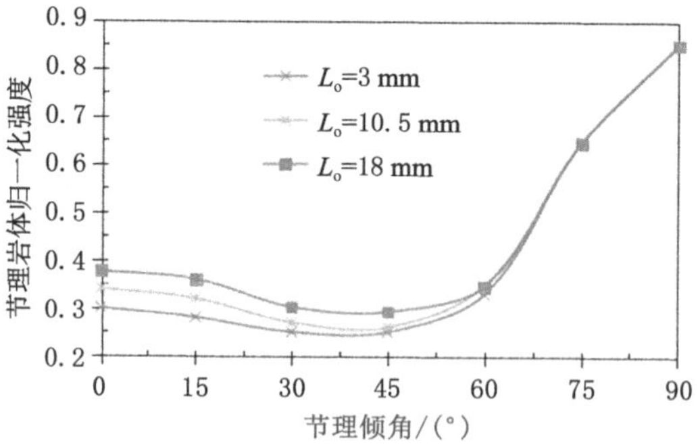

图 2-16 不同节理重叠度时断续节理岩体模型的归一化强度(d＝30 mm)

当 α＝45°时，随着节理重叠度的减小，断续节理岩体模型的破坏模式由穿过节理平面的张拉破坏(破坏模式Ⅰ)转变为穿过节理平面的张拉破坏(破坏模式Ⅰ)和沿节理平面的张拉破坏(破坏模式Ⅲ)的混合破坏模式，如图 2-15 所示。当节理重叠度 L_o 由 18 mm 减小到 10.5 mm 和 3 mm 时，节理岩体模型的归一化强度由 0.29 分别减小到 0.26 和 0.25。当节理倾角较大时，如 $\alpha=60^\circ$、$\alpha=75^\circ$、$\alpha=90^\circ$，节理岩体模型的破坏模式不随着节理重叠度的改变而改变。因此，节理重叠度与节理岩体模型的归一化强度的影响也较小，如图 2-16 所示。

2.5.2 节理重叠度对断续节理岩体破坏模式和强度性质的影响

图 2-17 所示为不同节理重叠度时断续节理岩体模型在峰值应力时的表面位移分布。如上文所述，当节理倾角较大时，如 $\alpha=60^\circ$、$\alpha=75^\circ$ 和 $\alpha=90^\circ$，节理重叠度对断续节理岩体模型的力学性质的影响较小。因此，在这里只分析节理倾角为 0°、15°、30°、45°时节理重叠度对节理岩体表面位移分布的影响规律。由图 2-17 可知：在单轴压缩作用下节理重叠度对节理岩体试件表面位移分布具有重要的影响。当 $\alpha=0^\circ$时，最大位移变形发生在靠近节理岩体模型的左右边界处。随着节理重叠度 L_o 的减小，产生的翼裂隙在岩体模型中分布更广泛，减小了靠近节理岩体模型边界处的侧向位移。$\alpha=15^\circ$和 $\alpha=30^\circ$，当节理重叠度较大时（$L_o=18$ mm）节理岩体模型发生块体转动破坏，试件表面的位移变形较大。随着节理重叠度的减小，块体转动现象逐渐消失，试件表面的最大位移变形也逐渐减小，如图 2-17 所示。此外，沿节理平面的张拉破坏（破坏模式Ⅲ）相比穿过节理平面的张拉破坏（破坏模式Ⅰ）产生较小的体积膨胀变形。因此，当 $\alpha=45^\circ$时随着节理重叠度的减小，节理岩体模型的破坏模式由破坏模式Ⅰ转变为破坏模式Ⅰ和破坏模式Ⅲ的混合模式，减小了节理岩体试件表面的最大位移变形。如图 2-17 所示，随着节理重叠度 L_o 由 18 mm 减小到 10.5 mm 和 3 mm，节理岩体试件表面的最大位移变形由 4.07 mm 减小到 2.27 mm 和 1.88 mm。

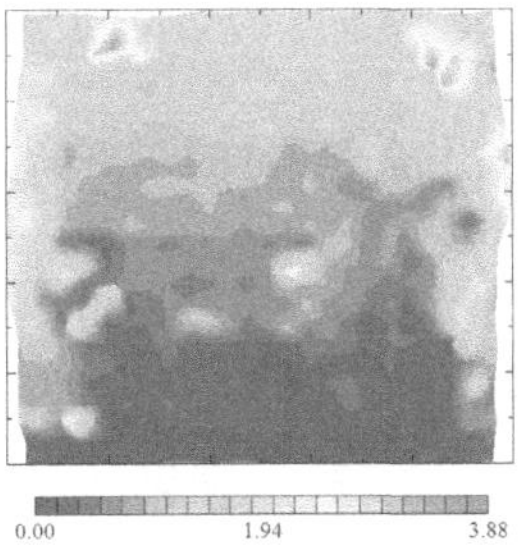

(a) L_o=18 mm，α=0°

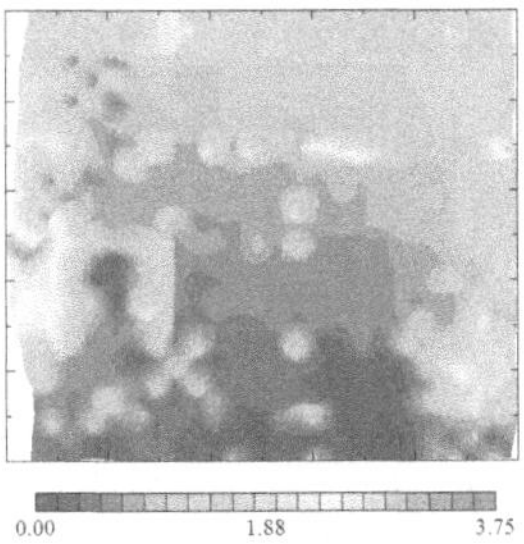

(b) L_o=10.5 mm，α=0°

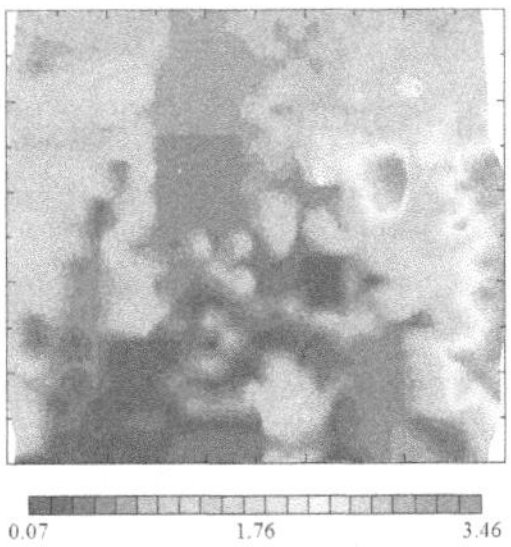

(c) L_o=3 mm，α=0°

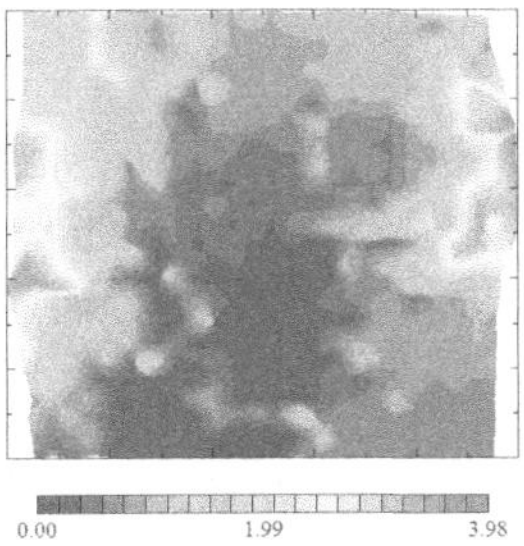

(d) L_o=18 mm，α=15°

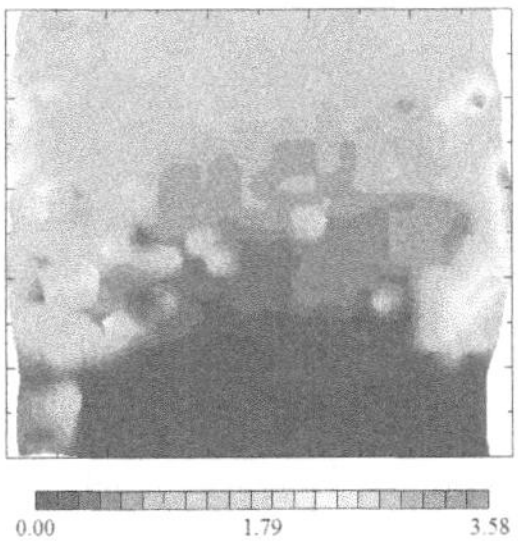

(e) L_o=10.5 mm，α=15°

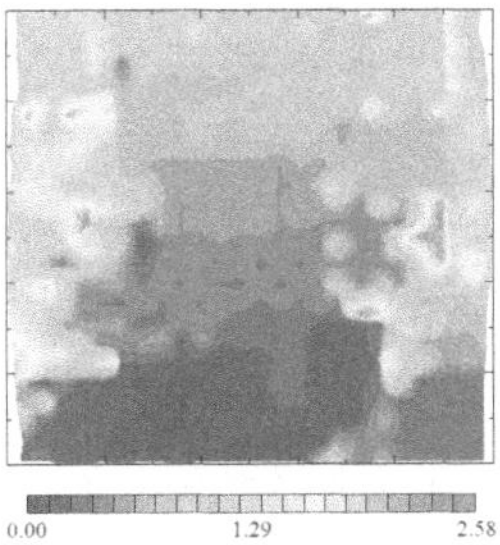

(f) L_o=3 mm，α=15°

图 2-17 不同节理重叠度、断续节理岩体峰值应力时的位移分布

（$d=30$ mm，位移单位为 mm）

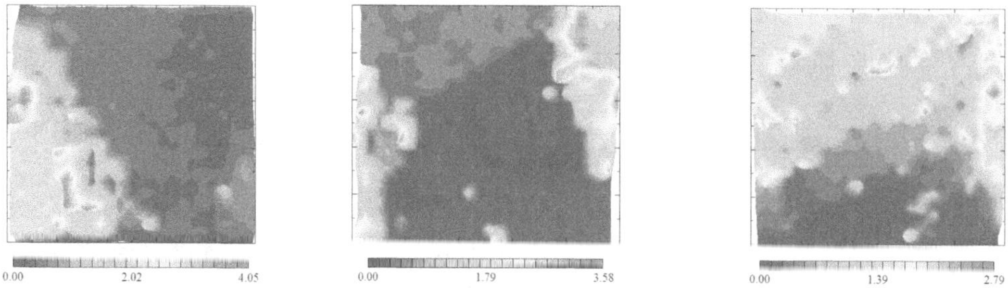

(g) L_o=18 mm，α=30°　　(h) L_o=10.5 mm，α=30°　　(i) L_o=3 mm，α=30°

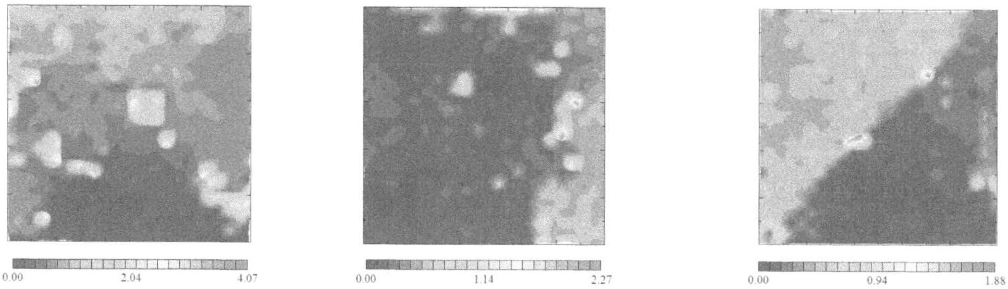

(j) L_o=18 mm，α=45°　　(k) L_o=10.5 mm，α=45°　　(l) L_o=3 mm，α=45°

图 2-17 （续）

2.6 平行节理相互作用对断续节理岩体模型力学性质的影响

由上述物理模型试验结果可知：节理间距和节理重叠度均对断续节理岩体模型的力学性质具有重要的影响。节理间距 d 和节理重叠度 L_o 分别描述了预制节理相比相邻平行节理在垂直于节理倾向和沿节理倾向上的几何位置。这两个几何参数的改变会对平行节理间的相互作用产生影响。在本书研究中可以发现，预制节理尖端处产生的翼裂隙可以将任意两个相邻平行节理平面相连，如图 2-12 和图 2-15 所示。由上文试验结果，在一定的节理倾角范围内，改变节理间距和节理重叠度可以改变预制节理尖端处产生翼裂隙的条数，并进一步影响节理岩体模型的破坏模式、归一化强度和最大位移变形。因此，翼裂隙的发展和合并可以反映平行节理间的相互作用。在平行节理平面之间产生的翼裂隙越多，说明该平行节理平面之间的相互作用越强烈。

如上所述，破坏模式Ⅰ(穿过节理平面的张拉破坏)下产生翼裂隙，而破坏模式Ⅰ发生在节理倾角较小时，如 $\alpha=0°$、$\alpha=15°$、$\alpha=30°$、$\alpha=45°$和 $\alpha=60°$，如图 2-12 所示。因此，平行节理之间的相互作用受到节理倾角影响。随着节理倾角的增大，平行节理之间的相互作用减小。翼裂隙的起裂是受到施加在预制节理表面上的法向应力分量作用产生的。节理倾角越小，则施加在预制节理表面上的法向应力分量就越大，就越容易产生翼裂隙，反之亦然。此外，为了在平行节理平面之间产生翼裂隙，也需要合理的节理间距。当节理间距较大时，如 $d=75$ mm，两条平行节理平面之间没有产生翼裂隙，即使在 $\alpha=30°$、$\alpha=45°$、$\alpha=60°$条件下。新生节理的相互合并倾向于沿较短的路径。

如图 2-18 所示，当 $d=75$ mm、$\alpha=30°$时，节理重叠度的改变不会在平行节理平面之间产生张拉裂隙(翼裂隙)。因此,节理重叠度对平行节理之间的相互作用的影响既受到节理倾角的限制又受到节理间距的限制。在研究节理重叠度对平行节理之间的相互作用的影响规律时,需要选择较小的节理间距,如 $d=30$ mm。节理重叠度对平行节理之间相互作用的影响是通过调整作用在预制节理表面上的法向应力分量来实现的。当节理倾角较小时,如 $\alpha=0°$、$\alpha=15°$、$\alpha=30°$,随着节理重叠度的减小,更多的法向应力分量由从岩桥上转移到预制节理表面上,因此,更容易产生翼裂隙。

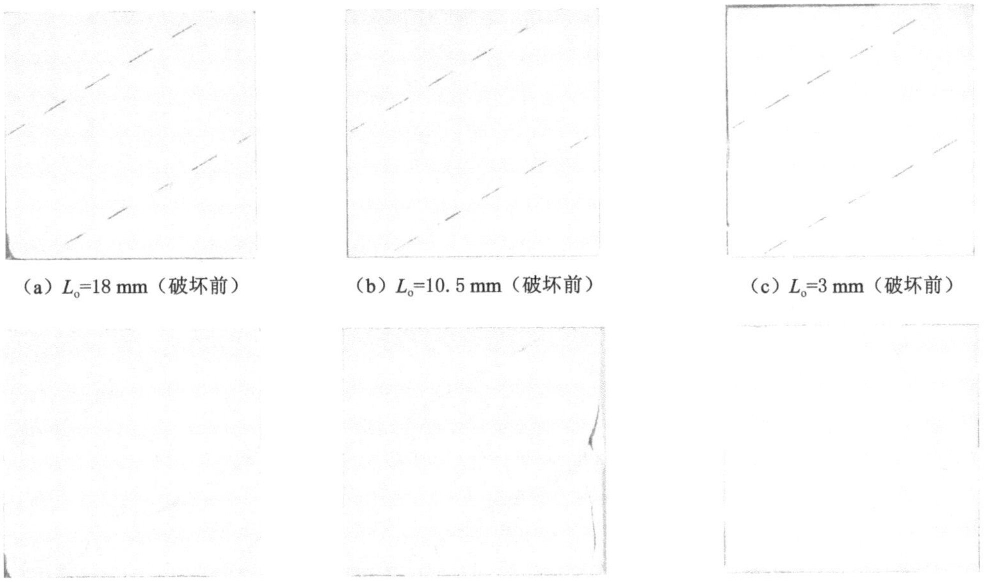

(a) L_o=18 mm (破坏前)　(b) L_o=10.5 mm (破坏前)　(c) L_o=3 mm (破坏前)

(d) L_o=18 mm (破坏后)　(e) L_o=10.5 mm (破坏后)　(f) L_o=3 mm (破坏后)

图 2-18　不同节理重叠度时断续节理岩体的破坏模式($\alpha=30°$,$d=70$ mm)

2.7　本章小结

采用石膏和水组成的相似材料制备断续节理岩体物理模型试件,在单轴压缩条件下研究了不同节理间距和节理重叠度所引起的断续节理岩体结构效应,分析了平行节理之间的相互作用机理,及其对断续节理岩体模型破坏模式、强度性质和变形性质的影响,得出以下结论:

(1) 断续节理岩体模型的破坏模式主要受预制节理倾角的影响。根据物理模型试验结果,主要得出以下四种破坏模式:穿过节理平面的张拉破坏(破坏模式Ⅰ)、沿节理平面的剪切破坏(破坏模式Ⅱ)、沿节理平面的张拉破坏(破坏模式Ⅲ)和完整材料破坏(破坏模式Ⅳ)。

(2) 平行节理平面之间通过翼裂隙的产生和合并发生相互作用。在竖向荷载作用下,平行节理之间的相互作用受到节理倾角、节理间距和节理重叠度的影响。平行节理之间的相互作用不仅要求节理倾角较低(如 $\alpha=0°$、$\alpha=15°$、$\alpha=30°$、$\alpha=45°$和 $\alpha=60°$),而且要求较小的节理间距。在合适的节理倾角和节理间距范围内,节理重叠度才会对平行节理之间的相互作用产生影响。

(3) 节理间距对断续节理岩体模型的力学性质具有重要的影响。随着节理间距的减小,断续节理岩体模型的归一化强度和试件表面最大位移变形均较小($\alpha=0°$除外)。当节理倾角小于60°时,节理间距才会对平行节理之间的相互作用产生影响。

(4) 当节理倾角小于或等于45°时,节理重叠度对断续节理岩体模型的力学性质具有重要的影响($d=30$ mm)。断续节理岩体的归一化强度和试件表面最大位移变形量随着节理重叠度的减小而减小($\alpha=0°$除外)。

3 单向应力环境下断续节理岩体结构效应数值模型试验研究

3.1 引言

第 2 章中采用室内物理试验的方法主要研究了断续节理岩体节理间距和节理重叠度力学效应。本章在第 2 章和 X. Chen 等[54,126]物理模型试验的基础上，采用颗粒流数值模型试验对节理几何参数(如节理倾角、节理连续度和节理张开度)的力学效应进行扩展研究。需要指出的是，本章重点研究了节理的张开度对节理岩体强度性质的影响。由 J. E. Jennings[135]的强度理论可知：节理岩体的强度在一定条件下可以通过岩桥强度和节理强度的线性叠加获得，而节理能否产生强度作用取决于两个节理表面能否发生相互作用。对于张开节理，节理表面能否接触以及不同条件下(张开或闭合)与岩桥的相互作用都会影响节理岩体的宏观力学性质，而相关机理研究较少。在本章中，首先采用校验的方法确定完整岩石材料的微观力学参数；然后采用反分析方法确定节理岩体中节理的张开度和节理微观力学参数，使数值计算结果与物理试验结果一致。在校验获得的完整材料和节理力学参数的基础上进一步研究单轴压缩条件下断续节理岩体结构效应，并分析了在颗粒流数值方法中不同生成张开节理的方法对模型试验结果的影响。

3.2 断续节理岩体颗粒流数值模型的建立

如第 2 章所述，为深入研究断续节理岩体的强度和变形性质，X. Chen 等[54,126]对含有张开型断续节理岩石相似材料进行了物理模型试验。物理模型采用石膏和水以质量比 1∶0.6 混合浇筑而成[54,126]。浇筑时采用厚度为 0.3 mm 的镍合金片插入预留的插槽，并在混合材料凝固初期拔出镍合金片形成预制节理。模型在室温条件下养护 21 d 后进行单轴压缩试验。断续节理岩体模型尺寸为 150 mm×150 mm×50 mm。如图 3-1 所示，预制节理在岩体模型中呈雁形对称分布。相互平行的预制节理沿厚度方向贯穿模型，节理间距(d)和节理中心距(h)均为 30 mm。因此，图 3-1 所示模型是图 2-2 所示模型的特殊形式，即 $d=30$ mm。节理连续度 k 定义为节理长度 L_j 与节理中心距 h 的比值，即

$$k=\frac{L_j}{L_j+L_r}=\frac{L_j}{h} \tag{3-1}$$

在 X. Chen 等[54,126]物理模型试验中，k 值取 0.2、0.4、0.6、0.8，相应的节理长度 L_j 分别为 6 mm、12 mm、18 mm、24 mm。节理倾角 α 取 0°、15°、30°、45°、60°、75°、90° 7 种工况。试验中，采用位移控制(0.0025 mm/s)对相似模型进行单轴压缩试验。

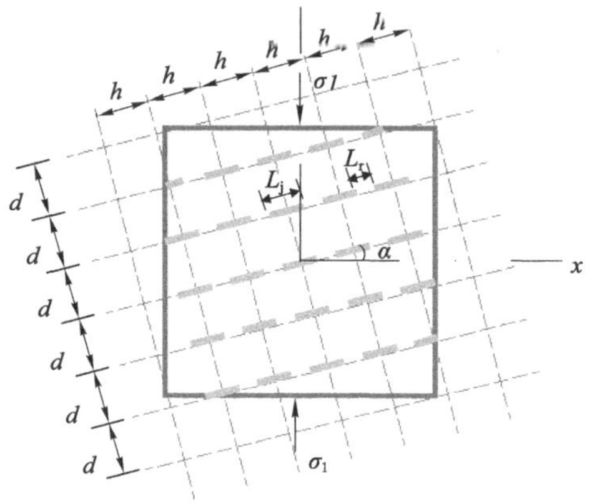

L_r—岩桥长度；L_j—节理长度；d—节理间距；

h—节理中心距；α—节理倾角；σ_1—第一主应力；gap—节理张开度。

图 3-1　节理分布及几何参数（d=30 mm）

本章在物理模型试验基础上，采用颗粒流数值方法进一步研究断续节理岩体结构效应中的节理倾角、节理连续度和节理张开度的力学效应。图 3-2 为采用 PFC3D 软件建立的断续节理岩体颗粒流数值模型。断续节理岩体数值模型的尺寸为 150 mm×150 mm×50 mm。在生成颗粒流数值模型时，首先生成由 6 面两两平行墙体组成的矩形容器，并通过以下四个步骤生成颗粒集合：(1) 挤压初始集合体；(2) 在颗粒集合体内获得一定大小的应力；(3) 删除浮子（与其他颗粒体的接触面低于 3 个的颗粒体）；(4) 完成模型[136]。随后，删除侧向 4 面墙体，保留顶底两面墙体作为压头对断续节理岩体模型进行单轴压缩试验，如图 3-2 所示。

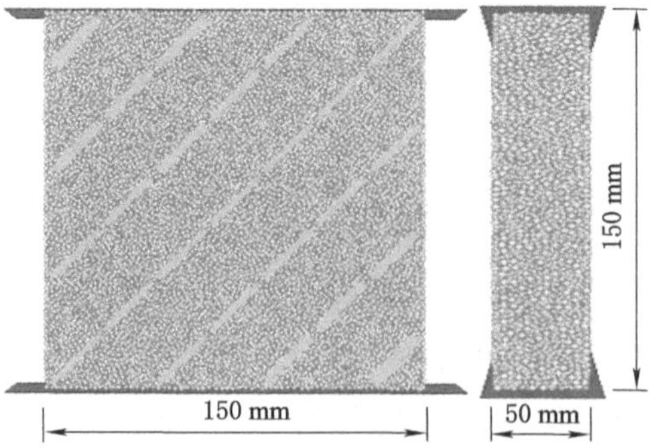

图 3-2　断续节理岩体颗粒流数值模型（α=45°，k=0.8）

在断续节理岩体颗粒流数值模型中，预制节理采用平滑节理模型（smooth-joint model）模拟，且呈雁形对称分布在完整材料之间。每条预制节理均贯穿厚度方向，因此，每条预制节理均为矩形结构面。在 PFC3D 软件平台中，由于平滑节理模型只能在一定半径的圆盘形平面上定义，因此每个矩形结构面采用多个平滑节理圆盘组合的方式生成，如图 3-3 所示。

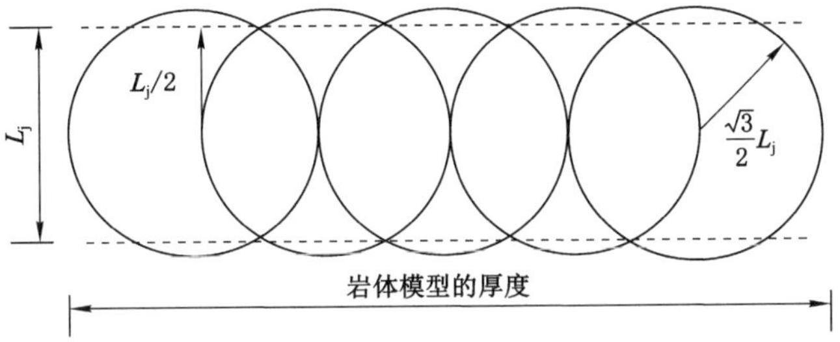

图 3-3 生成平滑节理平面

3.2.1 完整材料模型

在断续节理岩体颗粒流数值模型中，完整材料采用颗粒体集合模拟，颗粒体之间在接触面处相互作用。在接触面上，颗粒体之间遵循线弹性力-位移关系。该力-位移模型涉及法向力分量（F_n）、法向位移（U_n）、剪切力增量（ΔF_s）和切向位移增量（ΔU_s）（图 3-4），其关系式为：

$$\begin{cases} F_n = k_n U_n \\ \Delta F_s = -k_s \Delta U_s \end{cases} \tag{3-2}$$

式中，k_n，k_s 分别为颗粒体接触面的法向刚度和切向刚度。

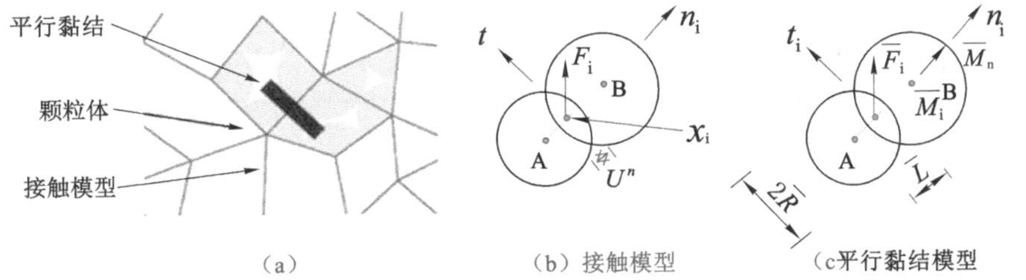

图 3-4 接触模型及平行黏结模型[5]

图 3-4 中，t_i 为接触点处的切向单位向量，代表接触面上切向作用方向；n_i 为接触点处的法向单位向量，垂直于接触面，代表法向作用方向；F_i 为作用在颗粒 B 上的接触力，体现颗粒间相互作用的力学量；x_i 为接触点位置向量，描述颗粒 A 到接触点的空间位置关系；U^n 为法向重叠量，反映两颗粒接触时法向上的变形量（颗粒相互嵌入的程度）。

接触面的摩擦作用关系式为：

$$F_s \leqslant \mu F_n \tag{3-3}$$

式中，F_s 为静摩擦力；μ 为颗粒间的摩擦系数；F_n 为法向力分量。

为了进一步模拟相似材料的脆性性质，需要将上述颗粒材料采用黏结模型进行胶结[136]。本节采用平行黏结模型(parallel bond model)将颗粒体黏结起来。该模型不但可以抵抗颗粒体相互之间力的作用，而且可以抵抗颗粒体之间力矩的作用，如图 3-4 所示。平行黏结模型的作用机理为：

$$\begin{cases}\Delta \overline{F}_{\mathrm{n}} = \overline{k}_{\mathrm{n}} A \Delta U_{\mathrm{n}} \\ \Delta \overline{F}_{\mathrm{s}} = -\overline{k}_{\mathrm{s}} A \Delta U_{\mathrm{s}}\end{cases} \tag{3-4}$$

$$\begin{cases}\Delta \overline{M}_{\mathrm{s}} = -\overline{k}_{\mathrm{s}} J \Delta \theta_{\mathrm{n}} \\ \Delta \overline{M}_{\mathrm{s}} = -\overline{k}_{\mathrm{n}} J \Delta \theta_{\mathrm{s}}\end{cases} \tag{3-5}$$

式中，$\overline{F}_{\mathrm{n}}$，$\overline{F}_{\mathrm{s}}$，$\overline{M}_{\mathrm{n}}$，$\overline{M}_{\mathrm{s}}$ 分别为黏结面上的力和力矩分量；$\overline{k}_{\mathrm{n}}$，$\overline{k}_{\mathrm{s}}$ 分别为黏结面上的法向刚度和切向刚度；θ_{n}，θ_{s} 分别为扭转角度分量；A，J，I 分别为黏结面的面积、极惯性矩和惯性矩。

颗粒之间的黏结强度为：

$$\overline{\sigma}_{\max} = \frac{-\overline{F}_{\mathrm{n}}}{A} + \frac{|\overline{M}_{\mathrm{s}}|\overline{R}}{I} < \overline{\sigma}_{\mathrm{c}} \tag{3-6}$$

$$\overline{\tau}_{\max} = \frac{-\overline{F}_{\mathrm{s}}}{A} + \frac{|\overline{M}_{\mathrm{n}}|\overline{R}}{I} < \overline{\tau}_{\mathrm{c}} \tag{3-7}$$

式中，$\overline{R}$ 为黏结面的半径；$\overline{\sigma}_{\mathrm{c}}$，$\overline{\tau}_{\mathrm{c}}$ 分别为黏结面的法向强度和剪切强度。

表 3-1 颗粒流模型完整材料微观力学参数

力学属性	微观力学参数	取值
颗粒体属性	$\rho/(\mathrm{kg/m^3})$	1 158
	$k_{\mathrm{n}}/k_{\mathrm{s}}$	2.3
	$E_{\mathrm{c}}/\mathrm{GPa}$	4.1
	μ	0.78
	$R_{\mathrm{rat}} = R_{\max}/R_{\min}$	1.66
	$R_{\min}/\mathrm{mm}$	0.85
平行黏结属性	λ	1.0
	$\overline{k}_{\mathrm{n}}/\overline{k}_{\mathrm{s}}$	2.3
	$\overline{E}_{\mathrm{c}}/\mathrm{GPa}$	4.1
	$\overline{\sigma}_{\mathrm{c}}$(平均值±标准差)/MPa	7.0±1.4
	$\overline{\tau}_{\mathrm{c}}$(平均值±标准差)/MPa	7.0±1.4

当接触面上的法向应力大于黏结的法向强度(σ_{c})时，平行黏结破坏，产生张拉裂隙；当接触面上的切向应力大于黏结的剪切强度(τ_{c})时，平行黏结破坏，产生剪切裂隙。颗粒体间的平行黏结一旦破坏，黏结的法向强度变为 0，而剪切强度变为摩擦强度[式(3-3)][99,137]。

为了获得上述颗粒与颗粒之间、颗粒与平行黏结之间力学性能，需要选择合理的微观力学参数。这些微观力学参数可以反演物理试验中相似材料模型所表现出的宏观力学性质，包括破坏模式、强度性质和变形性质。为减少迭代计算的次数，确定颗粒流模型微观参数时需要遵循一定的方法和步骤[14,129,137]进行校验。表 3-1 为通过校验确定的完整材料的微观力学参数。表 3-2 为颗粒流数值模型计算结果与物理试验结果的比较。由表 3-2 可知:节理岩体模型的单轴抗压强度(UCS)和弹性模量(E)与物理试验结果的偏差仅为 0.85%和-1.24%,说明在表 3-1 所示微观力学参数的基础上颗粒流数值模型计算结果与物理试验结果较吻合。

表 3-2 颗粒流完整材料模型计算结果

宏观力学性质	物理试验结果	数值计算结果	偏差
UCS/MPa	8.27	8.34	0.85%
E/GPa	4.04	3.99	-1.24%

3.2.2 张开节理模型

颗粒流数值模型中采用平滑节理岩体模型模拟预制的张开节理。在进行颗粒流数值计算时,一般采用删除黏结的方法生成节理,这种方法会在生成的节理表面产生不必要的粗糙度[138],进而造成节理岩体剪切强度的增大和体积膨胀[139]。平滑节理模型的提出就是要消除采用上述方法时产生的粗糙度[137]。图 3-5 所示为平滑节理模型。在确定节理平面的位置后,平滑节理模型就会作用在节理平面两侧颗粒体的接触面上。首先这些接触面上的黏结会被删除,平滑节理的方向与设置的节理平面的方向平行,而与颗粒体接触面的方向无关。颗粒体接触面会按照平滑节理模型定义的物理性质作用,并受到微观力学参数赋值的影响。在节理表面两侧的颗粒体可以重叠或者相互穿过,不会相互转动。在本章中,接触面上的平滑节理模型设置为非黏结的模型,即两个节理表面之间没有强度(抗拉强度、抗剪强度),用于模拟物理试验中预制的节理。因此,平滑节理模型包含的微观力学参数为法向刚度、切向刚度、摩擦系数及膨胀角。

每个平滑节理包含两个节理表面:节理表面 1 和节理表面 2。两个节理表面上各有颗粒体,节理表面的相互作用是以两侧颗粒体通过接触面相互作用实现的。只有在两侧颗粒体接触或重叠时,平滑节理模型才开始作用[137]。因此,模型计算时可以通过设置节理表面上颗粒体之间的距离来模拟张开节理,如图 3-5(a)所示。一定条件下两个节理表面会闭合[图 3-5(b)],并相互作用。节理表面的作用效果取决于所确定的节理微观参数。图 3-5 中,θ_p 为节理平面与水平坐标轴(x 轴)的夹角,用于描述节理平面的空间方位;$\boldsymbol{n}_c$ 为颗粒接触面的法向单位向量,垂直于颗粒 1 与颗粒 2 的接触面;$\boldsymbol{n}_j$ 为节理平面的法向单位向量,垂直于节理平面;$\boldsymbol{t}_f$ 为节理平面的切向单位向量,沿节理平面方向,与节理面法向($\boldsymbol{n}_j$)垂直。

节理微观参数的确定需要采用反分析法使断续节理岩体颗粒流数值模型与物理模型的试验结果一致,即进行一系列试算使颗粒流模型(图 3-2)试件的强度性质与陈新等[126]物理模型试件的强度性质和第 2 章中物理模型试件的强度性质吻合。如上所述,在物理模型试验中采用插入厚度为 0.3 mm 的镍合金片的方式预制节理。由于镍合金片是在相似材料初凝时拔出的,节理表面会在终凝前产生一定的膨胀位移,节理的张开度应小于 0.3 mm,而物理模型试验中无法对该参数进行准确测量。因此,应该首先对预制节理的张开度进行校验(反分析)确定。

断续节理岩体模型的倾角设置了 7 种工况,即 0°、15°、30°、45°、60°、75°、90°。为了确定

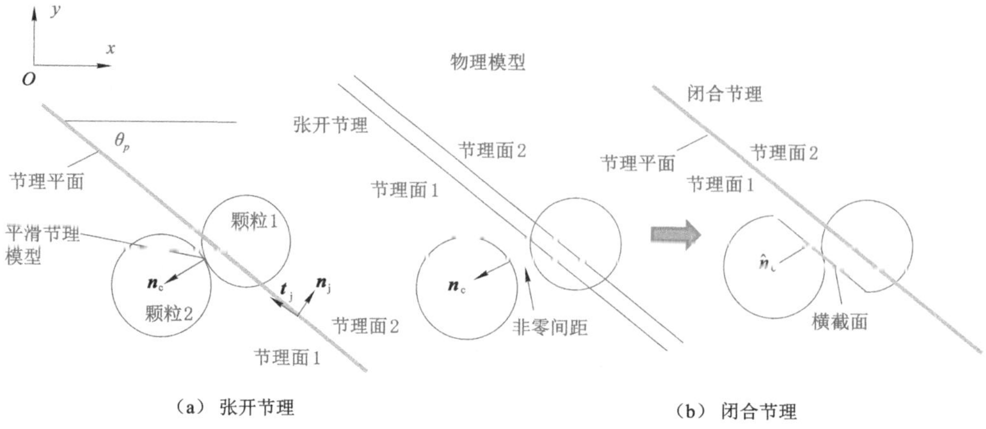

图 3-5 平滑节理模型[137]

预制节理的张开度，取平滑节理模型张开度为 0.30 mm、0.15 mm、0.10 mm、0.075 mm 进行试算分析。此时，平滑节理模型的微观力学参数，如法向刚度、剪切刚度和摩擦系数，与完整材料微观力学参数(表 3-1)相等，即平滑节理模型在生成后(删除黏结)，节理的微观力学参数没有重新设置，直接沿袭完整材料的力学参数(表 3-3)。校验试验中，节理长度 L_j 设为 24 mm(节理连续度 k=0.8)，与物理模型试验中最大值相等，这样颗粒岩体模型的强度性质对节理微观力学参数具有较大的敏感度，便于获得更准确的微观力学参数。

表 3-3 平滑节理模型微观力学参数

微观力学参数	完整材料	节理参数赋值
$\bar{k}_{nj}$/(N/m^3)	1.81×10^{12}	3.6×10^{9}
$\bar{k}_{sj}$/(N/m^3)	0.79×10^{12}	1.2×10^{9}
μ_j	0.78	0.75
ψ	0	0

图 3-6 所示为断续节理岩体模型单轴抗压强度(UCS)随节理张开度的变化规律。由图 3-6 可知：当节理倾角较小时(如 0°、15°、30°)，节理张开度对节理岩体单轴抗压强度的影响较大；当 α=45°和 α=60°时，节理张开度对节理岩体单轴抗压强度的影响减小；当 α=75°和 α=90°时，节理张开度对节理岩体单轴抗压强度几乎没有影响。需要注意的是，当节理张开度为 0.3 mm 时，虽然节理微观力学参数均取最大值(完整材料力学参数)，在节理倾角较小的情况下(0°、15°、30°)节理岩体模型的强度低于物理试验获得的强度。该发现进一步表明：物理模型试验中实际的节理张开度应比设计值低 0.3 mm。在节理张开度由 0.15 mm 减小到 0.075 mm 过程中，单轴抗压强度逐渐增大且大于物理试验结果。由于在张开度为 0.10 mm 时可以留出一定的强度差值用于调整(减小)节理的微观力学参数，该值确定为断续节理岩体颗粒流数值模型中节理的张开度。在此基础上进一步确定节理表面的微观力学参数，以及进行节理几何参数影响显著性分析。

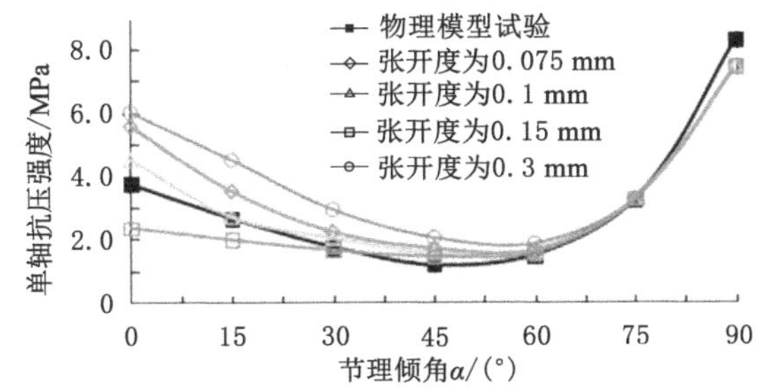

图 3-6 节理岩体单轴抗压强度随节理张开度的变化规律（$k=0.8$）

在确定节理张开度等于 0.1 mm 的基础上，进一步采用校验的方法确定节理的微观力学参数，即法向刚度 $\overline{k}_{nj}$、切向刚度 $\overline{k}\alpha_{sj}$ 和摩擦系数 μ_j。首先对节理方向刚度 $\overline{k}_{nj}$ 分别取值 1.81×10^{12} N/m^3、7.20×10^{10} N/m^3、3.60×10^{9} N/m^3、1.80×10^{8} N/m^3；然后保持 $\overline{k}_{sj}=\frac{1}{3}\overline{k}_{nj}$ 和 $\mu_j=0.75$ 不变。如图 3-7(a)所示，当节理倾角较小时(0°、15°)，节理法向刚度对节理岩体的单轴抗压强度的影响较大，说明在此条件下张开节理在岩体达到峰值强度前节理表面接触，并对岩体的宏观力学性质产生影响。节理倾角较小时，节理的法向刚度越大，单轴抗压强度就越大。当节理倾角为 30°、45°、60°时，节理法向刚度对节理岩体单轴抗压强度的影响减小；当节理倾角较大(75°、90°)时，节理法向刚度对节理岩体单轴抗压强度几乎没有影响。当 $\overline{k}_{nj}=3.60\times10^{9}$ N/m^3 时，颗粒流数值计算结果与物理试验结果较接近，如图 3-7(a)所示。

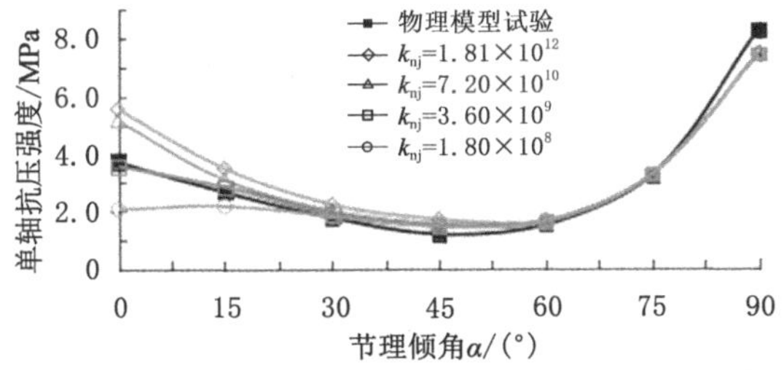

(a) 节理岩体单轴抗压强度随节理法向刚度的变化规律

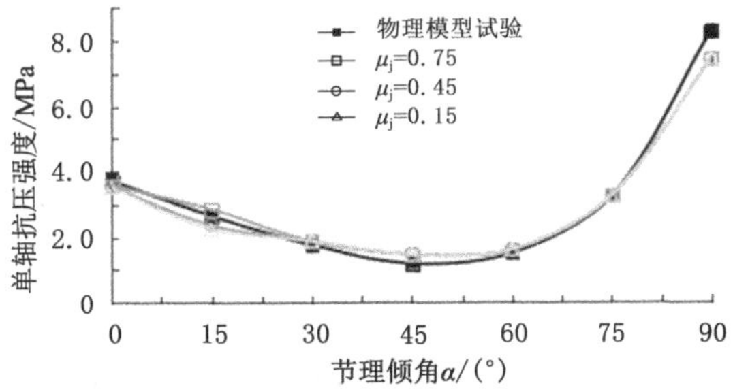

(b) 节理岩体单轴抗压强度随节理摩擦系数的变化规律

图 3-7 节理岩体单轴抗压强度随节理微观力学参数的变化规律

（刚度单位为 N/m^3，$k=0.8$，$e=1.0$ mm）

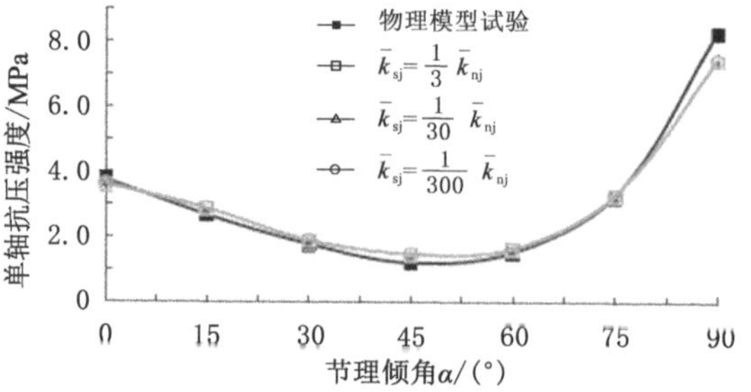

(c) 节理岩体单轴抗压强度随节理切向刚度的变化规律

图 3-7 (续)

由图 3-7(b)和图 3-7(c)可知:节理的切向刚度和摩擦系数对节理岩体单轴抗压强度的影响较小。节理摩擦系数为 0.75、0.45、0.15 时(法向刚度和切向刚度不变,$\bar{k}_{nj}=3.60\times10^{9}$ N/m^3,$\bar{k}_{sj}=\frac{1}{3}\bar{k}_{nj}$),只有在 $\alpha=15°$时单轴抗压强度发生了较小的衰减,其他倾角时单轴抗压强度不改变。相比 $\mu_j=0.45$ 和 $\mu_j=0.15$,$\mu_j=0.75$ 时颗粒流计算结果与物理模型试验结果更接近。当切向刚度与法向刚度的比值为 1/3、1/30、1/300 时($\bar{k}_{nj}=3.60\times10^{9}$ N/m^3,$\mu_j=0.75$),节理岩体的单轴抗压强度不改变。

因此,根据上述分析结果,颗粒流数值模型中节理微观力学参数可以确定为:张开度为 0.1 mm、$\bar{k}_{nj}=3.60\times10^{9}$ N/m^3、$\bar{k}_{sj}=\frac{1}{3}\bar{k}_{nj}$、$\mu_j=0.75$。另外,由于在物理模型试验中预制节理是通过插入平滑的镍合金片产生的,节理表面也是平滑的,所以不存在粗糙的突起,节理的膨胀角 ψ 可以设定为 0。在上述确定的节理微观参数条件下,断续节理岩体颗粒流数值模型单轴抗压强度与物理试验结果具有较好的一致性。表 3-4 为单轴抗压强度颗粒流计算结果与物理模型试验结果的比较。由表 3-4 可知:颗粒流数值计算方法可以反演获得节理岩体在单轴压缩条件下的力学性质;校验获得的微观参数可以用于进一步研究断续节理几何参数对节理岩体破坏模式和力学性质的影响规律。

表 3-4 单轴抗压强度数值模型试验结果与物理模型试验结果的比较

节理倾角 α/(°)	0	15	30	45	60	75	90
物理模型试验结果/MPa	3.72	2.65	1.75	1.28	1.49	3.22	8.20
数值模型试验结果/MPa	3.58	2.85	1.88	1.45	1.61	3.25	7.43

3.3 节理生成方法对颗粒流数值模型试验的影响

在颗粒流数值方法中,一般采用在设计区域删除完整材料的方法模拟张开节理(张开度不等于 0 mm)[18,32,140-141]。X. P. Zhang 等[18]采用直接删除颗粒材料方式在数值模型中分别生成 1 条和 2 条缺陷裂缝;A. Ghazvinian 等[140]和 V. Sarfarazi 等[141]采用删除两种非连续颗粒材料带方式在模型中模拟平行断续节理，节理的张开度为1.0 mm。S. Q. Yang等[32]在生成完整颗粒模型后通过删除颗粒材料生成2条张开的非平行缺陷裂缝。采用删除颗粒的方法生成张开节理与物理试验较为接近，但是这种方法具有以下缺点：

(1) 设计的节理张开度必须大于或等于颗粒流模型中颗粒体直径，即模拟的最小节理张开度与所删除颗粒的直径相等；

(2) 由于模型中颗粒体的尺寸较大且不能进一步细化，通过删除颗粒方法生成的张开节理表面粗糙度较大[18]；

(3) 在删除颗粒体生成节理后，节理表面的微观力学参数(法向刚度、切向刚度、摩擦系数等)无法重新赋值(与完整材料力学参数相等)。

在颗粒流数值方法中，使用“DELETE”命令后只要颗粒体的中心位于设定的节理区域内就会被移除。考虑颗粒体半径，颗粒体与设计节理区域的位置关系存在如图3-8所示几种情况。图中情况A，虽然颗粒体的中心位于设计节理区域内，但颗粒体的一部分位于设计区域外，因此，当颗粒体被删除后实际生成的节理开度较设计值大。在情况B中，颗粒体完全位于设计节理区域内，会被删除。颗粒体删除后会在原位置留下孔洞，所以设计的节理张开度应大于所留孔洞的直径；若颗粒的直径大于设计的节理张开度，则颗粒体删除后所留孔洞大小必将大于节理张开度的设计值，不满足要求。

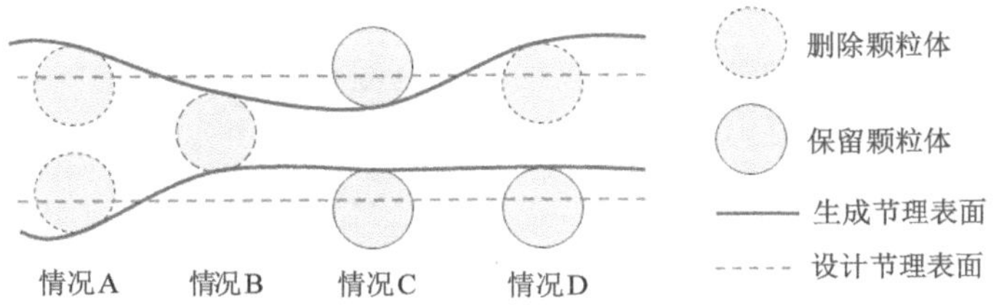

图3-8 采用删除颗粒体的方法生成张开节理

如图3-8中情况C所示，虽然颗粒的中心位于设计节理区域外，颗粒体的一部分位于节理区域内。对于这种情况，颗粒体将无法被删除，造成节理张开度的实际值小于设计值。情况D是情况A和情况C的组合。实际上，采用删除颗粒体的方法生成张开节理会涉及上述所有情况(情况A、情况B、情况C、情况D)，使生成的节理表面具有较大的粗糙度，如图3-8所示生成节理表面。但是，若模型中颗粒体的尺寸足够小，将会大幅度降低生成节理的表面粗糙度。

由于删除颗粒体生成张开节理的方法具有上述缺点，所以该方法目前主要应用于2维(2D)颗粒流模型中。这是因为在3D模型中，颗粒体的尺寸往往较大，使上述缺点更加突出，无法满足模型计算的需要。通过删除颗粒体生成的张开节理，若节理的张开度足够大，节理表面在应力作用下无法接触发生作用，则节理表面的粗糙度对张开节理的力学行为没有影响；否则，当节理闭合，节理表面的粗糙度会对节理的力学行为产生较大的影响，尤其是在节理表面发生剪切滑移时。

平滑节理模型的提出为模拟张开节理提供新的方法。使用平滑节理模型生成节理，在节理表面上的颗粒体之间可以相互重叠或穿过而不会在力的作用下相互转动。平滑节理模型可以设置任意大小的节理张开度，甚至可以模拟张开度较小（小于颗粒体的直径）的节理。M. Bahhaddini 等[43,130]采用平滑节理模型研究了当节理张开度分别为 0 mm 和 0.1 mm 时节理岩体的破坏模式、强度性质及变形性质。在本节中，为了进一步研究两种生成节理方法（删除颗粒体和平滑节理模型）的区别，分别采用这两种方法在图 3-2 所示颗粒体模型中生成断续节理。节理的张开度设为 3.0 mm（大于模型中颗粒体的直径），连续度 $k=0.8$，节理倾角分别为 0°、15°、30°、45°、60°、75°、90°。采用两种生成张开节理方法时，断续节理岩体的破坏模式、单轴抗压强度和应力-应变关系曲线的比较分别如图 3-9、图 3-10 和图 3-11 所示。

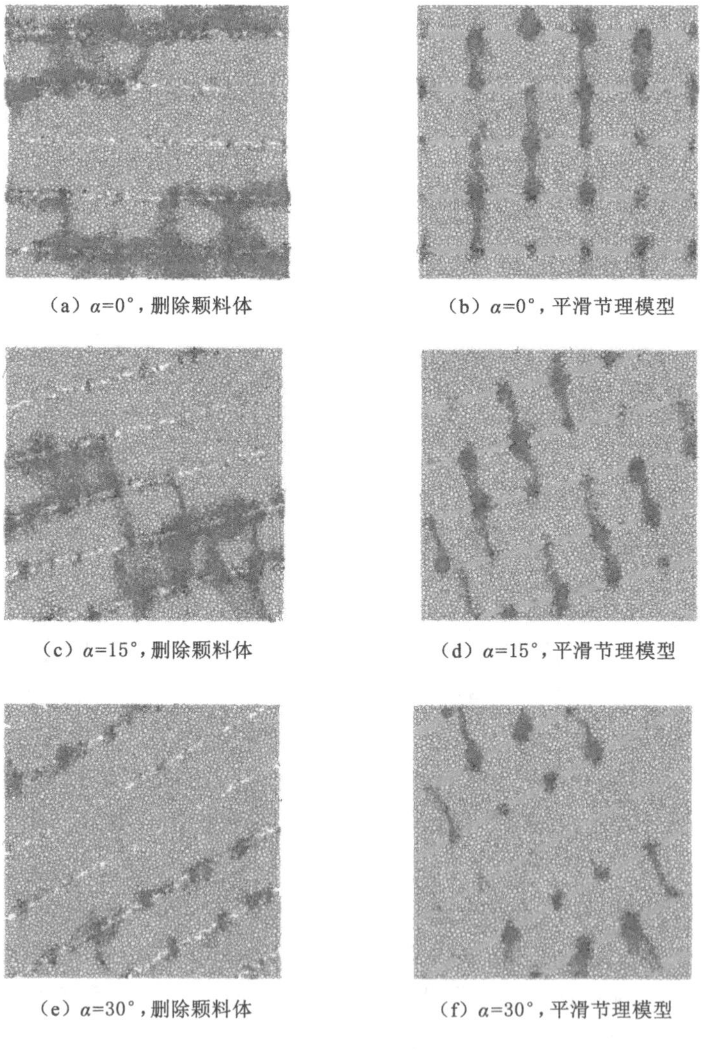

（a）α=0°，删除颗料体　　（b）α=0°，平滑节理模型

（c）α=15°，删除颗料体　　（d）α=15°，平滑节理模型

（e）α=30°，删除颗料体　　（f）α=30°，平滑节理模型

图 3-9　采用不同生成节理方法时节理岩体破坏模式

（$k=0.8$，张开度为 3.0 mm）

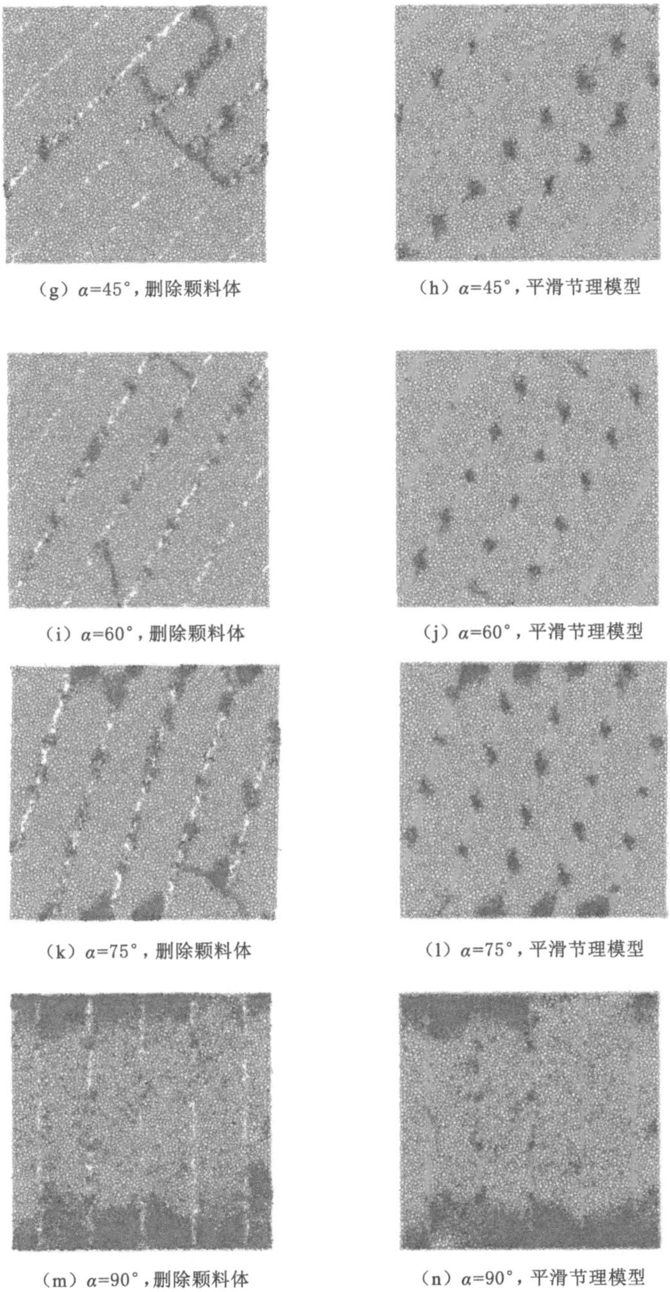

(g) α=45°，删除颗料体　　(h) α=45°，平滑节理模型

(i) α=60°，删除颗料体　　(j) α=60°，平滑节理模型

(k) α=75°，删除颗料体　　(l) α=75°，平滑节理模型

(m) α=90°，删除颗料体　　(n) α=90°，平滑节理模型

图 3-9 （续）

由图 3-9、图 3-10 和图 3-11 可知：采用两种生成节理方法时断续节理岩体模型的力学性质相似，但试验结果仍存在一些差异。对于 $\alpha=0°$ 和 $\alpha=15°$，当预制节理采用删除颗粒体的方法生成时大量微观裂隙沿节理产生，如图 3-9 所示，未出现采用平滑节理模型时的劈裂破坏。采用删除颗粒体的方法生成节理，节理表面较为粗糙，颗粒体之间的实际距离小于节理张开度的设计值，即张开度为 3.0 mm，如图 3-8 中情况 C 所示。节理表面上相对的颗

粒体容易相互接触并发生作用。因此，对于 $\alpha=0°$ 和 $\alpha=15°$，当采用删除颗粒体的方法生成预制节理时，断续节理岩体模型强度和刚度比采用平滑节理模型生成预制节理时的强度和刚度大，如图 3-10 和图 3-11 所示。

当节理倾角 $\alpha\geqslant30°$ 时，预制节理的闭合（节理表面的接触）受到抑制。因此，节理表面相互接触并发生作用对节理的力学性质影响较小。如图 3-10 所示，$\alpha\geqslant30°$ 时，采用删除颗粒体的方法生成预制节理时节理岩体的强度较采用平滑节理模型生成预制节理时节理岩体的强度低。

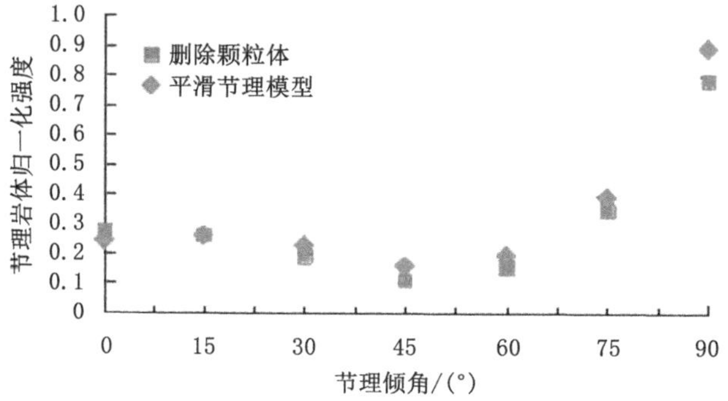

图 3-10　采用不同生成节理方法时节理岩体归一化强度（$k=0.8$，张开度为 3.0 mm）

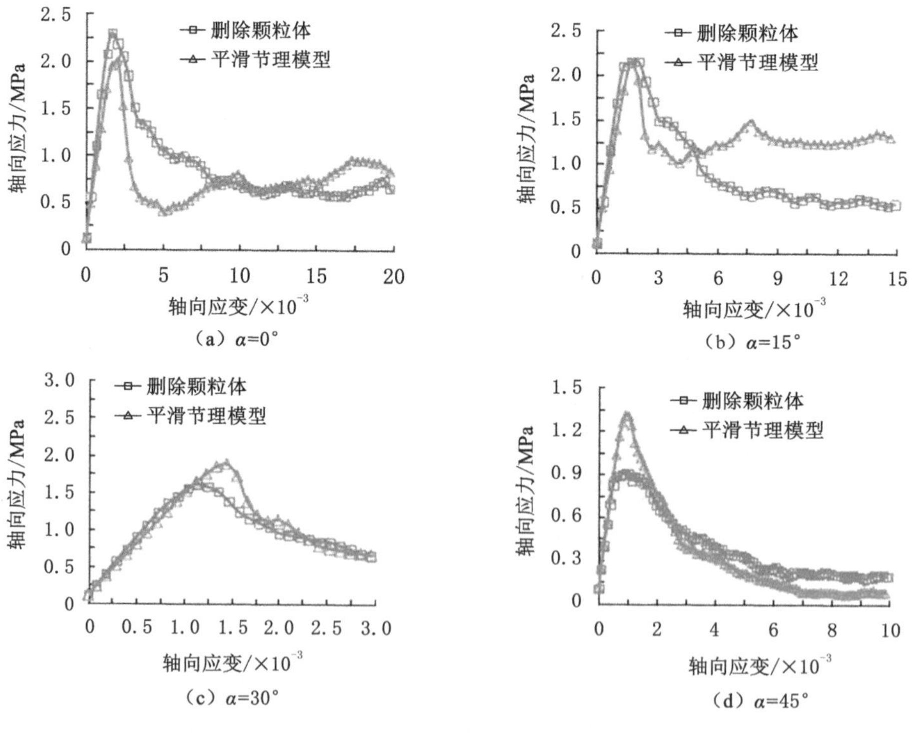

图 3-11　采用不同生成节理方法时节理岩体应力-应变关系曲线（$k=0.8$，张开度为 3.0 mm）

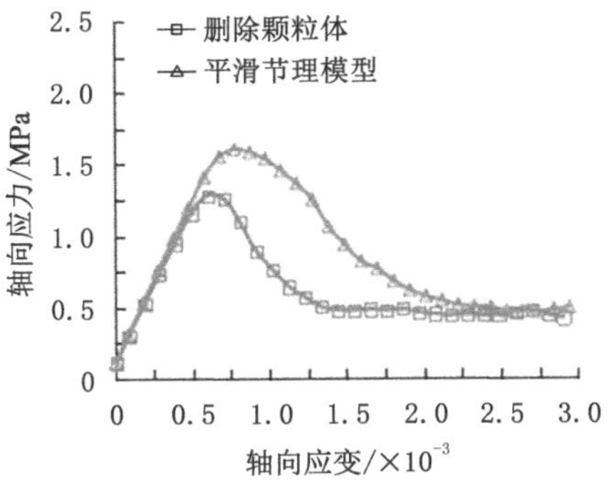

(e) α=60°

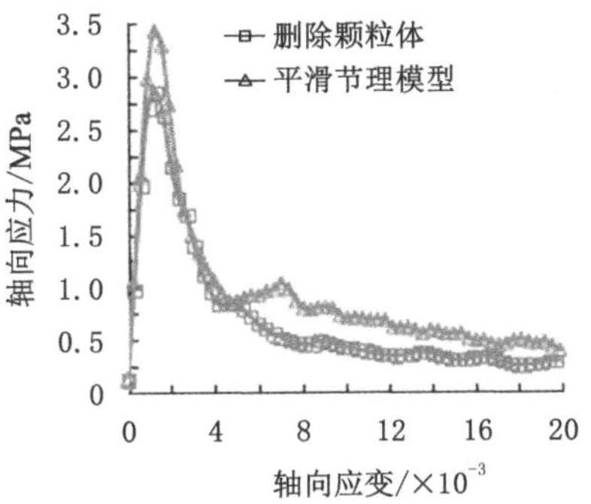

(f) α=75°

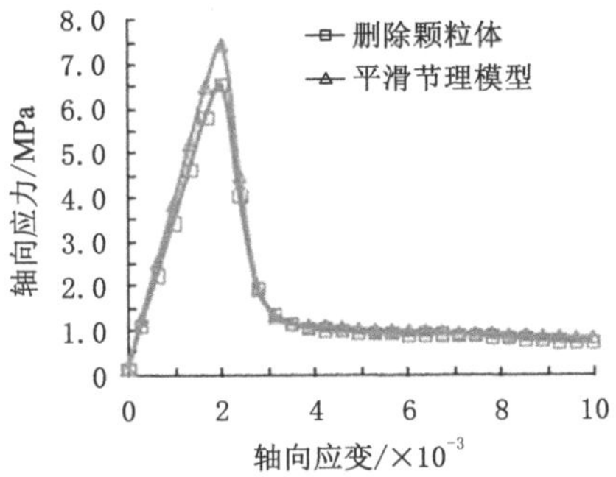

(g) α=90°

图 3-11 (续)

此外，$\alpha \geqslant 60°$时，采用删除颗粒体的方法生成预制节理时节理岩体的刚度较采用平滑节理模型生成预制节理时节理岩体的刚度低，如图 3-11 所示。究其原因，可能是采用删除颗粒体的方法生成预制节理会造成完整岩石材料的损伤，并最终影响节理岩体模型的承载能力。而对于采用平滑节理模型生成预制节理的方法，节理表面的间距是虚拟的，不会对节理附近完整岩石材料造成损伤(即使节理张开度设计值较大，如张开度为 3.0 mm)。因此，采用删除颗粒体的方法生成预制张开节理与实验室中生成张开节理的方法较为接近，更具合理性。

平滑节理模型为使用颗粒流方法模拟张开度较小的预制节理提供了更好的方法，如模拟张开度小于颗粒体直径的节理。这种方法适用于节理表面容易发生接触并相互作用的情况，如 $\alpha=0°$和 $\alpha=15°$时。但是，当节理的张开度足够大而不再发生节理表面的相互作用时，采用删除颗粒体的方法生成预制节理更加合理。

3.4 节理几何参数对断续节理岩体力学性质的影响

为了深入研究断续节理岩体的结构效应，在上述确定的微观力学参数的基础上采用颗粒流数值模型试验方法开展断续节理岩体结构几何参数力学效应研究。对含有不同断续节理几何结构的数值模型进行单轴压缩试验，研究节理倾角 α、节理连续度 k 和节理张开度对断续节理岩体破坏模式和力学性质的影响规律。

3.4.1 断续节理岩体模型破坏模式

根据数值模型试验结果，在单轴压缩条件下断续节理岩体模型主要有以下四种破坏模式：① 完整材料破坏；② 劈裂破坏；③ 阶梯形破坏；④ 平面破坏。

完整材料破坏：这种破坏模式发生时在完整岩石材料中产生大量微观裂隙（平行黏结破坏），所发生的位置与预制节理无关，即预制节理对岩体的破坏过程影响较小。微观裂隙主要是岩石材料的不均质性造成的。此外，微观裂隙主要分布在顶底两个压头附近。

劈裂破坏：劈裂破坏模式可以认为是完整材料破坏的一种，这是因为微观裂隙主要出现在岩桥内。但是，该破坏过程会受到预制节理的影响：新生微观裂隙在预制节理的尖端处开始产生。新生微观裂隙的发展和合并是在同组节理尖端处发展到另一个节理的同侧尖端处，最终形成的宏观破裂面与节理平面垂直，而与加载方向一致。

阶梯形破坏：岩块沿节理表面滑移在尖端处形成裂缝，并发展至与之相邻平行节理的尖端处，预制节理与新生裂缝组成宏观破裂面。若同一破裂面中的预制节理不属于同一组，则该破坏模式称为第Ⅰ类阶梯形破坏；若同一破裂面中的预制节理属于同一组，则该破坏模式称为第Ⅱ类阶梯形破坏，如图 3-12 所示。

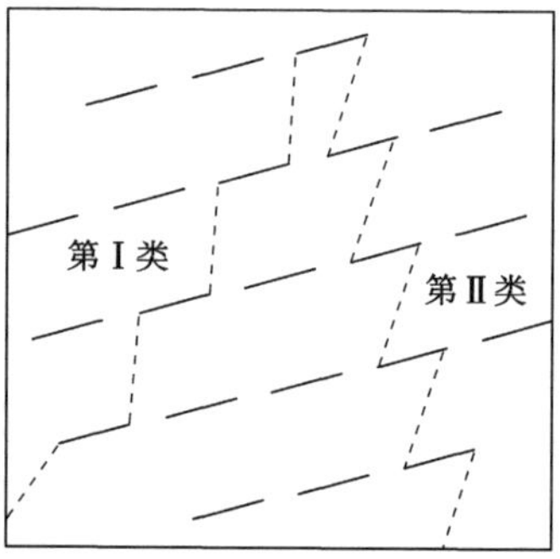

图 3-12 节理岩体阶梯形破坏

平面破坏：微观裂隙通过岩桥沿预制节理平面发展，并和预制节理连通形成宏观破裂面。微观裂隙在预制节理的尖端处开始出现，沿岩桥发展至相邻节理的尖端。形成的多个宏观破裂面将岩体分割成多个梁状岩块，沿破裂面滑移。

需要指出的是，本章中对断续节理岩体破坏模式的分类方法与第 2 章中破坏模式的分类方法不同。第 2 章中对破坏模式的分类是针对断续节理岩体模型中一条预制节理平面的破坏形式，目的是便于分析预制平行节理平面之间是如何相互作用的。而本章更加关注整个断续节理岩体模型中的预制节理平面与新生裂隙如何合并形成宏观破裂面的。对比第 2 章和本章的破坏模式可以发现本章中所归纳的破坏模式是第 2 章破坏模式的衍生或组合。

3.4.2 节理倾角对断续节理岩体力学性质的影响

为了研究单轴压缩时断续节理岩体节理倾角力学效应，节理倾角 α 由 0°每隔 15°变化至 90°，并保持其他节理几何参数不变，即 $k=0.8$，$e=0.1$ mm。节理倾角 α 对断续节理岩体破坏模式、单轴抗压强度及应力-应变关系曲线的影响分别如图 3-13、图 3-14 和图 3-15 所示。为了突出预制节理对岩体强度性质的影响，对断续节理岩体的单轴抗压强度进行归一化处理，即采用节理岩体强度与完整岩体强度（表 3-2）的比值作为强度指标进行分析。如图 3-13 所示，当 $\alpha=0°$时，在节理间的岩桥处产生应力集中，导致节理岩体劈裂破坏。虽然劈裂破坏可以认为是完整材料破坏模式的一种，由于节理模型的节理连续度较大（$k=0.8$），预制节理之间的完整岩石材料所占横截面面积的比例较小，容易发生破坏。因此，当 $\alpha=0°$时，节理岩体的单轴抗压强度为完整岩体单轴抗压强度的 0.429，如图 3-14 所示。当 $\alpha=15°$时，断续节理岩体同样以劈裂破坏模式破坏，但是其单轴抗压强度与完整岩体单轴抗压强度之比为 0.342，低于 $\alpha=0°$时的归一化强度。这主要因为 $\alpha=15°$时岩桥上的应力分布没有 $\alpha=0°$时的均匀，更容易产生应力集中。

(a) $\alpha=0°$　(b) $\alpha=15°$　(c) $\alpha=30°$　(d) $\alpha=45°$

(e) $\alpha=60°$　(f) $\alpha=75°$　(g) $\alpha=90°$

图 3-13　不同节理倾角时断续节理岩体的破坏模式($k=0.8$，张开度为 1.0 mm)

在 α 为 30°、45°、60°时，微观裂隙在预制节理的尖端处开始出现，裂缝通过岩桥达到相邻节理的尖端，新生裂缝与预制节理连通形成贯穿岩体模型的宏观破裂面。该破坏模式为平面破坏。不同的是，$\alpha=30°$时宏观破裂面主要出现在节理岩体模型的左上部和右下部，而在 α 为 45°、60°时宏观破裂面出现在节理岩体模型的中部，这是上述节理岩体单轴抗压强度不同的原因。当 α 为 30°、45°、60°时，节理岩体归一化强度分别为 0.225、0.158、0.193(图 3-14)。平面破坏模式会造成节理岩体强度较低，而最低强度出现在 $\alpha=45°$时。当 $\alpha=75°$时，节理岩体模型发生平面破坏，并出现了多条宏观破裂面。虽然这些宏观破裂面将岩体模型分割成多个梁状岩块，但是由于梁状岩块的倾斜角度较大，难以沿破裂面产生滑移而继续抵抗顶底压头的压缩。因此，$\alpha=75°$时节理岩体的强度较 30°、45°、60°时节理岩体的强度大，达到了 0.390，如图 3-14 所示。$\alpha=90°$时，形成的竖向岩柱抵抗压头的压缩作用造成完整材料破坏(图 3-13)，使节理岩体的归一化强度达到 0.891(图 3-14)。

为了进一步认识断续节理岩体的变形性质，本节对不同节理倾角时节理岩体的应力-应变关系曲线进行了分析。如图 3-15 所示，节理倾角对节理岩体的应力-应变关系曲线的影响较为显著。当节理倾角较小时，如 $\alpha=0°$和 $\alpha=15°$，应力-应变关系曲线中存在两个峰值点，而峰值强度出现在第二个峰值点处。当 $\alpha=0°$和 $\alpha=15°$时，节理岩体模型发生劈裂破坏，新生的微观节理主要分布在预制节理之间的岩桥中，如图 3-13 所示。岩桥在破坏之前抵抗压头的压缩，使达到应力-应变关系曲线上第一个峰值点。岩桥破坏后，预制节理的两个节理表面(节理表面 1 和节理表面 2)相互接触，此时张开节理变为闭合节理。节理表面接触后相互作用，和岩桥一起抵抗压头的压缩，直至达到应力-应变关系曲线上的第二个峰值点。当 $\alpha=0°$和 $\alpha=15°$时，节理岩体应力-应变关系曲线中的峰值应变(第二个峰值点时

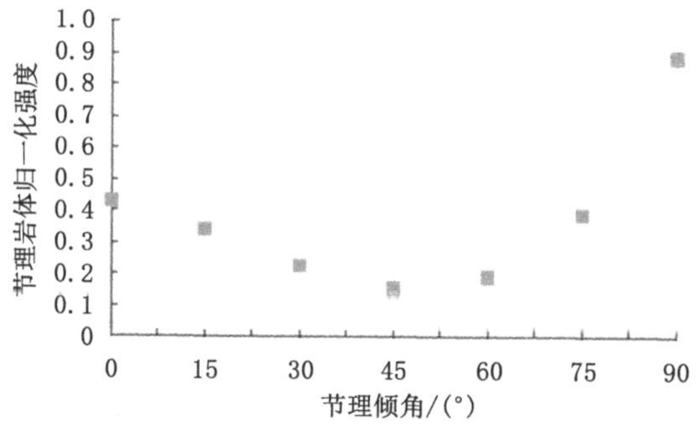

图 3-14　不同节理倾角时断续节理岩体归一化强度
(k=0.8,张开度为 1.0 mm)

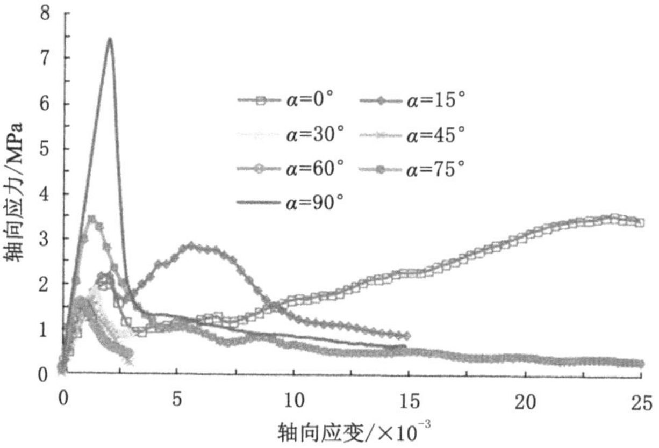

图 3-15　不同节理倾角时断续节理岩体应力-应变关系曲线
(k=0.8,张开度为 1.0 mm)

的应变)分别达到 2.31×10^{-2} 和 6.3×10^{-3}。在节理表面开始相互作用时,岩体的刚度(变形模量)较小,如图 3-15 所示,这主要是因为岩桥已经发生部分破坏和节理表面的刚度较小。虽然节理表面的刚度较小,但是当节理表面相互接触时,岩体中有效抵抗压缩作用的横截面大幅度增大,进而提高了峰值点的应力水平。

当 α 为 30°、45°、60°、75°、90°时,应力-应变关系曲线中存在 1 个峰值点。断续节理岩体主要发生阶梯形破坏、平面破坏和完整材料破坏等,预制节理的两个节理表面难以在压缩过程中接触,无法起到抵抗压缩的作用。因此,当节理倾角较小时(0°和 15°),节理表面容易闭合;而当节理倾角较大($\alpha\geqslant30°$)时,节理表面不易闭合。而且如图 3-15 所示,节理岩体的变形模量随着节理倾角的增大而增大。

由上述分析可知:节理倾角对断续节理岩体的力学性质具有重要的影响。对其他节理几何参数力学效应的研究,需要在不同节理倾角条件下进行分析。

3.4.3　节理连续度对断续节理岩体力学性质的影响

为了研究断续节理岩体节理连续度力学效应,在不同节理倾角(0°、15°、30°、45°、60°、

75°、90°)条件下，研究节理连续度为 0.2、0.4、0.6、0.8 时节理岩体的破坏模式、强度性质和应力-应变性质，并保持节理张开度为 0.1 mm 不变。不同节理连续度对节理岩体破坏模式、单轴抗压强度和应力-应变关系曲线的影响如图 3-16、图 3-17 和图 3-18 所示，由图可知节理连续度 k 对断续节理岩体的力学性质具有重要的影响。

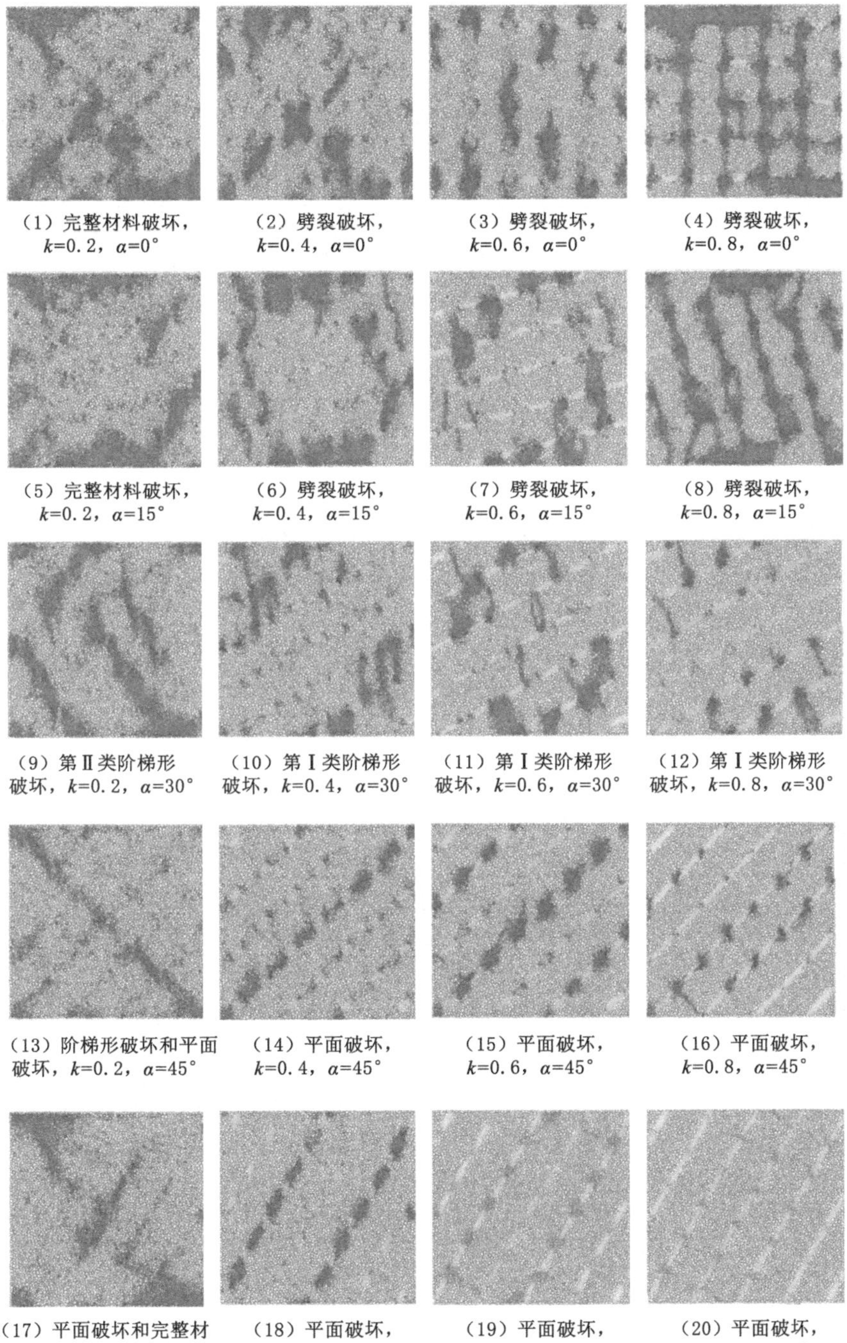

(1) 完整材料破坏，k=0.2，α=0°
(2) 劈裂破坏，k=0.4，α=0°
(3) 劈裂破坏，k=0.6，α=0°
(4) 劈裂破坏，k=0.8，α=0°
(5) 完整材料破坏，k=0.2，α=15°
(6) 劈裂破坏，k=0.4，α=15°
(7) 劈裂破坏，k=0.6，α=15°
(8) 劈裂破坏，k=0.8，α=15°
(9) 第Ⅱ类阶梯形破坏，k=0.2，α=30°
(10) 第Ⅰ类阶梯形破坏，k=0.4，α=30°
(11) 第Ⅰ类阶梯形破坏，k=0.6，α=30°
(12) 第Ⅰ类阶梯形破坏，k=0.8，α=30°
(13) 阶梯形破坏和平面破坏，k=0.2，α=45°
(14) 平面破坏，k=0.4，α=45°
(15) 平面破坏，k=0.6，α=45°
(16) 平面破坏，k=0.8，α=45°
(17) 平面破坏和完整材料破坏，k=0.2，α=60°
(18) 平面破坏，k=0.4，α=60°
(19) 平面破坏，k=0.6，α=60°
(20) 平面破坏，k=0.8，α=60°

图 3-16 不同节理连续度时断续节理岩体破坏模式(张开度为 1.0 mm)

(21) 完整材料破坏，$k=0.2$，$\alpha=75°$

(22) 完整材料破坏，$k=0.4$，$\alpha=75°$

(23) 平面和完整材料破坏，$k=0.6$，$\alpha=75°$

(24) 平面和完整材料破坏，$k=0.8$，$\alpha=75°$

(25) 完整材料破坏，$k=0.2$，$\alpha=90°$

(26) 完整材料破坏，$k=0.4$，$\alpha=90°$

(27) 完整材料破坏，$k=0.6$，$\alpha=90°$

(28) 完整材料破坏，$k=0.8$，$\alpha=90°$

图 3-16 （续）

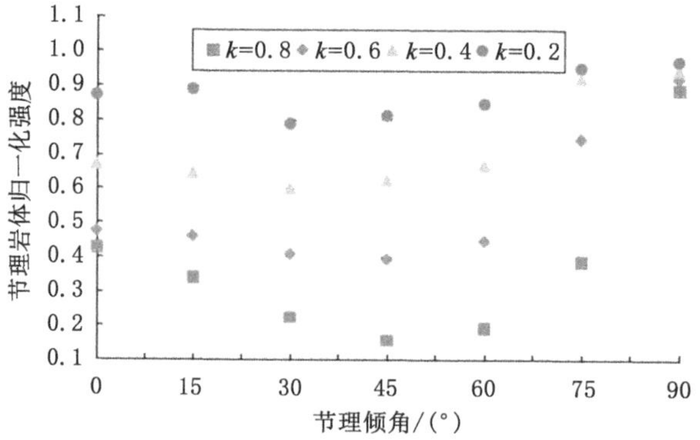

图 3-17 不同节理连续度时断续节理岩体归一化强度

（张开度为 1.0 mm）

对于 $\alpha=0°$和 $\alpha=15°$，当节理连续度较小时断续节理岩体的破坏模式为完整材料破坏，当节理连续度较大时断续节理岩体的破坏模式为劈裂破坏。对于节理连续度较大的断续节理岩体，微观裂隙主要集中在岩桥处，并形成多个劈裂面。如图 3-17 所示，随着连续度的增大，节理岩体的抗压强度逐渐增大。当节理倾角 $\alpha=30°$时，随着节理连续度的增大，破坏模式由第Ⅱ类阶梯形破坏模式转变为第Ⅰ类阶梯形破坏模式（图 3-16）。由图 3-17 可知：以第Ⅱ类阶梯形破坏的岩体强度大于第Ⅰ类阶梯形破坏的岩体强度。以阶梯形破坏（第Ⅰ类和第Ⅱ类）的节理岩体强度大于以平面破坏的岩体强度。当节理倾角增大至 45°和 60°时，断续节理岩体模型主要发生平面破坏。但是当节理的连续度较低（$k=0.2$）时，断续节理岩体模型在发生平面破坏的同时，也会发生阶梯形破坏（$\alpha=45°$）和完整材料破坏（$\alpha=60°$）。与其他类型的破坏模式相比，平面破坏的节理岩体强度较低，这主要是因为发生平面破坏

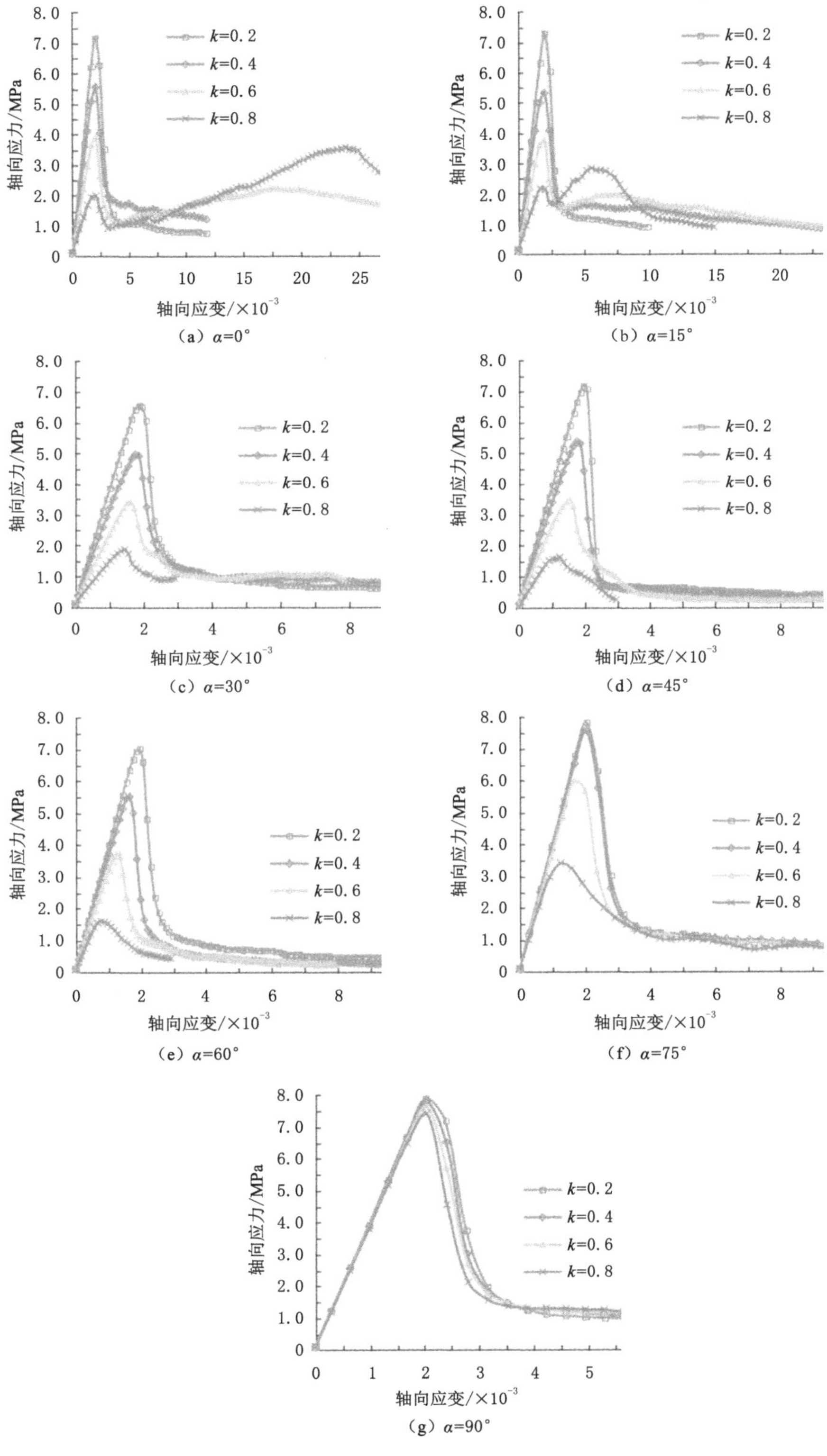

图 3-18　不同节理连续度时断续节理岩体的应力-应变关系曲线（张开度为 1.0 mm）

时，只有节理间的岩桥为岩体模型提供承载力。当 $\alpha=75°$ 时，节理连续度较大（0.6、0.8）的岩体模型同时发生完整材料破坏和平面破坏；节理连续度较小（0.2、0.4）的岩体模型发生完整材料破坏。当 $\alpha=75°$ 时，断续节理岩体模型均发生完整材料破坏，与节理连续度无关，如图 3-16 所示。

由图 3-17 可知：随着节理连续度的增大，节理倾角对岩体模型单轴抗压强度的影响逐渐增大。比如，虽然节理岩体模型单轴抗压强度随节理倾角的分布规律不变（$\alpha=45°$ 时单轴抗压强度最小，$\alpha=90°$ 时单轴抗压强度最大），在 $k=0.8$ 时 UCS_{rm}/UCS_r 的范围为 0.158～0.891，$k=0.2$ 时 UCS_{rm}/UCS_r 的范围为 0.789～0.971。比较不同倾角时的应力-应变关系曲线（图 3-18），节理岩体模型的变形性质随着节理连续度的变化而变化。对于 $\alpha=0°$，当节理连续度为 0.8 时的应力-应变关系曲线存在两个峰值点，而节理岩体模型的峰值强度出现在第二个峰值点处。相对的，虽然在节理连续度为 0.6 时应力-应变关系曲线仍然存在 2 个峰值点，但是节理岩体模型的峰值强度出现在第一个峰值点处，这可能是由于在张开节理闭合后节理表面所具有的承载力不能弥补因岩桥破坏所丧失的承载力。当节理连续度进一步降低（0.2、0.4）时，应力-应变关系曲线中只有 1 个峰值点，且岩体模型的刚度（变形模量）增大。对于 $\alpha=15°$，当节理连续度较大（0.6、0.8）时，节理岩体模型的应力-应变关系曲线均存在 2 个峰值点。不同的是，$k=0.6$ 时峰值强度出现在第一个峰值点处，而 $k=0.8$ 时峰值强度出现在第二个峰值点处。当 $k=0.2$ 和 $k=0.4$ 时，应力-应变关系曲线中只有 1 个峰值点。当节理连续度由 0.8 减小到 0.2 过程中，节理岩体模型的刚度（弹性模量）逐渐增大。

当节理倾角大于或等于 30°时，节理岩体模型的应力-应变关系曲线均存在 1 个峰值点，与节理连续度无关。如图 3-18(c)至图 3-18(f)所示，随着节理连续度的减小，岩体模型的刚度（变形模量）增大，峰值应变也逐渐增大。另外，对于 $\alpha=90°$，随着节理连续度的减小，岩体模型的刚度和峰值应变均没有发生变化。

3.4.4 节理张开度对断续节理岩体力学性能的影响

由上述分析可知节理表面在压缩过程中能否接触并发生相互作用对断续节理岩体的宏观力学性质具有较大的影响。而节理的张开度是影响节理表面能否接触的重要因素。为了进一步分析断续节理岩体节理张开度力学效应，本节对不同节理张开度（0 mm、0.1 mm、0.3 mm、1.0 mm）的断续节理岩体模型进行了单轴压缩试验研究。节理岩体模型的节理倾角为 0°～90°，节理的连续度 $k=0.8$ 保持不变，平滑节理的微观力学参数见表 3-3。数值计算结果表明节理的张开度对断续节理岩体模型的破坏模式影响较小。但是当节理倾角较小（0°、15°、30°）时，对单轴抗压强度的影响较大，如图 3-19 所示。对于 $\alpha=0°$，当节理张开度由 0 mm 增大至 3.0 mm 时，UCS_{rm}/UCS_r 由 0.512 下降为 0.242。对于 $\alpha=15°$ 和 $\alpha=30°$，当节理张开度由 0 mm 增大至 3.0 mm 时，UCS_{rm}/UCS_r 分别由 0.382 和 0.254 下降到 0.242 和 0.225。另外，虽然节理张开度的变化对节理较小的岩体模型强度具有一定的影响，但是当节理张开度增大至一定值时，节理张开度的增大将不再对岩体模型强度产生影响。当节理倾角较大（45°、60°、75°、90°）时，节理张开度的改变对 UCS_{rm}/UCS_r 的影响较小。

如图 3-20(a)所示，对于 $\alpha=0°$，当节理张开度为 0 mm、0.1 mm、0.3 mm 时，节理岩体模型的应力-应变关系曲线中存在 2 个峰值点，且峰值强度出现在第 2 个峰值点处。对于张开度为

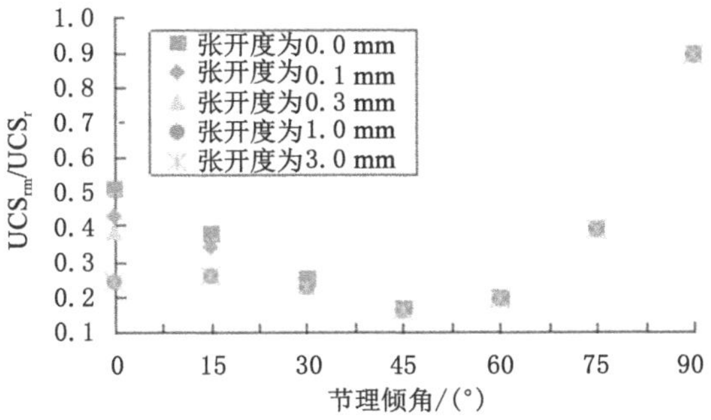

图 3-19　不同节理张开度时断续节理岩体强度分布规律($k=0.8$)

0 mm(闭合节理),节理岩体模型的应力-应变关系曲线中仍存在 2 个峰值点,是平滑节理模型的法向刚度较小造成的(表 3-3),但此条件下(闭合节理)应力-应变关系曲线中第 1 个峰值点处的应力和刚度较其他条件下(张开节理)的应力和刚度大。当节理张开度为 0 mm、0.1 mm、0.3 mm 时,断续节理岩体模型的峰值应变分别为 1.58×10^{-3}、2.67×10^{-3}、2.36×10^{-3}。节理张开度较大(1.0 mm、3.0 mm)时,应力-应变关系曲线中只有 1 个峰值点。

如图 3-20(b)所示,对于 $\alpha=15°$,当节理张开度为 0 mm、0.1 mm、0.3 mm 时,节理岩体模型的应力-应变关系曲线中存在 2 个峰值点。其中,当张开度为 0 mm 和 0.3 mm 时峰值强度出现在第一个峰值点处,而当张开度为 0.1 mm 时峰值强度出现在第 2 个峰值点处。当张开度为 0 mm 时,节理岩体的刚度和强度最大。当张开度为 0.1 mm 和 0.3 mm 时,虽然在节理岩体压缩过程中节理表面均会发生相互作用,但是前者中的岩桥较后者中的岩桥的破坏程度高,这是峰值强度出现在第 1 个峰值点处的原因,即由于岩桥损伤较为严重,节理表面所具有的承载力不能弥补因岩桥破坏所丧失的承载力。当张开度为 1.0 mm 和 3.0 mm 时,节理岩体模型的应力-应变关系曲线中只存在 1 个峰值点,且岩体变形刚度较接近。

如图 3-20(c)所示,对于 $\alpha=30°$,当节理张开度为 0 mm、0.1 mm、0.3 mm、1.0 mm、3.0 mm 时,节理岩体模型的应力-应变关系曲线中均存在 1 个峰值点,表明在压缩过程中两个张开节理表面在 UCS_{rm} 之前不能接触并相互作用,因此节理张开度的变化对节理岩体模型的力学性质的影响较小。由图 3-20(c)可知:当节理张开度不为 0 mm(0.1 mm、0.3 mm、1.0 mm、3.0 mm)时,节理岩体的变形刚度相同。当 $\alpha\geqslant45°$时,节理张开度的变化对节理岩体模型的应力-应变关系曲线影响较小,且应力-应变关系曲线中均存在 1 个峰值点。

张开节理对断续节理岩体模型力学性质的影响可以通过应力水平进行分析。对于 $\alpha=0°$,当节理的初始张开度较小时,比如张开度为 0.1 mm 和 0.3 mm 时,压应力较小条件下节理张开,节理表面不接触;压应力较大的条件下节理闭合,节理表面接触发生作用。当节理的初始张开度较大时,比如 1.0 mm 和 3.0 mm,不管应力水平如何,节理始终张开,不接触发生作用。对于 $\alpha=15°$,当节理的初始张开度较小时,比如 0.1 mm,压应力较小条件下节理张开,节理表面不接触;压应力较大条件下节理闭合,节理表面接触发生作用。当节理的初始张开度较大时,比如张开度大于或等于 0.3 mm,不管应力水平高低,节理表面不接触发生作用。当 $\alpha\geqslant30°$时,节理表面始终不发生相互作用,与应力水平无关。

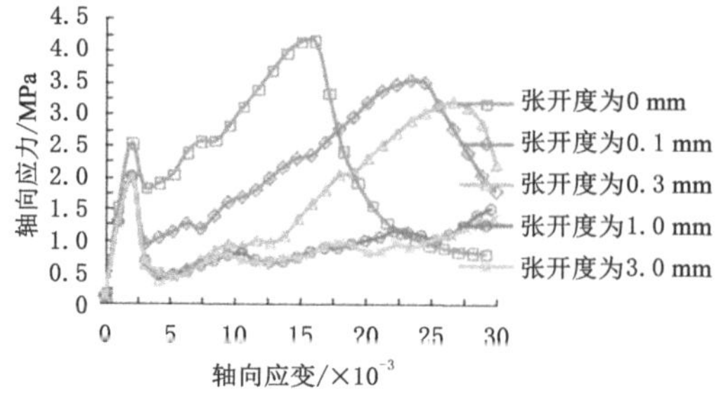

(a) $\alpha=0°$, $k=0.8$

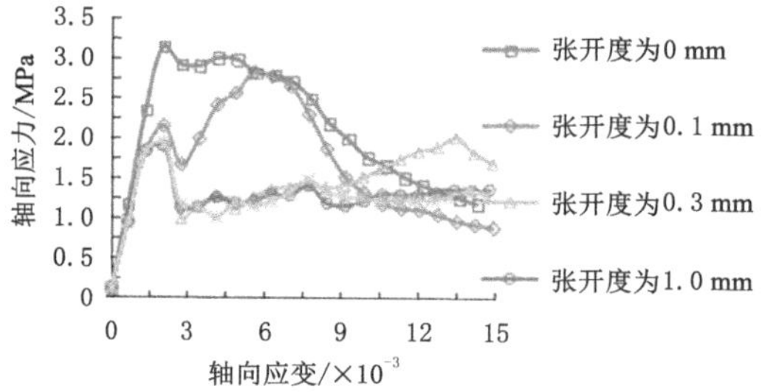

(b) $\alpha=15°$, $k=0.8$

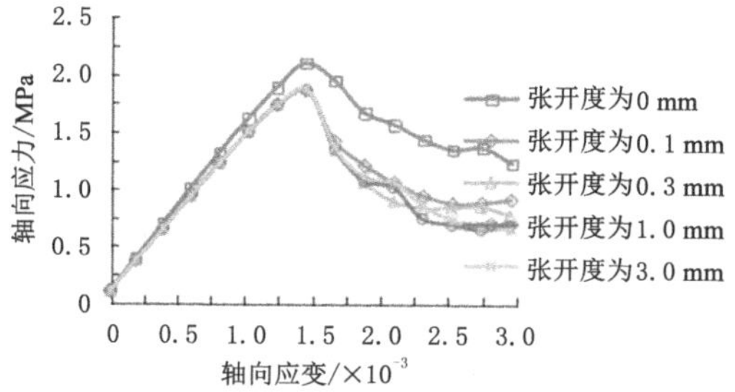

(c) $\alpha=30°$, $k=0.8$

图 3-20　不同节理张开度时断续节理岩体应力-应变关系曲线

3.5　断续节理岩体节理几何参数力学效应

通过第 2 章的物理模型试验和本章的颗粒流数值模型试验，系统研究了单向应力环境下断续节理岩体节理几何参数力学效应，即节理几何参数对断续节理岩体破坏模式、强度性质和变形性质的影响规律。表 3-5 列出了断续节理岩体节理几何参数力学效应。

节理倾角对断续节理岩体力学性质的影响主要是岩体的各向异性引起的；岩桥在一定程度上可以减弱各向异性作用，但是造成了应力集中，使岩体的力学特性更复杂。节理间距对断续节理岩体力学性质的影响主要是尺寸效应引起的：随着节理间距的减小，模型中的预制节理增加，缺陷增加，承载力降低。此时，岩桥可以减弱尺寸效应的作用，加强完整材料之间的相互作用。节理连续度、节理重叠度和节理张开度都是断续节理岩体所特有的节理几何参数，都是因为岩桥的存在。它们对断续节理岩体力学性质的影响可以认为是材料性质差异引起的：岩桥和节理属于不同性质材料，其强度、变形性质差异很大，对应力作用的反应差异也很大。

表 3-5 断续节理岩体节理几何参数力学效应

节理几何参数	破坏模式	强度性质	变形性质	效应准则	岩桥的影响作用
节理倾角 α	主要因素；当 $\alpha=0°$ 和 $\alpha=15°$ 时，发生劈裂破坏；当 $\alpha=30°$ 和 $\alpha=45°$ 时，发生阶梯形破坏或平面破坏；当 $\alpha=60°$ 和 $\alpha=75°$ 时，发生平面破坏或完整材料破坏；当 $\alpha=90°$ 时，发生完整材料破坏	主要因素；随着节理倾角 α 由 0° 变化至 90°，断续节理岩体强度先减小后增大；最小值发生在 $\alpha=45°$ 附近，最大值发生在 $\alpha=90°$	主要因素；随着节理倾角 α 由 0°变化至 90°，断续节理岩体刚度逐渐增大；峰值应变先减小后增大，最小峰值应变发生在 $\alpha=45°$ 附近	各向异性：节理平面与作用力之间几何关系引起岩体的各向异性	减弱各向异性作用；引起应力集中，力学行为更加复杂
节理间距 d	主要因素；当 $\alpha\leqslant45°$ 时，随着节理间距的减小，节理平面间的张拉裂隙增加，宏观上呈现劈裂破坏或阶梯形破坏；当 $\alpha\geqslant60°$ 时，影响作用减弱	主要因素；随着节理间距的减小，强度降低	主要因素；随着节理间距的减小，峰值时位移变形增大	尺寸效应：随着节理间距的减小，模型中的预制节理增加，缺陷增加，承载力降低	减弱尺寸效应的作用，加强完整材料之间的相互作用
节理连续度 k	主要因素；随着节理连续度的减小，断续节理岩体的破坏模式逐渐转化为完整材料破坏	主要因素；随着节理连续度的减小，断续节理岩体强度逐渐增大	主要因素；随着节理连续度的减小，断续节理岩体刚度逐渐增大；峰值应变逐渐减小	材料性质差异：岩桥和节理可以认为是不同性质的材料，其强度、变形性质差异很大	岩桥阻断了节理平面的连续性，在局部增强了节理平面的力学特性
节理重叠度 L_o	次要因素；对断续节理岩体的破坏模式影响不大	次要因素；当 $\alpha\leqslant45°$ 时对强度具有一定的影响	次要因素；当 $\alpha\leqslant45°$ 时对变形具有一定的影响	材料性质差异	岩桥与节理相对位置的变化，造成应力分布差异
节理张开度	次要因素；对断续节理岩体的破坏模式影响不大	次要因素；当 $\alpha\leqslant15°$ 时对强度具有一定的影响	次要因素；当 $\alpha\leqslant15°$ 时对变形具有一定的影响	材料性质差异	岩桥对节理平面起“架空”作用，使节理表面之间的相互作用受到制约

3.6 本章小结

采用颗粒流数值模型试验方法研究了断续节理岩体结构效应中节理倾角、节理连续度和节理张开度的力学效应，得出以下结论：

（1）通过校验方法确定完整材料的微观力学参数后，采用反分析方法确定了节理的张开度及节理微观力学参数。节理张开度和节理法向刚度对节理岩体单轴抗压强度的影响较大，而节理切向刚度和摩擦系数对节理岩体单轴抗压强度的影响较小。

（2）在确定完整材料和节理的微观力学参数体系基础上，研究了节理倾角、节理连续度和节理张开度等几何参数对断续节理岩体破坏模式、强度性质及应力-应变关系曲线的影响规律。受节理倾角和节理连续度的影响，断续节理岩体主要发生劈裂破坏、阶梯形破坏、平面破坏、完整材料破坏四种破坏模式。

（3）节理倾角对断续节理岩体模型力学性质的影响较为显著。当节理倾角由0°增大到90°过程中，节理岩体强度先减小再增大，$\alpha=45°$时出现最小值。张开节理表面在节理倾角较小时容易接触，而在节理倾角较大时不容易接触。这是造成节理岩体应力-应变关系曲线在节理倾角较小和较大时不同的重要原因。

（4）节理连续度对断续节理岩体模型力学性质的影响也较大。虽然节理岩体强度随节理倾角的分布趋势不随连续度发生改变，但是节理连续度越大，节理倾角对节理岩体力学性质的影响就越大。

（5）当节理倾角较小（如$\alpha=0°$和$\alpha=15°$）时，节理张开度对节理岩体的力学性质的影响较大。随着节理倾角的增大，节理张开度对节理岩体力学性质的影响逐渐减小。上述规律表明节理表面接触并相互作用对断续节理岩体的力学性质具有较大影响。

4 双向应力环境下断续节理岩体结构效应模型试验研究

4.1 引言

在岩体工程中，剪切滑移往往会造成岩体膨胀。如果膨胀岩体受到相邻岩体的限制而不能充分位移变形，必然会引起法向应力的增大，如图 4-1 所示[142]。因此，在研究岩体力学性质时只考虑围压不变(constant normal load，CNL)是不充分的。在有些情况下，考虑岩体所受侧向约束的刚度不变(constant normal stiffness，CNS)更符合工程岩体的真实应力环境[143-145]。本章为了研究侧向约束作用下断续节理的结构效应，采用物理模型试验方法和颗粒流数值计算方法分别研究了定刚度和定应力条件下断续节理岩体模型的破坏模式和强度性质。

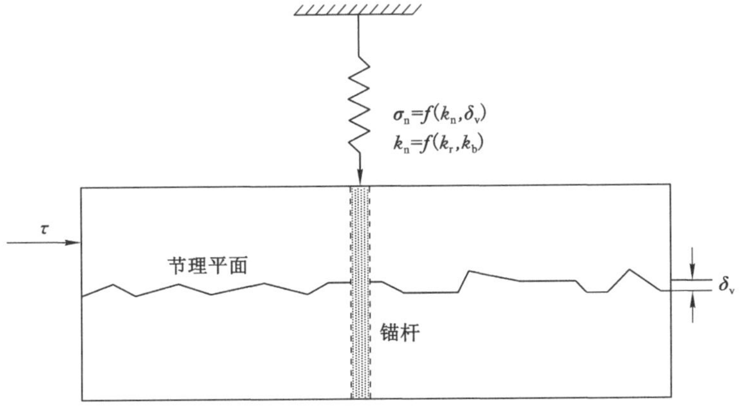

τ—切向应力；σ_n—侧向应力；k_n—侧向刚度；

k_r，k_b—岩石和锚杆的刚度；δ_v—节理平面膨胀变形量。

图 4-1 锚杆锚固节理平面[142]

4.2 定刚度条件下断续节理岩体结构效应物理试验研究

4.2.1 室内物理试验设置

在第 2 章物理模型试验的基础上，对断续节理岩体模型试件施加侧向定刚度约束(CNS)。在石膏试件未完全固结前，在设定的位置处穿入锚杆，在两端垫上垫片后分别采用螺母拧紧，所施加预紧力忽略不计。锚杆选用 ϕ3 mm 铝棒，其屈服强度为 56.6 MPa，刚度为 1.125×10^{10} N/m。如图 4-2 所示，设置两种锚杆锚固工况：1 根锚杆和 2 根锚杆。1 根锚杆时，铝棒沿试件的中间穿入，相当于对试件施加 1.125×10^{10} N/m 的侧向定刚度约束；2 根锚杆时，在试件的 1/3 和 2/3 高度处分别穿入铝棒，相当于对试件施加 2.25×10^{10} N/m 的侧向定刚度约束。垫片为 ϕ10 mm 圆形钢片。节理间距 d 分别设置为 75 mm、50 mm、37.5 mm。相应的，节理岩体模型中分别含有 2 条、3 条、4 条预制节理平面。节理倾角 α 由 0°变化到 90°，每 15°设置一个工况，其他节理几何参数保持不变，即 $L_j=18$ mm、$L_r=12$ mm、$k=0.6$、$L_o=18$ mm。准备试件个数与节理几何参数见表 2-1。

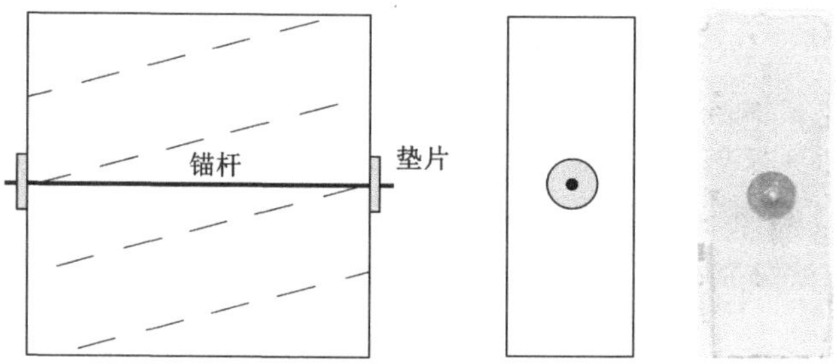

(a) 1根锚杆

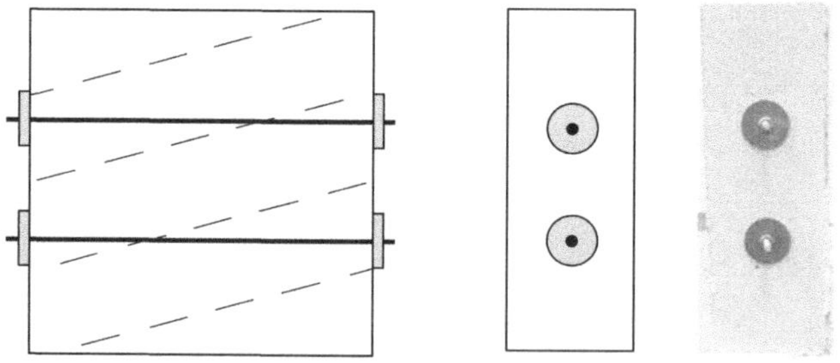

(b) 2根锚杆

图 4-2 断续节理岩体模型试件中锚杆的设置

锚杆锚固断续节理岩体试件制备完成后，对试件进行压缩试验，获得 CNS 条件下断续节理岩体的力学性质。压缩试验采用 DSN100 伺服试验机在中国矿业大学深部岩土力学与地下工程国家重点实验室内完成，试验测试系统如图 2-5 所示。试验采用位移控制加载，加载速度为 0.0025 mm/s。试验过程中，轴向压力和轴向位移由伺服试验机自动采集。

4.2.2 节理间距 $d=75$ mm 时断续节理岩体模型力学性质

为了研究侧向定刚度约束对断续节理岩体模型力学性质的影响，首先对节理间距 $d=$

75 mm 的断续节理岩体试件分别进行 1 根锚杆和 2 根锚杆锚固。对锚杆锚固的试件进行压缩试验，并将试验结果与相应的未施加锚杆锚固的试验结果进行对比。节理倾角由 0°每间隔 15°变化至 90°，保持其他节理几何参数不变，即 $L_j=18$ mm、$L_r=12$ mm、$L_o=18$ mm。图 4-3 和图 4-4 所示分别为不同侧向约束刚度条件下断续节理岩体模型的破坏模式和归一化强度。

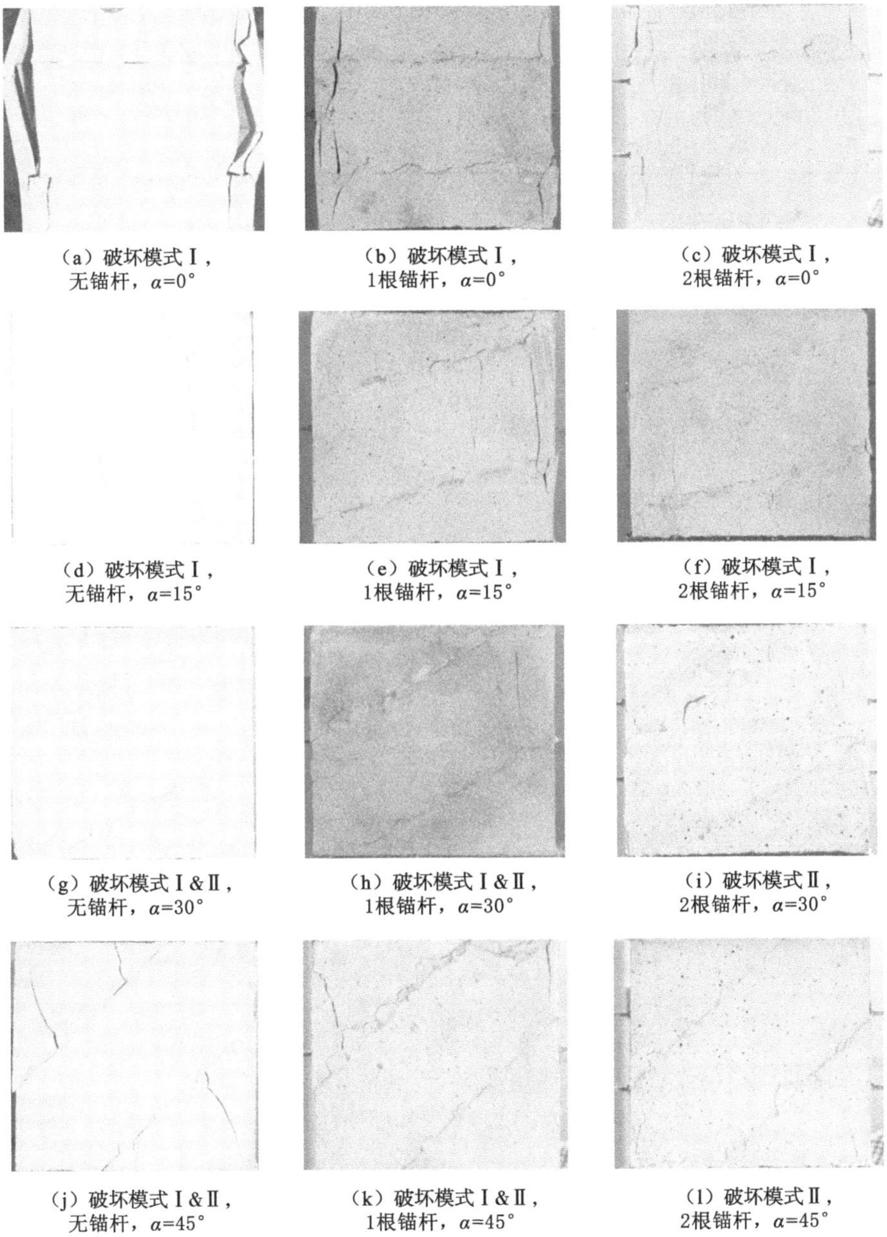

(a) 破坏模式Ⅰ，无锚杆，$\alpha=0°$
(b) 破坏模式Ⅰ，1根锚杆，$\alpha=0°$
(c) 破坏模式Ⅰ，2根锚杆，$\alpha=0°$
(d) 破坏模式Ⅰ，无锚杆，$\alpha=15°$
(e) 破坏模式Ⅰ，1根锚杆，$\alpha=15°$
(f) 破坏模式Ⅰ，2根锚杆，$\alpha=15°$
(g) 破坏模式Ⅰ&Ⅱ，无锚杆，$\alpha=30°$
(h) 破坏模式Ⅰ&Ⅱ，1根锚杆，$\alpha=30°$
(i) 破坏模式Ⅱ，2根锚杆，$\alpha=30°$
(j) 破坏模式Ⅰ&Ⅱ，无锚杆，$\alpha=45°$
(k) 破坏模式Ⅰ&Ⅱ，1根锚杆，$\alpha=45°$
(l) 破坏模式Ⅱ，2根锚杆，$\alpha=45°$

图 4-3　不同侧向约束刚度条件下断续节理岩体的破坏模式($d=75$ mm)

（m）破坏模式Ⅰ&Ⅱ，无锚杆，$\alpha=60°$　（n）破坏模式Ⅲ，1根锚杆，$\alpha=60°$　（o）破坏模式Ⅲ，2根锚杆，$\alpha=60°$

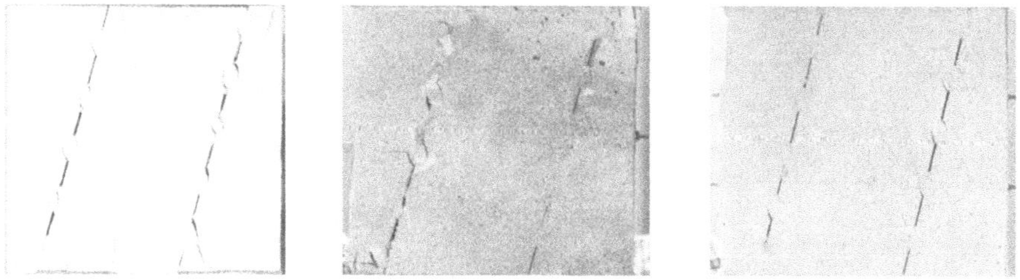

（p）破坏模式Ⅲ，无锚杆，$\alpha=75°$　（q）破坏模式Ⅲ，1根锚杆，$\alpha=75°$　（r）破坏模式Ⅲ，2根锚杆，$\alpha=75°$

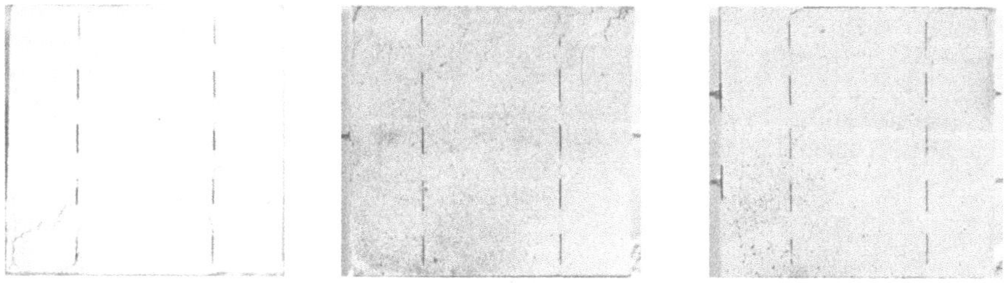

（s）破坏模式Ⅲ，无锚杆，$\alpha=90°$　（t）破坏模式Ⅲ，1根锚杆，$\alpha=90°$　（u）破坏模式Ⅲ，2根锚杆，$\alpha=90°$

图 4-3 （续）

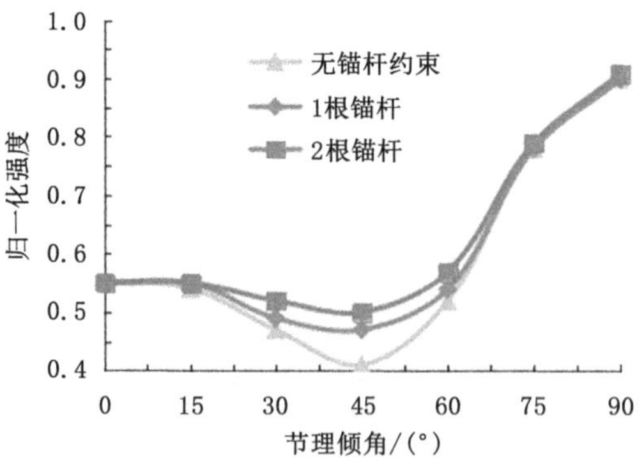

图 4-4　不同侧向约束刚度时断续节理岩体的归一化强度($d=75$ mm)

由图 4-3 和图 4-4 可知：锚杆的锚固作用对断续节理岩体的破坏模式和归一化强度的影响随着预制节理倾角的变化而改变。

① 当 $\alpha=0°$(预制节理倾向为水平)时，随着侧向刚度约束的增大(锚杆根数增加)，节理岩体模型的破坏模式不发生改变，均为穿过节理的张拉破坏(破坏模式Ⅰ)。由图 4-3 可知：在锚杆锚固作用下发生在断续节理岩体模型左右边界处的侧向变形大幅度减小。但由于 $\alpha=0°$时，断续节理岩体模型的抗压强度是由节理平面上的岩桥提供的，锚杆的侧向约束无法提高节理平面上岩桥的承载能力，因此断续节理岩体的归一化强度没有改变，如图 4-4 所示。

② 当 $\alpha=15°$时，断续节理岩体模型均发生穿过节理平面的张拉破坏(破坏模式Ⅰ)，而与锚杆锚固作用无关。断续节理岩体的归一化强度没有发生显著变化。因此，当节理倾角较小时，如 $\alpha=0°$和 $\alpha=15°$，锚杆的锚固作用对断续节理岩体的力学性质的影响较小。

③ 当 $\alpha=30°$时，随着侧向约束刚度的改变，断续节理岩体模型的破坏模式也发生改变。当断续节理岩体模型中含有 0 根和 1 根锚杆时，在竖向荷载作用下发生穿过节理平面的张拉破坏(破坏模式Ⅰ)和沿节理平面的剪切破坏(破坏模式Ⅱ)的混合破坏模式，如图 4-3 所示。在压力作用下，断续节理岩体模型破坏产生岩块并沿预制节理表面剪切滑移。同时，在预制节理的尖端处产生翼裂隙沿加载方向发展。当断续节理岩体模型中含有 2 根锚杆时，较强的侧向约束刚度下，翼裂隙的产生受到抑制，断续节理岩体模型试件只发生沿节理平面的剪切破坏(破坏模式Ⅱ)。而且，沿预制节理平面的剪切滑移变形量减小，预制节理平面上的岩桥破坏严重。因此，当锚杆根数由 0 根增加至 1 根和 2 根时，断续节理岩体模型的归一化强度增大，由 0.47 分别增大至 0.49 和 0.52，如图 4-4 所示。

④ 当 $\alpha=45°$时，锚杆锚固作用对断续节理岩体力学性质的影响规律与 $\alpha=30°$时的类似。当断续节理岩体模型中施加的锚杆数由 0 根增加至 1 根和 2 根时，断续节理岩体的破坏模式由破坏模式Ⅰ和破坏模式Ⅱ的混合破坏模式转变为破坏模式Ⅱ。翼裂隙的产生受到抑制，沿预制节理平面的剪切滑移变形量减小。锚杆在提供侧向定刚度约束的同时，起到了“销钉”作用，阻止沿节理平面的剪切滑移，并提高了节理平面的抗剪强度。在侧向定刚度约束下，断续节理岩体的归一化强度由 0.41 分别提高为 0.47 和 0.50。

⑤ 当 $\alpha=60°$时，不施加侧向刚度约束时，断续节理岩体模型发生破坏模式Ⅰ和破坏模式Ⅲ的混合破坏模式。在竖向荷载作用下，一些张拉裂隙(翼裂隙)发展，与倾斜次生裂隙合并或直接发展至相邻节理的尖端处，发生沿节理表面的张拉破坏(破坏模式Ⅲ)。同时，其他一些张拉裂隙继续沿着最大主应力方向发展至相邻的平行节理。随着施加锚杆根数的增加，在断续节理岩体模型中翼裂隙数量越来越少，表明侧向定刚度约束抑制了翼裂隙的产生。相应的，断续节理岩体模型的破坏模式由破坏模式Ⅰ和破坏模式Ⅲ的混合破坏模式转变为破坏模式Ⅲ。并且，模型中节理表面的张开位移也大幅度减小。断续节理岩体模型归一化强度逐渐增大，由 0.52 增大为 0.54 和 0.57，如图 4-4 所示。

⑥ 当 $\alpha=75°$时，断续节理岩体模型试件均发生沿节理平面的张拉破坏(破坏模式Ⅲ)，与施加锚杆根数无关。如图 4-3 所示，随着沿预制节理平面形成的宏观破裂面，节理岩体模型破坏，产生了多个岩梁。由于节理间距较大，即 $d=75$ mm，产生的岩梁由于在端部仍能够与上、下压头接触起承载作用。断续节理岩体模型产生的侧向位移变形量较小，因此，侧向定刚度约束对岩体模型的强度性质影响较小。

⑦ 当 $\alpha=90°$时，断续节理岩体模型试件均发生完整材料破坏（破坏模式Ⅳ）。与 $\alpha=75°$类似，锚杆锚固作用对断续节理岩体强度性质的影响也较小，如图 4-4 所示。

4.2.3　节理间距 $d=50$ mm 时断续节理岩体模型力学性质

本节对节理间距 $d=50$ mm 的断续节理岩体试件，即模型中预制 3 条节理平面的试件，分别进行 1 根锚杆锚固和 2 根锚杆锚固。对锚杆锚固的试件进行压缩试验，并将试验结果与相应的未施加锚杆锚固的试验结果进行对比。节理倾角由 0°每间隔 15°变化至 90°，保持其他节理几何参数不变，即 $L_j=18$ mm、$L_r=12$ mm、$L_o=18$ mm。图 4-5 和图 4-6 分别为不同侧向约束刚度条件下断续节理岩体模型的破坏模式和归一化强度。

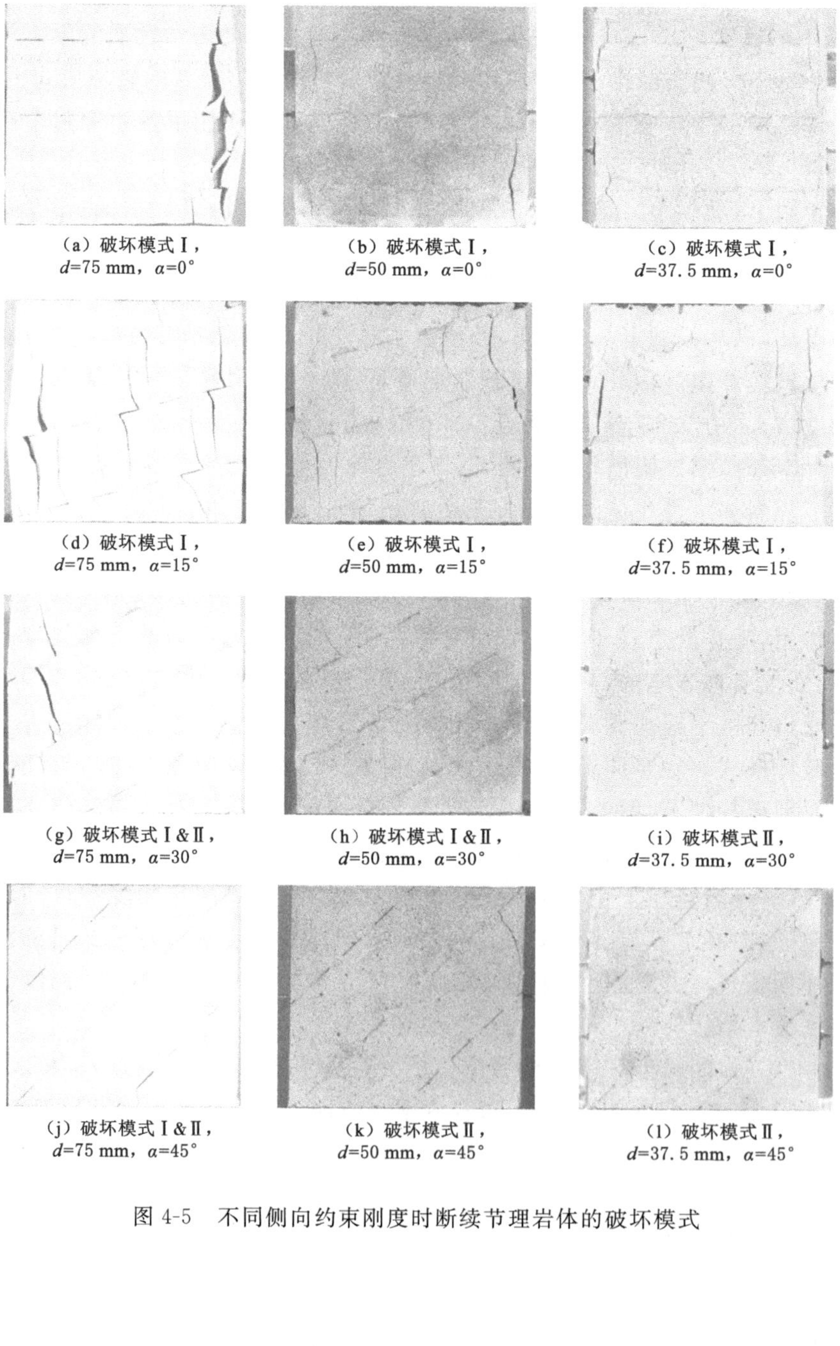

图 4-5　不同侧向约束刚度时断续节理岩体的破坏模式

（m）破坏模式Ⅰ&Ⅲ，
d=75 mm，α=60°

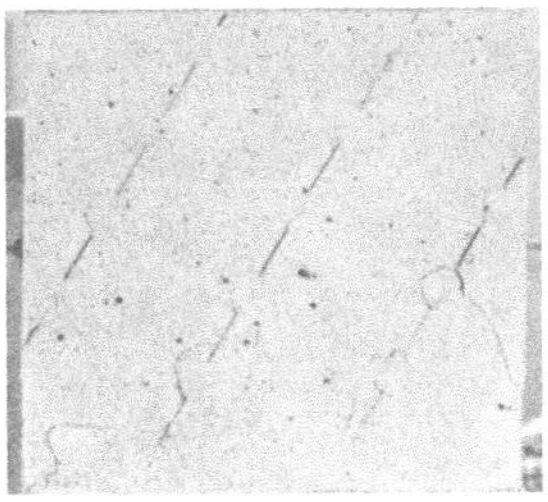

（n）破坏模式Ⅰ&Ⅲ，
d=50 mm，α=60°

（o）破坏模式Ⅲ，
d=37.5 mm，α=60°

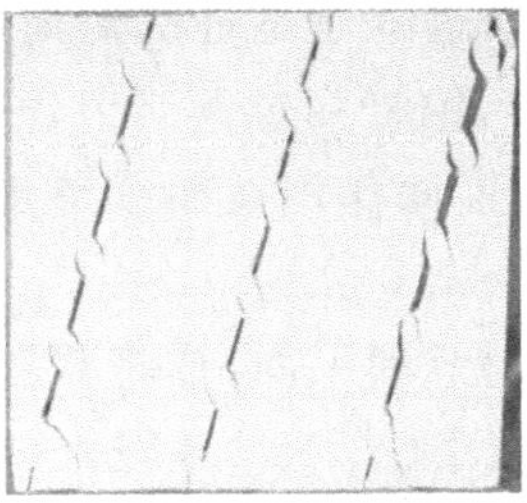

（p）破坏模式Ⅲ，
d=75 mm，α=75°

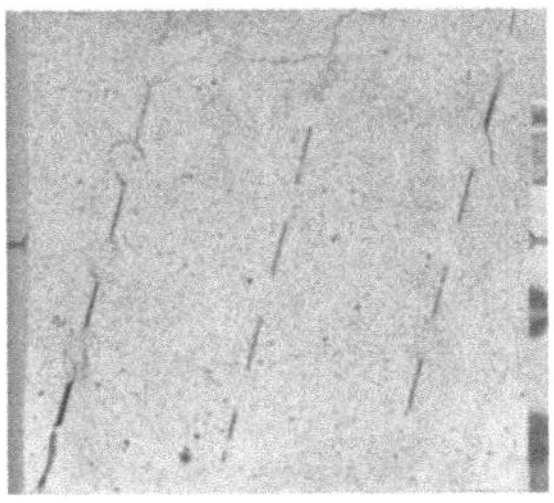

（q）破坏模式Ⅲ，
d=50 mm，α=75°

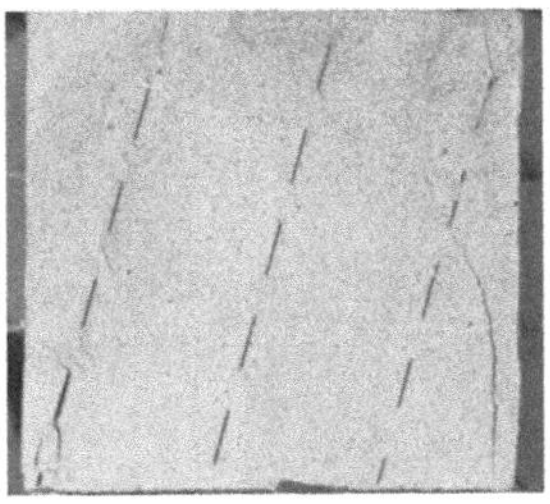

（r）破坏模式Ⅲ，
d=37.5 mm，α=75°

（s）破坏模式Ⅳ，
d=75 mm，α=90°

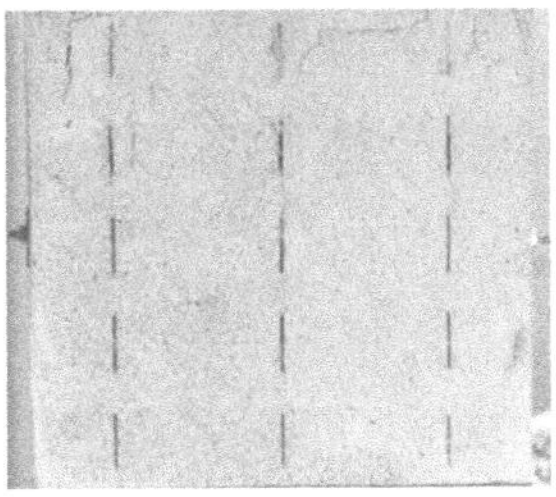

（t）破坏模式Ⅳ，
d=50 mm，α=90°

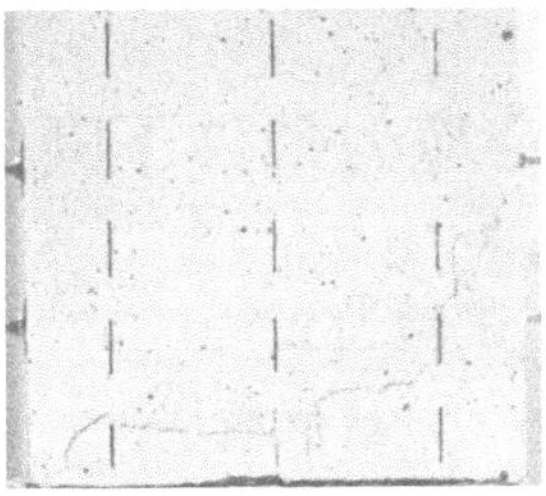

（u）破坏模式Ⅳ，
d=37.5 mm，α=90°

图 4-5　（续）

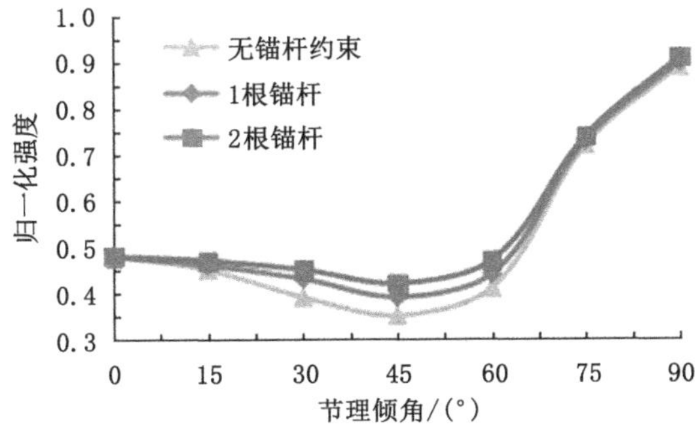

图 4-6　不同侧向约束刚度时断续节理岩体的归一化强度（d＝50 mm）

由图 4-5 和图 4-6 可知：当 d＝50 mm 时锚杆的锚固作用对断续节理岩体破坏模式和归一化强度的影响与 d＝75 mm 时的类似。当节理倾角较小时，如 α＝0°和 α＝15°，锚杆的锚固作用对断续节理岩体的力学性质的影响较小。峰值应力时，断续节理岩体模型的承载力主要由预制节理平面上的岩桥提供，一旦岩桥破坏，岩体模型进入峰后承载阶段。施加的锚杆虽然有效抑制了翼裂隙的生成和岩样侧向位移变形，无法为预制节理平面或岩桥提高抵抗能力。当预制节理倾角较大时，如 $\alpha=75°$ 和 $\alpha=90°$，虽然锚杆穿过了预制节理平面，但由于断续节理模型自身产生的侧向位移较小，锚杆不能提供较大的侧向支护力。因此，当 $\alpha=75°$ 和 $\alpha-90°$ 时，锚杆的锚固作用对断续节理岩体的强度性质影响较小。

当 $\alpha=30°$、$\alpha=45°$、$\alpha=60°$ 时，随着侧向约束刚度的改变，断续节理岩体模型的破坏模式也发生改变。最显著的变化是破坏模式Ⅰ（沿节理平面的张拉破坏）随着锚杆根数的增加而消除，即锚杆锚固作用抑制了翼裂隙的产生。锚杆在此时通过抑制试件的侧向变形，为试件提供侧向压力，提高了断续节理岩体模型的抵抗力。另外，锚杆穿过预制节理平面，起到了"销钉"的作用，提高了节理平面的抗剪强度。因此，锚杆锚固作用对断续节理岩体模型的强度性质具有提高作用。

当 $d=37.5$ mm 时，即断续节理岩体模型中含有 4 条预制节理平面，锚杆锚固作用对断续节理岩体力学性质的影响与节理倾角相关。当节理倾角较小（0°、15°）或较大（75°、90°）时，锚杆锚固作用对断续节理岩体模型力学性质的影响较小。当节理倾角为 30°、45°、60° 时，锚杆锚固作用可以提高断续节理岩体模型的抗压强度。

4.3 定应力条件下断续节理岩体结构效应数值试验研究

4.3.1 试验设置

在第 3 章数值模型试验的基础上，对断续节理岩体模型试件施加侧向定压力约束（CNL），如图 4-7 所示。节理倾角 α 由 0°每隔 15°变化至 90°，并保持其他节理几何参数不变，即 $k=0.8$、$e=0.1$ mm、$d=50$ mm（断续节理岩体模型中预制 3 条节理平面）。在侧向利用墙体施加围压（σ_3），并利用伺服控制器保持侧压不变，研究不同围压条件下断续节理岩体的破坏模式和强度性质。侧压分别设置为 0 MPa、0.3 MPa、1.0 MPa。

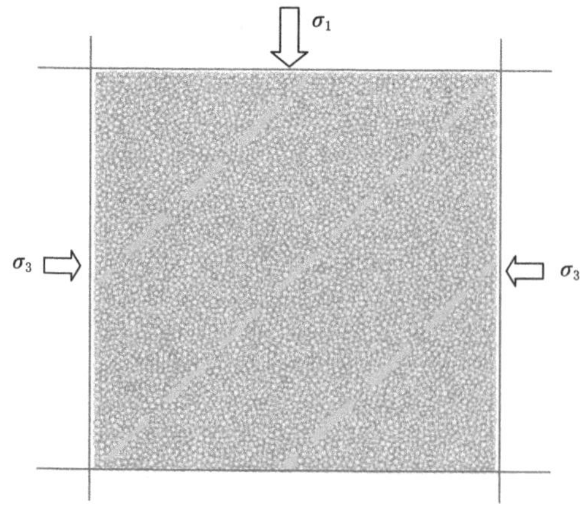

图 4-7　侧向定压力约束条件下颗粒流数值模型（$\alpha=45°$，$k=0.8$，$d=50$ mm）

4.3.2　定应力条件下断续节理岩体破坏模式

不同侧向定压力约束条件下断续节理岩体的破坏模式如图 4-8 所示。图中无侧向约束条件下(无锚杆或侧向压力)，断续节理岩体颗粒流数值模型的破坏模式与物理试验模型的破坏模式具有较好的一致性。需要指出的是，第 2 章中对破坏模式的分类是针对断续节理岩体模型中一条预制节理平面的破坏形式，目的是便于分析预制平行节理平面之间是如何相互作用的。而第 3 章更关注整个断续节理岩体模型中的预制节理平面与新生裂隙如何合并形成宏观破裂面的。对比第 2 章和本章的破坏模式可以发现本章(包括第 3 章)所归纳的破坏模式是第 2 章破坏模式的衍生或组合。如破坏模式Ⅰ(穿过节理平面的张拉破坏)对应的是劈裂破坏模式。由于在 PFC 模型中难以区分破坏模式Ⅱ(沿节理平面的剪切破坏)和破坏模式Ⅲ(沿节理平面的张拉破坏)，因此二者均被归纳为平面破坏；破坏模式Ⅰ和破坏模式Ⅱ或者破坏模式Ⅰ和破坏模式Ⅲ的组合对应阶梯形破坏；破坏模式Ⅳ对应完整材料破坏。

如图 4-8 所示，断续节理岩体模型的破坏模式主要受预制节理倾角的影响。当预制节理为水平($\alpha=0°$)时，断续节理岩体数值模型和物理模型均发生劈裂破坏模式。在物理模型中，张拉裂隙主要出现在模型左右两边，这主要是物理模型试验时端头摩擦效应引起的。对于数值模型试验，随着侧向围压的增大，破坏模式未发生改变。当 $\alpha=15°$时，与物理模型发生劈裂破坏相比，数值模型发生了劈裂破坏和完整材料破坏的混合模式。数值模型中产生了大量的微观裂隙。当 $\alpha=30°$时，断续节理岩体发生平面破坏和阶梯形破坏的混合模式。当 $\alpha=45°$、$\alpha=60°$和 $\alpha=75°$时，断续节理岩体模型主要发生平面破坏。随着侧向压力的增大，断续节理岩体模型发生平面破坏和完整材料破坏的混合模式($\alpha=60°$和 $\alpha=75°$)。当 $\alpha=90°$时，断续节理岩体模型均发生完整材料破坏。因此，当侧向压力为 0 MPa 时，断续节理岩体数值模型破坏模式与物理模型破坏模式一致。随着侧向压力增大为 0.3 MPa 和 1.0 MPa 时，对断续节理岩体模型的破坏模式的影响较小。

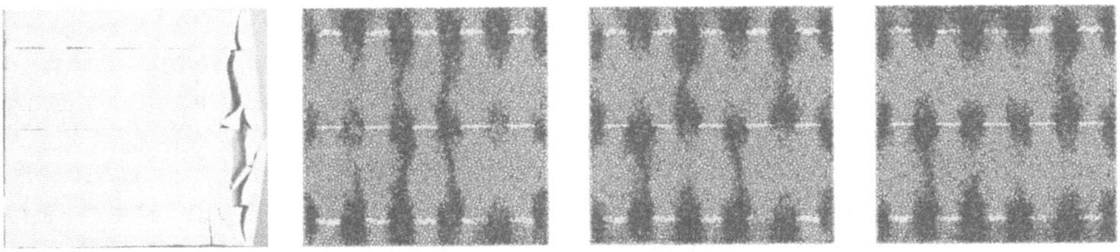

(1) 劈裂破坏，物理模型试验(无锚杆)，$\alpha=0°$　(2) 劈裂破坏，$\sigma_3=0$ MPa，$\alpha=0°$　(3) 劈裂破坏，$\sigma_3=0.3$ MPa，$\alpha=0°$　(4) 劈裂破坏，$\sigma_3=1.0$ MPa，$\alpha=0°$

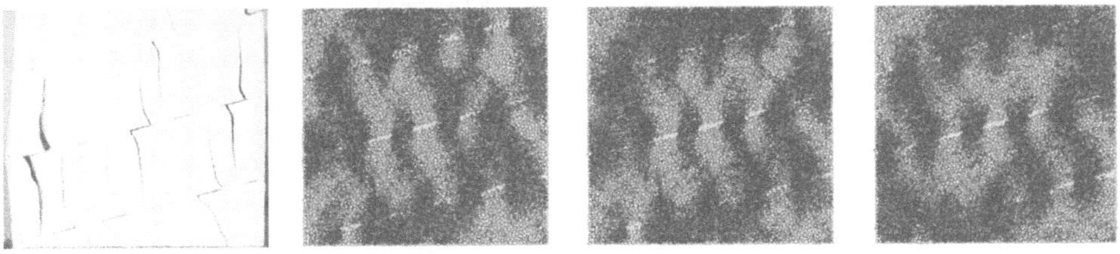

(5) 劈裂破坏，物理模型试验(无锚杆)，$\alpha=15°$　(6) 劈裂和完整材料破坏，$\sigma_3=0$ MPa，$\alpha=15°$　(7) 劈裂和完整材料破坏，$\sigma_3=0.3$ MPa，$\alpha=15°$　(8) 劈裂和完整材料破坏，$\sigma_3=1.0$ MPa，$\alpha=15°$

图 4-8　不同侧向约束应力条件下断续节理岩体的破坏模式($k=0.8$,$d=50$ mm)

（9）平面和阶梯形破坏，物理模型试验（无锚杆），α=30°

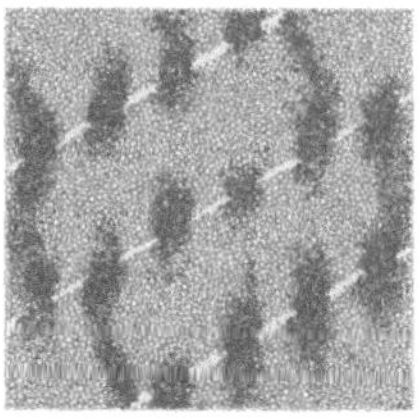

（10）平面和阶梯形破坏，σ_3=0 MPa，α=30°

（11）平面和阶梯形破坏，σ_3=0.3 MPa，α=30°

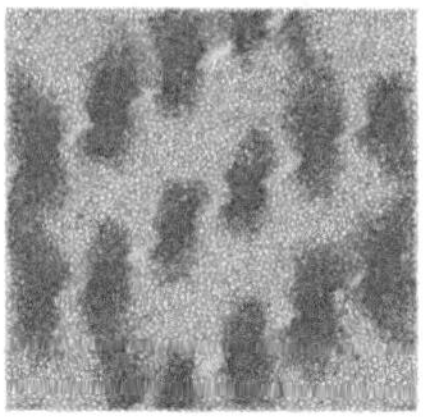

（12）平面和阶梯形破坏，σ_3=1.0 MPa，α=30°

（13）平面破坏，物理模型试验（无锚杆），α=45°

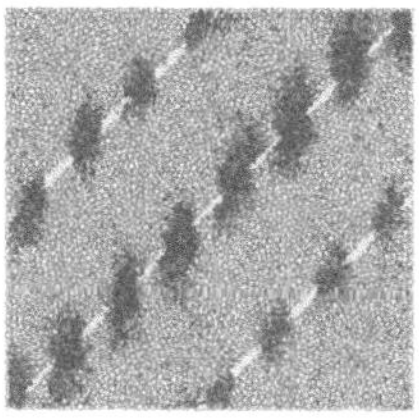

（14）平面破坏，σ_3=0 MPa，α=45°

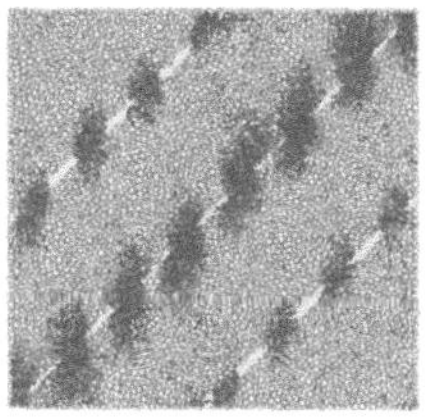

（15）平面破坏，σ_3=0.3 MPa，α=45°

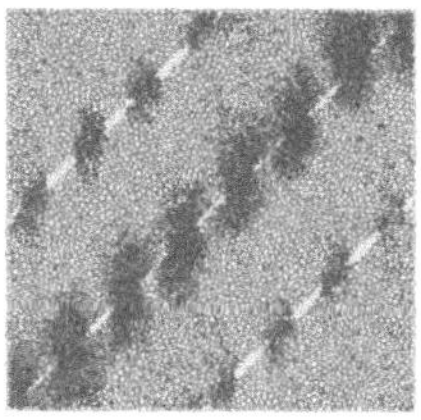

（16）平面破坏，σ_3=1.0 MPa，α=45°

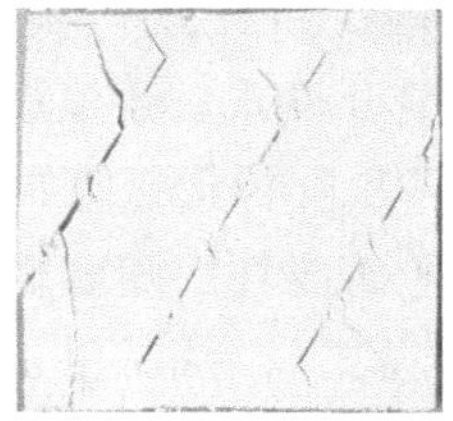

（17）平面破坏，物理模型试验（无锚杆），α=60°

（18）平面破坏，σ_3=0 MPa，α=60°

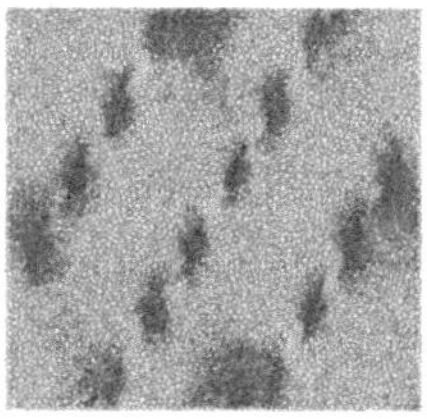

（19）平面破坏，σ_3=0.3 MPa，α=60°

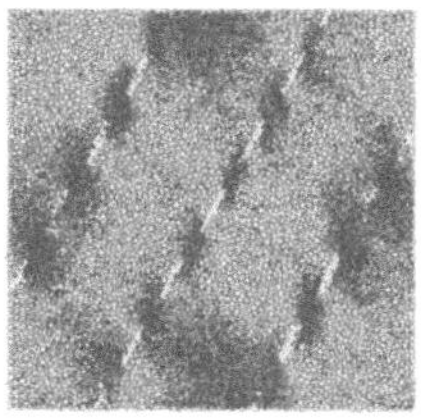

（20）平面和完整材料破坏，σ_3=1.0 MPa，α=60°

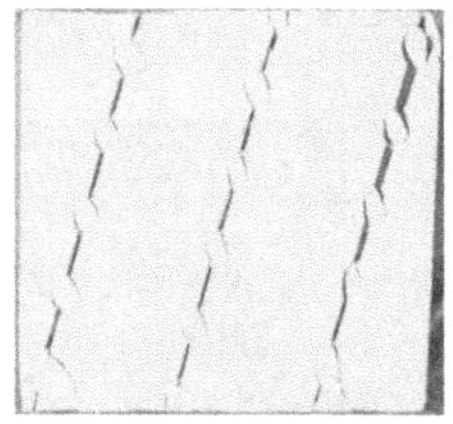

（21）平面破坏，物理模型试验（无锚杆），α=75°

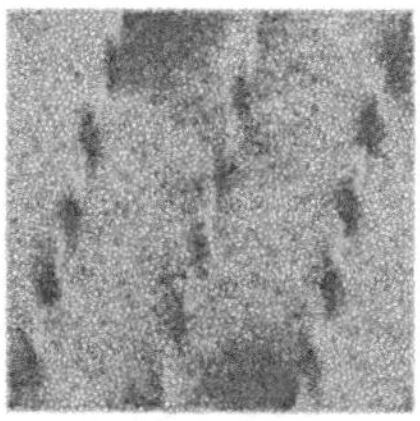

（22）平面和完整材料破坏，σ_3=0 MPa，α=75°

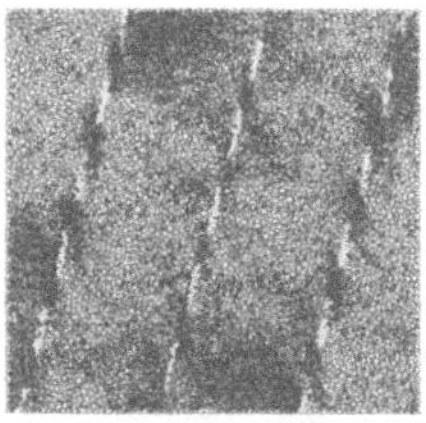

（23）平面和完整材料破坏，σ_3=0.3 MPa，α=75°

（24）平面和完整材料破坏，σ_3=1.0 MPa，α=75°

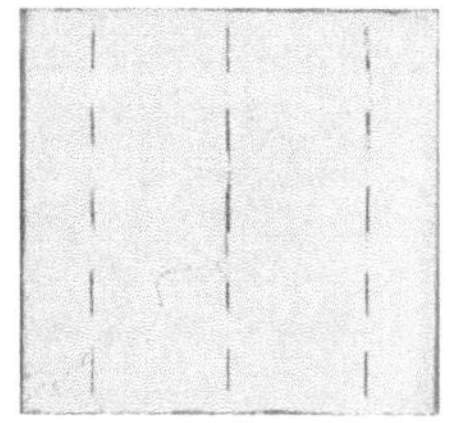

（25）完整材料破坏，物理模型试验（无锚杆），α=90°

（26）完整材料破坏，σ_3=0 MPa，α=90°

（27）完整材料破坏，σ_3=0.3 MPa，α=90°

（28）完整材料破坏，σ_3=1.0 MPa，α=90°

图 4-8 （续）

4.3.3　定应力条件下断续节理岩体强度性质

不同侧向定压力约束条件下断续节理岩体归一化强度如图 4-9 所示。由图 4-9 可知：在未施加侧向约束时，断续节理岩体数值模型的归一化强度与相应物理模型归一化强度相近。颗粒流数值模型可以用于对物理模型试验的扩展研究。随着侧向围压由 0 MPa 增大至 0.3 MPa，断续节理岩体模型在各个节理倾角水平上归一化强度均增大。如 $\alpha=0°$时，断续节理岩体的归一化强度由 0.49 增大至 0.51，增加 0.02。当 $\alpha=75°$时，断续节理岩体模型归一化强度的增量最大，为 0.07。对于其他倾角水平，断续节理岩体模型归一化强度增量均在 0.02～0.03 之间。当侧向围压由 0 MPa 增大至 1.0 MPa 时，断续节理岩体模型在各个节理倾角水平上的归一化强度均增大，增量在 0.07～0.18 之间。当 $\alpha=60°$时，断续节理岩体模型的归一化强度增量最大，由 0.43 增大至 0.61；当 $\alpha=90°$时，断续节理岩体模型的归一化强度增量最小，由 0.90 增大至 0.97。

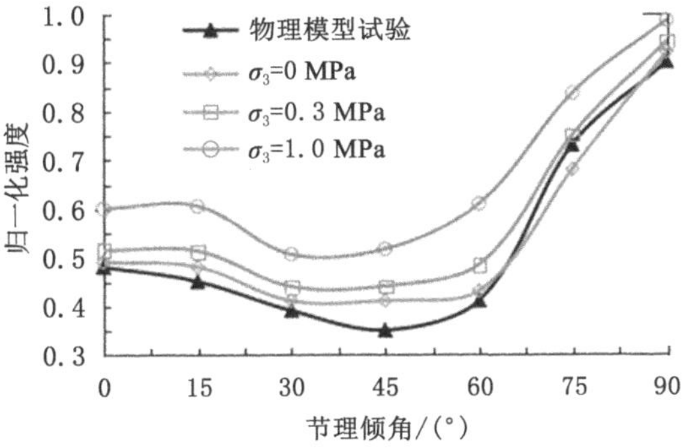

图 4-9　不同侧向约束应力条件下断续节理岩体的归一化强度
($k=0.8$，$d=30$ mm)

比较图 4-6 和图 4-9 可知：施加侧向定压力约束可以有效提高各个倾角时断续节理岩体的强度，而施加侧向定压力约束对节理倾角为 30°、45°、60°时的断续节理岩体强度具有提高作用。对断续节理岩体模型施加锚杆，由于垫片面积较小等原因，由锚杆所产生的侧向压力较小，不能像直接施加侧向定压力约束一样产生锚固效果。因此，在物理模型试验中，施加的锚杆主要起"销钉"作用，阻止沿预制节理平面的剪切滑移。在岩体工程中，在锚杆中施加预紧力是提高支护效果的有效措施：锚杆既可以起到"销钉"作用，又为围岩体提供一定大小的围压。

4.4　本章小结

采用物理模型试验和数值模型试验方法，分别研究了侧向定刚度约束和侧向定压力约束条件下断续节理岩体的结构效应，分析了断续节理岩体锚杆锚固机理，得出以下结论：

(1) 当节理倾角较小(0°、15°)或较大(75°、90°)时，锚杆锚固作用对断续节理岩体模型力学性质的影响较小。当节理倾角为 30°、45°、60°时，锚杆的"销钉"作用可以提高断续节理岩体模型的抗压强度。

(2) 在无侧向约束条件下,断续节理岩体颗粒流数值模型的破坏模式和归一化强度具有较好的一致性。侧向围压对断续节理岩体的破坏模式的影响较小,但是可以有效提高各个倾角水平时断续节理岩体的强度。

(3) 当断续节理岩体中节理倾角为30°、45°、60°时,采用锚杆进行支护可以提高岩体的承载力;当节理倾角为0°、15°、75°、90°时,采用提高支护应力的措施可以提高岩体的承载力;在锚杆上施加预紧力是进行岩体加固的有效措施。

5 三向应力环境下断续节理岩体结构效应数值模型试验研究

5.1 引言

节理倾角是影响断续节理岩体破坏模式和力学性质的最主要因素，因此节理倾角的力学效应是断续节理岩体结构效应的最主要组成部分。选取边长为 0.5 m×0.5 m×0.48 m 的断续节理岩体模型为研究对象，该岩体模型含 9 条长 0.5 m、宽 0.1 m 的预制断续节理，并按照一定的倾斜方向呈雁形排列。通过对不同节理倾向条件下断续节理岩体强度性质、变形性质及破坏模式进行数值模型试验，主要研究了复杂应力环境下断续节理岩体节理倾角的力学效应。首先，建立 PFC3D 断续节理岩体模型，并对模型中完整材料及节理的微观力学参数通过对在室内获得的单轴压缩试验数据及节理岩体物理模型试验数据进行校验确定。通过数值模型试验结果与物理模型试验结果的对比分析，验证颗粒流数值模型的合理性。在此基础上进一步研究断续节理倾角和支护应力对断续节理岩体破坏模式和力学性质的影响规律。

5.2 物理模型试验

张茂林[81]和 H. W. Jing 等[146]为了更好地了解地下开挖隧道围岩体的力学行为，通过物理模型试验研究了大尺度断续节理岩体的强度和变形性质。如图 5-1 所示，尺寸为 2.5 m×2.5 m×2.4 m 的含有预制断续节理的锚固体作为研究对象从开挖隧道的围岩体中分离出来。为了模拟隧道开挖真实的应力路径：模型试验中第一主应力 σ_1 沿垂直方向施加；第二主应力 σ_2 沿垂直于图示岩体特征面方向施加；第三主应力 σ_3 沿垂直于自由面的方向施加。第三主应力方向同时用于施加支护力。因此，断续节理岩体模型处于三维复杂应力环境。

根据上述应力边界条件，设计概念模型如图 5-2(a)所示。顶面用于施加压力，地面在垂直方向(y 轴方向)上固定。自由面用于模拟隧道开挖后的临空面，并用于施加支护应力(σ_3)和监测收敛变形量。与自由面相对的一面在 z 轴方向上固定，在试验过程中不产生位移。在 x 轴方向上的两个面上施加一定大小的侧向压力。图 5-2(b)为相应的大尺寸节理岩体物理试验模型。物理试验模型的尺寸为 0.5 m×0.5 m×0.48 m，模拟实际工程中尺

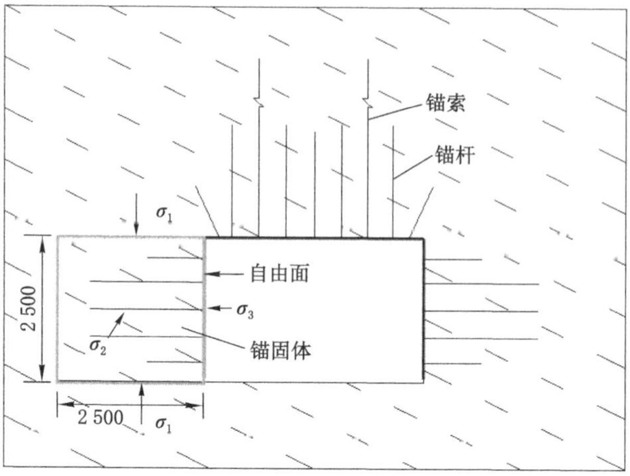

图 5-1　开挖隧道锚固围岩体(单位:mm)

寸为 2.5 m×2.5 m×2.4 m 的锚固体(图 5-1)。为实现节理岩体概念模型[图 5-2(a)]中应力边界条件,张茂林[81]和 H. W. Jing 等[146]专门设计了相应的约束系统,包括顶板、底板、后板和侧板。

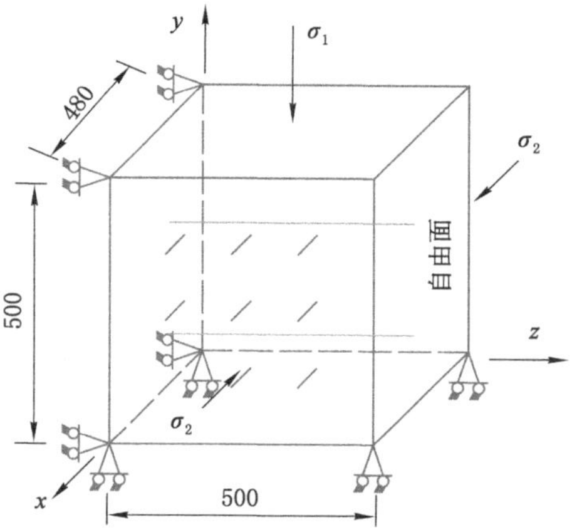

(a) 节理岩体概念模型

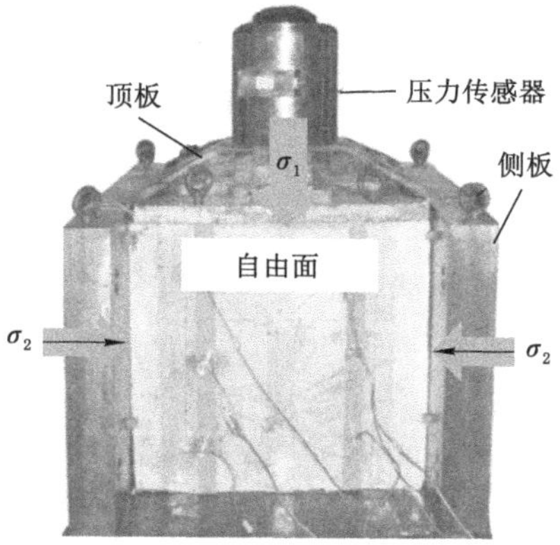

(b) 物理试验模型

图 5-2　节理岩体概念模型及物理试验模型(单位:mm)

大尺度物理模型试验中,相似材料选取 C42.5 水泥和建筑石膏,二者质量比为 7∶3,骨料采用 200 目的石英粉,与胶凝材料的质量比为 5∶1,水的质量为总质量的 1/6。相似材料的密度为 16.35 kN/m^3。采用尺寸为 ϕ50 mm×100 mm 的标准试件进行单轴压缩试验,测得该相似材料的单轴压缩强度(UCS)、弹性模量(E)分别为 3.77 MPa 和 0.44 GPa。

在获得相似材料的基本力学参数后,使用相应的模具进行大尺度节理岩体物理模型的浇筑。在节理岩体物理模型中预制 9 条呈雁形排列的断续节理,预制节理的布置如图 5-3 所示。每条节理长度为 100 mm,相邻节理之间岩桥长度为 100 mm。平行节理之间的节理间距为 100 mm。每条预制节理沿 σ_2 方向贯穿物理模型。为了研究断续节理倾角对节理岩体破坏模式及力学性质的影响，设计了 30°、45°、60° 3 种倾斜角度，如图 5-3 所示。在改变节理倾角的同时，为保持其他几何分布参数（连续度、节理间距等）不变，节理体系采用整体旋转的方式调整以获得设计倾角。在浇筑物理模型时，按设计的几何分布插入钢片预制节理。钢片的长度为 100 mm，厚度为 2 mm。在物理模型制作过程中，相似材料的拌和、浇筑以及养护都受到严格控制，保证物理模型力学性质的一致性。

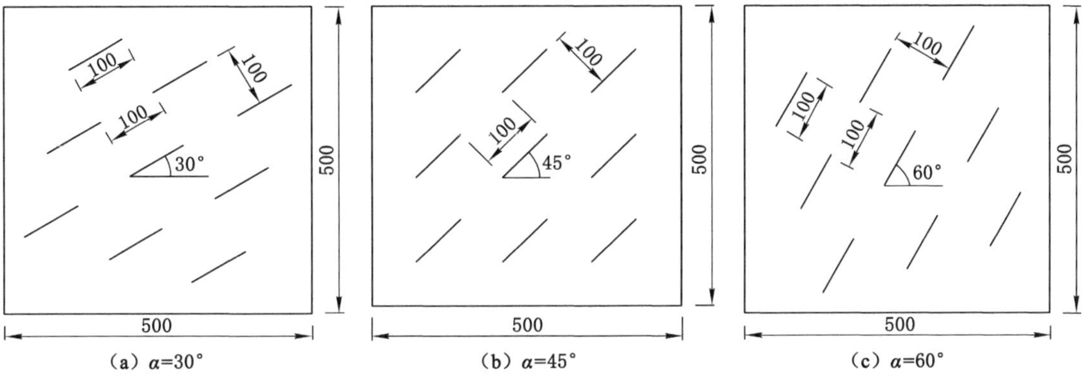

图 5-3　断续节理的几何分布（单位：mm）

浇筑的物理模型在（20±5）℃环境中养护 7 d 后，将插入的钢片拔出，从而获得预制节理。8 d 后将模具拆除，在预制节理中灌入滑石粉模拟光滑节理表面，并用石膏将孔口封住防止滑石粉泄露。试验前节理岩体物理模型晒水养护 60 d。采用 TYS-500 试验机对物理模型进行测试，并记录试验过程中轴向压力、轴向位移及自由面的水平位移。本章采用物理模型试验获得的数据进行确定和校验数值模型参数，并在此基础上进行扩展研究。

5.3　颗粒流数值模型的校验

为建立可靠的颗粒流数值模型以用于研究复杂应力环境下断续节理岩体的结构效应，本章设计了一系列的数值模型试验用于确定、校验模型中完整材料及节理的微观力学参数。完整材料微观力学参数的确定采用单轴压缩条件下数值模型试验结果与物理模型试验结果对比的方法。节理微观力学参数的确定采用对断续节理岩体颗粒流数值模型试验结果与节理岩体物理模型试验结果对比的方法。断续节理岩体模型试验结果是在无支护力压缩条件下获得的。在确定完整材料微观力学参数和节理微观力学参数后，通过颗粒流岩体模型与节理岩体物理模型的破坏模式的对比，进一步验证颗粒流数值模型的可靠性与适用性。

5.3.1　完整材料微观力学参数的确定

颗粒流数值模型中的完整材料是由通过平行黏结模型胶结在一起的堆积颗粒组成的[99,137]。因此，完整材料微观力学参数可以分为两组：一组为颗粒体的力学参数，另一组为平行黏结模型的力学参数。借助 PFC3D 软件平台，通过选取合适的微观力学参数使建立的颗粒流数值模型表现出与物理模型一致的宏观力学性质。这些微观力学参数包括颗粒尺寸、颗粒体和平行黏结的刚度、颗粒摩擦系数和黏结强度等。选取合适的微观力学参数需要进行多组迭代试算，不断调整微观参数直到颗粒流数值模型与物理模型的某一或某些宏观力学参数相等或相近。这些宏观力学参数可以称为目标参数，调整微观力学参数获得目标参数的过程称为微观力学参数的校验。在本章中，完整材料的目标参数为单轴抗压强度（UCS）、弹性模量（E）和泊松比（ν）。

为了减少迭代试算的次数，使选取的微观力学参数更加合理，设计了以下校验步骤：(1) 为了减少独立变量设立的个数，假设颗粒体的刚度比（法向刚度与剪切刚度的比值，$\bar{k}_n/\bar{k}_s$）与平行黏结的刚度比相等[99]。(2) 将平行黏结的抗拉强度和抗剪强度设为较大值，通过调整颗粒体的弹性模量（微观）与平行黏结的弹性模量（微观）使颗粒流模型的宏观弹性模量与物理模型的弹性模量相等。(3) 通过调整颗粒体和平行黏结的刚度比使颗粒流模型的泊松比与物理模型的泊松比匹配。(4) 在微观变形参数确定后，逐渐减小平行黏结的抗拉强度和抗剪强度，使颗粒流模型的 UCS 值与物理模型的 UCS 值匹配。需要注意的是，在迭代试算过程中应将平行黏结抗拉强度与抗剪强度的比值（$\bar{\sigma}_c/\bar{\tau}_c$）设为定值。$\bar{\sigma}_c/\bar{\tau}_c$ 将会影响颗粒流模型的破坏模式，需要通过参数试验进行确定。图 5-4 为不同 $\bar{\sigma}_c/\bar{\tau}_c$ 条件下颗粒流模型圆柱形试件的不同破坏模式。

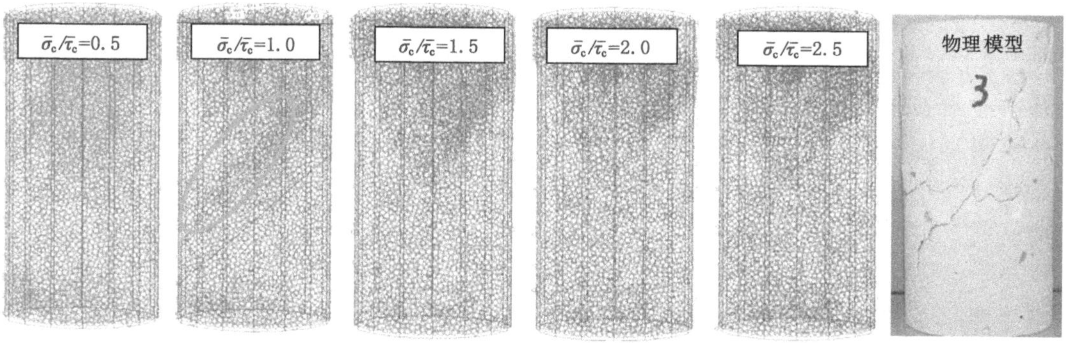

(a) (b) (c) (d) (e) (f)

图 5-4　不同平行黏结强度比对圆柱形试件破坏模式的影响

如图 5-4 所示，在单轴压缩条件下大量的裂隙（张拉裂隙和剪切裂隙）在试件的端部产生并逐渐扩展到试件中部。在这里，裂隙的产生是通过平行黏结的断裂实现的：当平行黏结受到的张拉应力大于或等于其抗拉强度时，即 $\bar{\sigma}_n \geqslant \bar{\sigma}_c$，平行黏结发生张拉型破坏，产生张拉裂隙；当平行黏结受到的剪切应力大于或等于其抗剪强度时，即 $\tau_n \geqslant \bar{\tau}_c$，平行黏结发生剪切型破坏，产生剪切裂隙。当平行黏结抗拉强度与抗剪强度的比值小于 1.0 或大于 1.0 时，在颗粒流模型试件中难以形成贯穿试件的宏观破裂带；而当平行黏结抗拉强度与抗剪强度的比值等于 1.0（$\bar{\sigma}_c/\bar{\tau}_c=1.0$）时，在颗粒流模型试件中形成了一条倾斜的宏观破裂带，与物理模型试验[81]获得的破坏模式相符。因此，将平行黏结抗拉强度与抗剪强度的比值设为 1.0 可以获得较为满意的试验破坏模式。

表 5-1 中，ρ 为颗粒流完整材料的密度；λ 为平行黏结圆盘半径的系数；R 为颗粒半径；R_{max}、R_{avg}、R_{min} 分别为颗粒最大半径、平均半径及最小半径。

表 5-1　颗粒流完整材料微观力学参数

颗粒参数	取值	平行黏结参数	取值
$\rho/(kg/m^3)$	1 635	λ	1.0
k_n/k_s	1.70	$\overline{k}_n/\overline{k}_s$	1.70
E_c/GPa	0.37	$\overline{E}_c$/GPa	0.37
μ	0.60	$\overline{\sigma}_c$(平均值±标准差)/MPa	3.00±0.75
$R_{rat}-R_{max}/R_{min}$	1.66	$\overline{\tau}_t$(平均值±标准差)/MPa	3.00±0.75
$R(m)$	$R_{max}=1.079\times10^{-3}$，$R_{avg}=0.865\times10^{-3}$，$R_{min}=0.650\times10^{-3}$(圆柱体试件)		
	$R_{max}=7.280\times10^{-3}$，$R_{avg}=5.915\times10^{-3}$，$R_{min}=4.550\times10^{-3}$(节理岩体试件)		

颗粒的摩擦系数(μ)主要影响数值模型材料的峰后强度性质[99]。为确定合理的 μ 值，同样对标准圆柱体试件进行了一系列数值计算。变化颗粒的摩擦系数(μ=0.40、0.60、0.80)，计算得到不同摩擦系数时的应力-应变关系曲线，并与物理试验获得的应力-应变关系曲线进行对比分析。图 5-5 中为不同颗粒摩擦系数时获得的应力-应变关系曲线与物理模型试验获得的应力-应变关系曲线的比较。在比较峰后强度性质的同时，需要保证不同摩擦系数时不同颗粒流模型的单轴抗压强度和弹性模量与物理模型试验的结果相一致。因此，颗粒(平行黏结)的弹性模量及强度也需要随着摩擦系数的变化而变化。由图 5-5 可知：不同摩擦系数时颗粒流模型的峰后曲线基本平行，说明摩擦系数(μ)对峰后力学性质的影响不大，难以根据峰后曲线确定合理的颗粒摩擦系数。在物理模型试验[81]中，通过对圆柱体试件的三轴压缩试验获得的内摩擦系数约为 0.64，本章中颗粒的摩擦系数取 0.6。

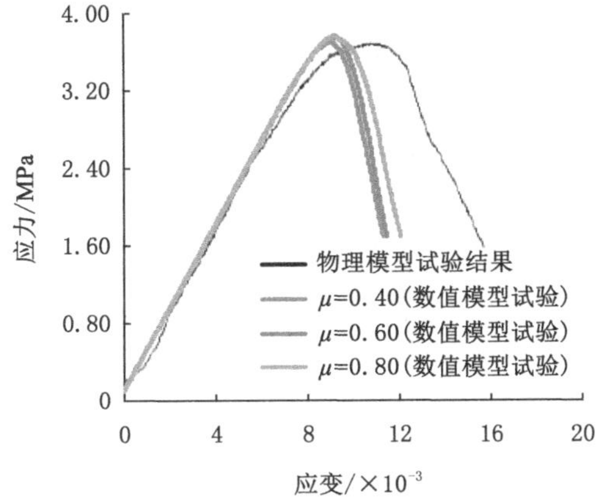

图 5-5　不同颗粒摩擦系数时的应力-应变关系曲线与物理模型试验的应力-应变关系曲线的比较

表 5-1 为通过上述校验过程确定的完整材料的微观参数，表 5-2 为在表 5-1 所示微观参数基础上计算获得的宏观目标参数与物理试验结果的对比。颗粒流数值计算结果与物理试验结果具有较好的一致性。

表 5-2　颗粒流模拟试验结果与物理试验结果对比

目标参数	颗粒流模拟试验结果	物理试验结果	偏差
UCS/MPa	3.78	3.77	0.3%
E/GPa	0.433	0.440	1.6%
ν	0.185	0.160～0.250	—

注：表中试验结果的泊松比 ν 不是通过试验测试得到的，而是通过相似准则计算获得的[81,146]。

5.3.2　节理微观力学参数的确定

5.3.2.1　断续节理岩体颗粒流数值模型

在确定完整材料的微观参数后需要进一步确定节理的微观参数。本章采用反分析方法确定节理的微观参数，即首先生成含断续节理的岩体模型，依次调整不同节理微观参数直到颗粒流岩体模型试验结果与物理模型试验结果相一致。颗粒流岩体模型的尺寸为 500 mm×500 mm×480 mm，与物理试验中的岩体模型尺寸相同(图 5-2)。对颗粒流岩体模型中节理力学参数赋值，计算获得颗粒流岩体模型的破坏形式及抗压强度，并与物理模型试验结果进行对比分析。图 5-6 所示为采用 PFC3D 软件生成的断续节理岩体颗粒流数值模型(α=45°)。

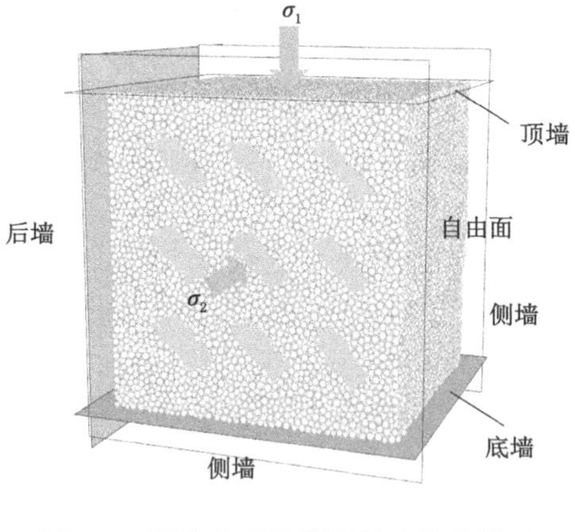

图 5-6　断续节理岩体颗粒流数值模型

如图 5-6 所示，断续节理岩体颗粒流数值模型中有 9 条呈雁形排列的断续节理。断续节理采用平滑节理模型生成。节理沿 σ_2 方向贯穿模型，因此每一条节理都为长 480 mm、宽 100 mm 的矩形结构面。在 PFC3D 中平滑节理模型只能在具有一定半径的圆盘形区域进行赋值，因此无法直接生成矩形结构面。在本章中，每一个矩形结构面均采用多个圆盘形区域组合而成，如图 3-3 所示。

在进行数值模型试验时，图 5-6 中后墙和底墙固定，不发生位移；两面侧墙则通过伺服控制不断调整速度使之在模型上作用恒定的围压(σ_2)。在物理模型试验过程中,侧墙上的围压基本上维持在 1.15 MPa[81,146]。顶墙采用位移控制,以一定的速度向下移动对模型施加压力。除了上述 5 面墙体外,在生成颗粒流材料阶段,在自由面上生成前墙,与其他墙体一起组成闭合容器。当颗粒流模型内部达到静水压力状态时,即 $\sigma_1=\sigma_2=\sigma_3=1.15$ MPa,前墙就会被删除以暴露自由面,用于模拟隧道开挖后的临空面。

5.3.2.2　平滑节理模型

在采用颗粒流方法进行数值计算时,一般采用删除黏结的方式模拟节理,会产生不必要的粗糙度[138],如图 5-7 所示。该粗糙度的产生将会使节理在剪切滑移过程中的剪切强度增大以及体积膨胀[139]。在本书断续节理岩体颗粒流数值模型中,采用平滑节理模型模拟预制的断续节理。平滑节理模型的提出就是为了消除通过删除黏结生成节理所产生的粗糙度。平滑节理模型的物理性质如图 5-8 所示。在确定节理平面的位置后,平滑节理模型就会作用在节理平面两侧颗粒体的接触面上。首先这些接触面上的黏结会被删除,平滑节理的方向与设置的节理平面的方向平行,而与颗粒体接触面的方向无关。颗粒体接触面会按照平滑节理模型定义的物理性质作用,并受到微观力学参数赋值的影响。在节理表面两侧的颗粒体可以重叠或者相互穿过,而不会彼此相互转动。

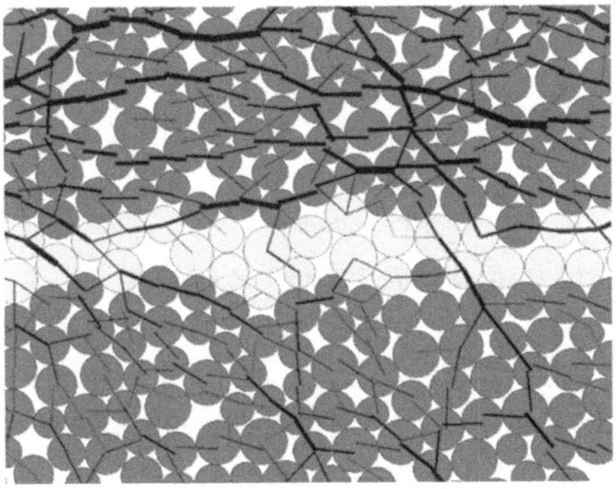

图 5-7　采用删除黏结的方式生成节理

平滑节理模型作用的这些接触面就像在圆形横截面上均匀布置了一组弹簧。圆形横截面的面积为:

$$A=\pi\overline{R}^2 \tag{5-1}$$

式中,$\overline{R}$ 为圆形横截面的半径。

$$\overline{R}=\overline{\lambda}\min(R^A,R^B) \tag{5-2}$$

式中,$\overline{\lambda}$ 为平滑节理作用半径的系数(默认为 1.0);R^A、R^B 分别为两个接触颗粒体的半径。

在本章中,接触面上的平滑节理模型设置为非黏结模型,即两个节理表面之间没有强度(抗拉强度及抗剪强度),用于模拟在物理试验中预制的节理。因此,平滑节理模型包含的微观力学参数为法向刚度 $\overline{k}_{nj}$、切向刚度 $\overline{k}_{sj}$、摩擦系数 μ_j、膨胀角 ψ_j。

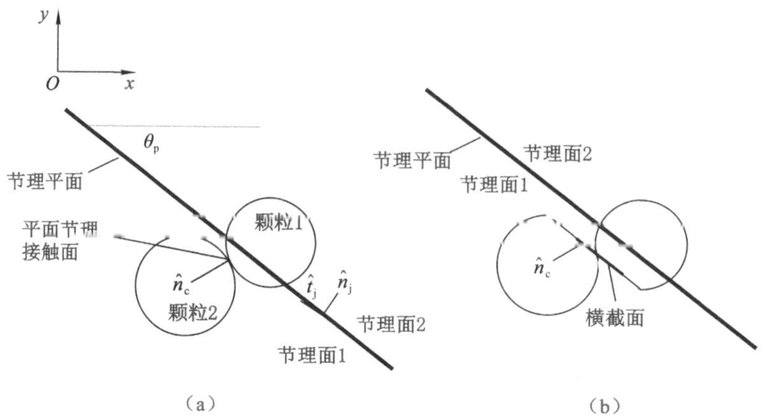

图 5-8　平滑节理模型的物理性质[99]

5.3.2.3　平滑节理微观力学参数的确定

当平滑节理模型作用在节理平面两侧颗粒体的接触面上时，首先进行以下运算：

(1) 接触面上的平行黏结模型会被删除，并被平滑节理模型替代。

(2) 接触面上的力学性质不改变，与完整材料力学性质相同。

$$\bar{k}_{nj} = k_n/A + \bar{k}_n \tag{5-3}$$

$$\bar{k}_{sj} = k_s/A + \bar{k}_s \tag{5-4}$$

$$\mu_j = \mu \tag{5-5}$$

$$\psi_j = 0 \tag{5-6}$$

(3) 节理表面上的作用力、位移及间距都设为 0。

上述节理微观力学参数可以根据物理模型设置或根据工程现场条件进行调整。在物理模型试验中，节理是通过在浇筑过程中插入 2.0 mm 厚的钢片预制的。在去除钢片后，所留的节理采用滑石粉填充，并用石膏封口，用以模拟光滑的节理表面。图 5-9 所示为在物理模型测试完成后所暴露出来的节理表面[1-2]。节理表面光滑且新鲜，未发生风化。因此，节理表面的法向刚度及摩擦系数应略低于完整材料的。在本章中，法向刚度和切向刚度首先分别赋值为 1.36×10^{10} N/m^3 和 0.45×10^{10} N/m^3，见表 5-3。但是在断续节理岩体颗粒流数值模型中，节理的刚度和摩擦系数需要通过校验进一步确定，即依次调整微观力学参数的大小，直至断续节理岩体颗粒流数值模型的宏观力学性质与物理试验结果一致。图 5-10 为节理的摩擦系数和刚度(法向刚度和切向刚度)对断续节理岩体颗粒流数值模型抗压强度的影响规律。

如图 5-10(a)所示，当节理倾角 $\alpha=30°$时，摩擦系数对断续节理岩体的强度具有重要的影响。当 $\alpha=30°$时，随着节理摩擦系数的增大，断续节理岩体颗粒流数值模型的强度也随着增大；当 $\mu_j=0.40$ 时，断续节理岩体模型的强度与物理试验强度较接近。当$\alpha=45°$时，断续节理岩体模型的强度随着节理摩擦系数的增大而增大，但是增大的幅度较 $\alpha=30°$时的低。当 $\alpha=60°$时，随着节理摩擦系数从 0.30 增大到 0.45，断续节理岩体颗粒流数值模型的强度并没有发生较大变化。

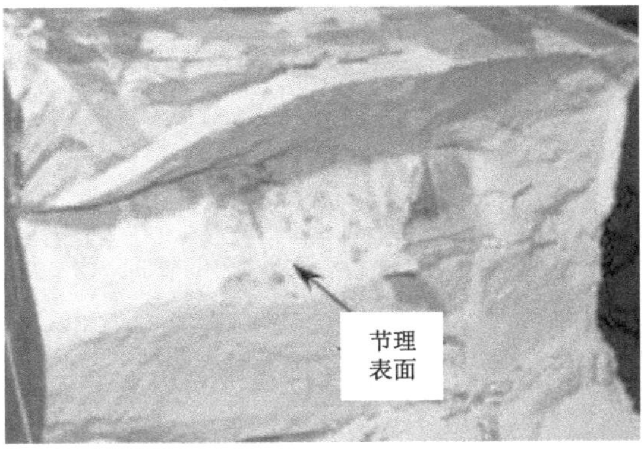

图 5-9　物理模型中的节理表面

表 5-3　平滑节理微观力学参数

微观力学参数	完整材料参数(平均值)	平滑节理微观参数赋值
$\overline{k}_{nj}$/(N/m³)	10.30×10^{10}	1.36×10^{10}、1.36×10^{9}、1.36×10^{8}
$\overline{k}_{sj}$/(N/m³)	6.06×10^{10}	$\frac{1}{3}\overline{k}_{nj}$、$\frac{1}{30}\overline{k}_{nj}$、$\frac{1}{300}\overline{k}_{nj}$
μ_j	0.60	0.30/0.35/0.40/0.45
ψ	0	0

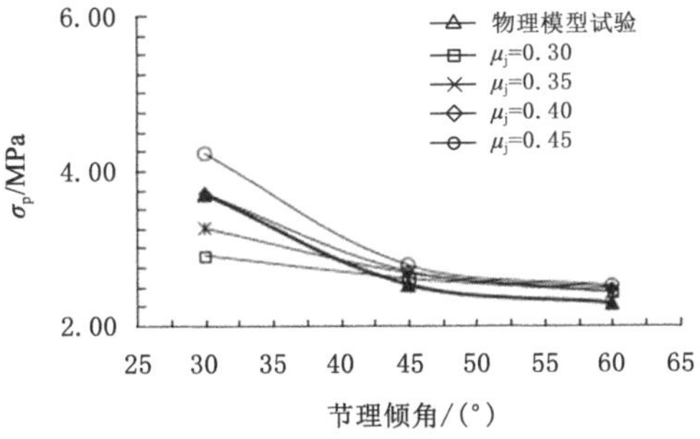

(a)

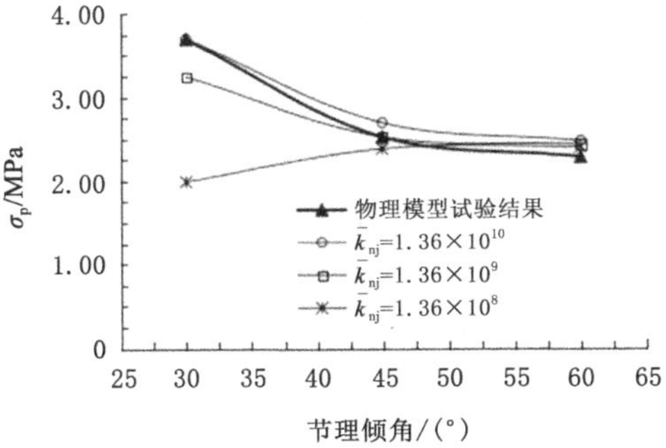

(b)

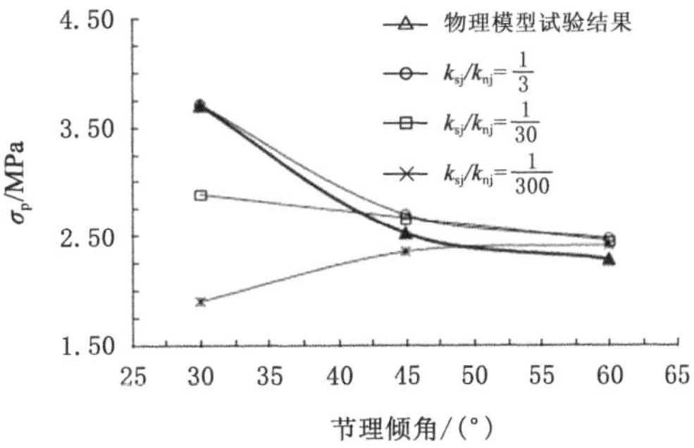

(c)

图 5-10　断续节理岩体颗粒流模型强度随节理微观力学参数的变化规律

图 5-10(b)所示为断续节理岩体颗粒流数值模型的强度随节理法向刚度 $\overline{k}_{nj}$ 的变化情况。平滑节理的法向刚度由 1.36×10^{10} N/m^3 变化至 1.36×10^{8} N/m^3，$\overline{k}_{sj}/\overline{k}_{nj}=1/3$、$\mu_j=0.40$、$\psi=0$ 不变。如图 5-10(b)所示，平滑节理法向刚度的改变主要影响 $\alpha=30°$时节理岩体的强度：法向刚度越大，节理岩体的强度就越大。当 $\overline{k}_{nj}=1.36\times10^{10}$ N/m^3 时，断续节理岩体颗粒流数值模型的强度与物理试验强度较为接近。当 $\alpha=45°$和 $\alpha=60°$时，法向刚度对节理岩体强度的影响较小一些。图 5-10(c)所示为断续节理岩体颗粒流数值模型强度随刚度系数 $\overline{k}_{sj}/\overline{k}_{nj}$ 的变化情况。此时，保持 $\overline{k}_{nj}=1.36\times10^{10}$ N/m^3、$\mu_j=0.40$、$\psi=0$ 不变。当节理倾角 $\alpha=30°$时，刚度系数 $\overline{k}_{sj}/\overline{k}_{nj}$ 对节理岩体的强度具有重要的影响；刚度系数越大，节理岩体的强度就越大。当 $\overline{k}_{sj}/\overline{k}_{nj}=1/3$ 时，节理岩体模型的强度与物理试验强度较接近。当 $\alpha=45°$和 $\alpha=60°$时，刚度系数对节理岩体强度的影响较小。因此，根据上述节理微观力学参数的校验过程，可以选定节理微观参数：$\overline{k}_{nj}=1.36\times10^{10}$ N/m^3、$\overline{k}_{sj}/\overline{k}_{nj}=1/3$、$\mu_j=0.40$、$\psi=0$。在校验获得的完整材料和节理微观力学参数的基础上，断续节理岩体颗粒流数值模型强度与物理模型试验获得的结果具有较好的一致性。表 5-4 为颗粒流数值模型数值计算结果与物理模型试验结果(抗压强度)的对比。

表 5-4　颗粒流数值模型数值计算结果与物理试验结果(抗压强度)的对比

节理倾角 α	物理试验结果	数值计算结果	相对偏差
30°	3.69 MPa	3.70 MPa	0.3%
45°	2.52 MPa	2.69 MPa	6.7%
60°	2.28 MPa	2.47 MPa	7.3%

5.3.3　断续节理岩体颗粒流数值模型破坏模式验证

图 5-11 所示为断续节理岩体颗粒流数值模型的破坏模式与物理试验结果的对比。岩体节理倾角分别为 30°、45°、60°。如图 5-11 所示，当 $\alpha=30°$时，断续节理岩体物理模型的破裂面通过靠近自由面的节理 1、3、6 形成阶梯形破坏。相应的，断续节理岩体颗粒流数值模型也是形成阶梯形破裂面破坏。颗粒流完整材料的破坏是在平行黏结键破裂时形成微观裂隙。微观裂隙形成的破裂带与预制节理一起形成宏观破裂面。当宏观破裂面贯穿整个节理岩体模型时，认为节理岩体破坏。

当 $\alpha=45°$时，断续节理岩体物理模型形成通过预制节理 2、5、6 的主破裂面。宏观裂缝主要出现在节理 2 内尖端与顶墙之间的岩桥中，以及节理 2 外尖端与节理 5 外尖端之间的岩桥中。随着节理 5 和节理 6 之间宏观裂缝的出现，新生的宏观裂缝与预制节理一起形成破裂面，将节理岩体物理模型分成两个部分。断续节理岩体颗粒流数值模型在 $\alpha=45°$时形成了与物理模型类似的宏观破裂面，如图 5-11 所示。同时，颗粒流数值模型在左右底部出现了与物理模型类似的破裂面。位移矢量图指出根据位移矢量的大小，由自由面向模型内部形成明显的几个分区。由自由面向模型内部，位移矢量逐渐减小。

当 $\alpha=60°$时，在物理模型中主要出现三个破裂面：① 沿节理 1 方向；② 沿节理 2 和

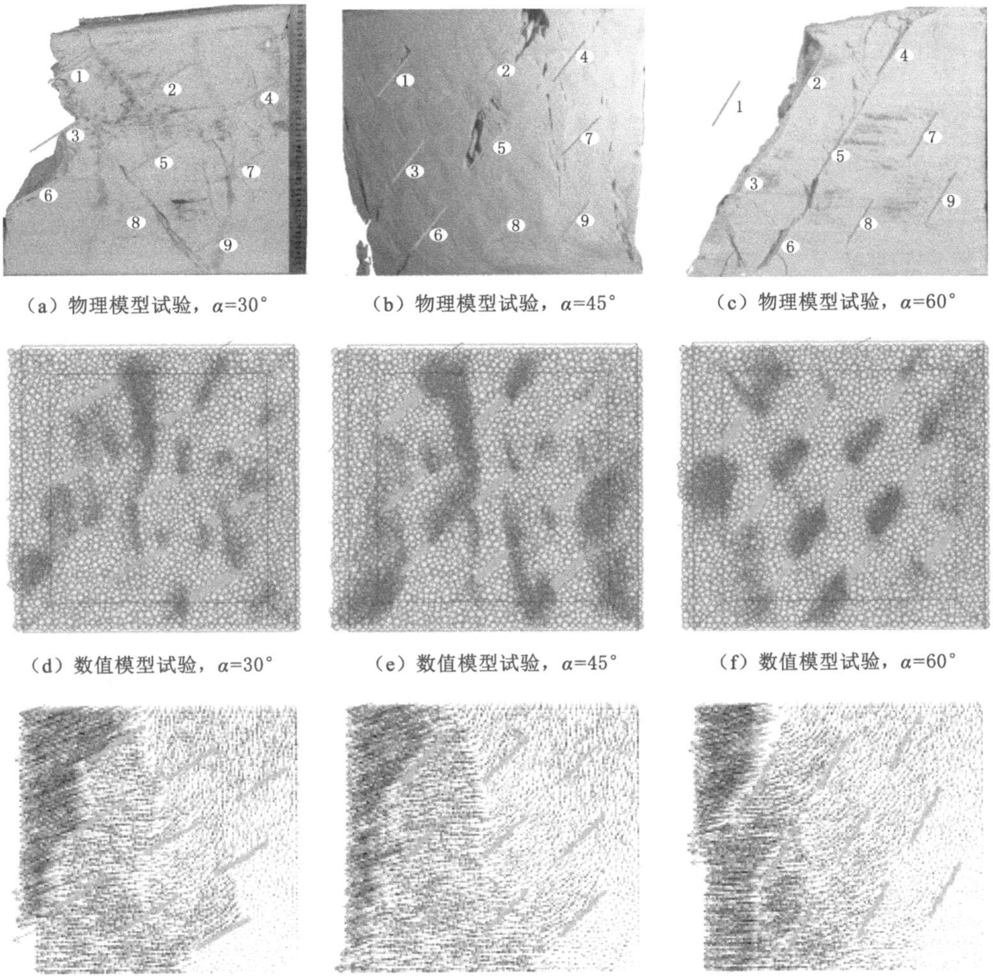

（a）物理模型试验，α=30°　（b）物理模型试验，α=45°　（c）物理模型试验，α=60°

（d）数值模型试验，α=30°　（e）数值模型试验，α=45°　（f）数值模型试验，α=60°

（g）位移矢量图，α=30°　（e）数值模型试验，α=45°　（f）数值模型试验，α=60°

图 5-11　断续节理岩体颗粒流数值模型的破坏模式与物理模型试验结果的对比

节理 3 方向；③ 沿节理 4、节理 5、节理 6 方向。在压力作用下，物理模型破坏形成几个沿节理倾斜方向的梁形块体。类似的破坏模式在颗粒流数值模型中同样出现。除此之外，在颗粒流数值模型中沿节理 7 和节理 8 也出现了宏观破裂面，这在物理模型中是没有的。考虑其原因，可能是颗粒流数值模型在峰后阶段出现了较物理模型更大一些的位移变形量。如图 5-11 所示，在α＝60°时颗粒流数值模型中沿节理平面的岩桥中出现了大量平行黏结破坏，进而与预制节理一起形成宏观破裂面。这些宏观破裂面导致大量梁形岩块的形成，并沿着破裂面向自由面滑移。位移矢量图指出破裂面之间的岩块向自由面滑移的状态，与物理模型的破坏形式一致。因此，上述对模型破坏形式的对比表明在合理确定完整材料和节理力学参数的基础上，颗粒流数值模型可以反演物理试验模型的破坏模式。

5.4 断续节理岩体节理倾角力学效应

上述经过校验的断续节理岩体颗粒流数值模型在本节中用于研究节理倾角对节理岩体破坏模式、强度及变形性质的影响规律。节理倾角 α 由 0°每隔 15°变化到 90°,共 7 个工况。为方便研究,在自由面上未施加支护力,即 $\sigma_3=0$ MPa。

5.4.1 节理倾角对断续节理岩体破坏模式的影响

图 5-12 所示为不同节理倾角时断续节理岩体颗粒流数值模型的渐进破坏过程。除了含预制节理的岩体模型(岩体 B～H),对不含预制节理的岩体模型(岩体 A,作为对照)同样进行了压缩试验。断续节理岩体破坏过程中不同应力条件下沿 σ_2 方向截面上所有生成的微观裂隙(即平行黏结破坏)显示在图片中。对于每种工况,图 5-12 中列出了 4 幅不同应力-应变阶段的破坏图像。第 1 幅为节理岩体在压缩过程中刚开始出现微观裂隙时的图像;第 2 幅为节理岩体在压缩过程中应力达到峰值时的图像,即 $\sigma_1=\sigma_p$;第 3 幅为节理岩体在压缩过程中峰后阶段应力为 $0.85\sigma_p$ 时的图像;第 4 幅为节理岩体在压缩过程中峰后阶段应力为 $0.55\sigma_p$ 时的图像。此外,为了更好地弄清节理岩体在压缩过程中的破坏过程,图 5-12 列出了上述 4 个阶段的位移矢量图。由图 5-12 可知节理倾角对节理岩体的破坏过程具有重要的影响,并根据最后的破坏形态总结为以下三种破坏模式:

(1) 模式Ⅰ:完整材料破坏,包括岩体 A(无节理)、岩体 B($\alpha=0°$)、岩体 C($\alpha=15°$)和岩体 H($\alpha=90°$)。

岩体 A 为不含预制节理的完整试件。当在试件的顶墙施加竖向荷载时,微观裂隙(平行黏结破坏)首先出现在接近自由面的左上角处。随后大量的微观裂隙形成宏观的破裂面,并进一步向右下方发展。宏观破裂面的发展方向与自由面的夹角约为 32°。当节理岩体所受压应力达到峰后 $0.85\sigma_p$ 时,宏观破裂面到达底墙。随后,在节理岩体模型的右上角开始出现大量的微观裂隙。同时,初始形成的宏观破裂面进一步发展,破裂面的宽度也进一步增大。

在隧道开挖后,暴露出来的开挖自由面会改变围岩体中的原岩应力状态,并进一步导致围岩体变形膨胀。在自由面处首先出现应力集中,当应力大于岩石强度时,岩石破坏。随后,破裂面由自由面逐渐向围岩体内部发展,直到形成新的力学平衡。若围岩体比较完整,则破裂面的发展较平缓。岩体 A 的数值计算结果比较完整地重现了隧道开挖后完整围岩体的破裂演化过程。因此,上述破坏模式可以称为完整材料破坏。在图 5-12 中,岩体 B、C 均表现出此类破坏模式。

在岩体 B($\alpha=0°$)和岩体 C($\alpha=15°$)中,大量的微观裂隙(平行黏结破坏)首先出现在岩体模型中靠近自由面的左上角。与岩体 A 不同的是,虽然在峰值强度时大量的微观裂隙汇聚形成宏观破裂面,该宏观破裂面的发展通过多个预制节理的尖端。随着宏观破裂面在 $0.85\sigma_p$ 时到达底墙后进一步向岩体模型的右上角发展,并逐一通过多个预制节理的尖端,如图 5-12(11)所示。宏观破裂面在 $0.55\sigma_p$ 时,在岩体模型的右上角出现了新的微观节理,岩体模型加速破坏。

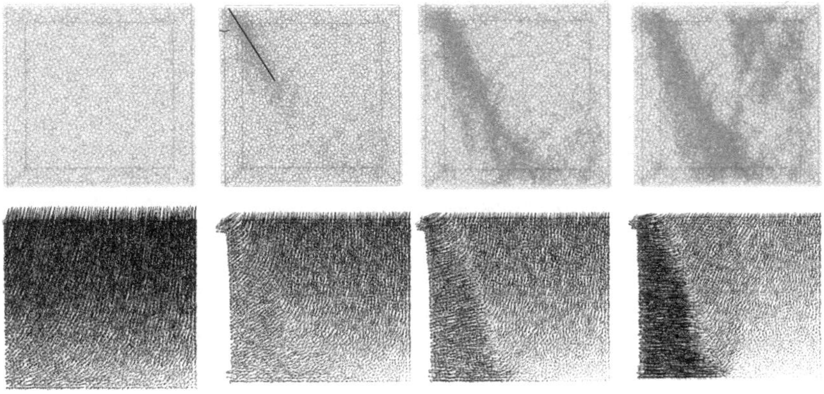

（1）岩体A无节理，起裂　（2）岩体A无节理，峰值强度(σ_p)　（3）岩体A无节理，峰后1(0.85σ_p)　（4）岩体A无节理，峰后2(0.55σ_p)

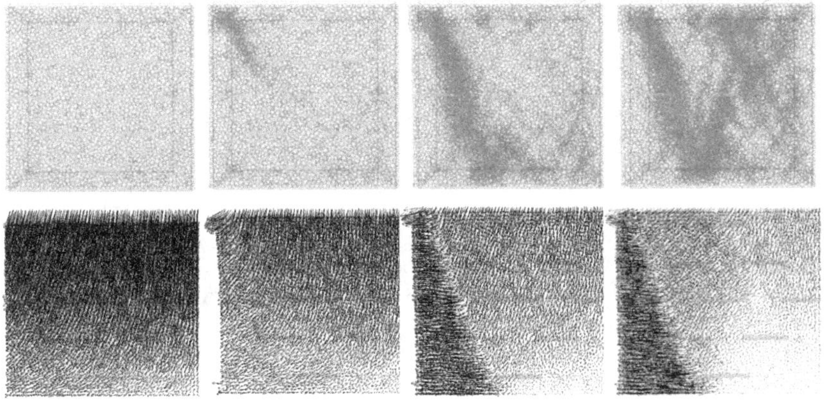

（5）岩体B, α=0°，起裂　（6）岩体B, α=0°，峰值强度(σ_p)　（7）岩体B, α=0°，峰后1(0.85σ_p)　（8）岩体B, α=0°，峰后2(0.85σ_p)

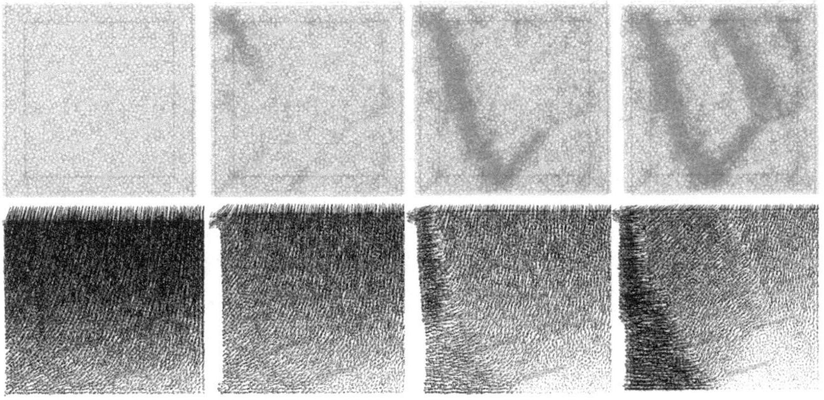

（9）岩体C, α=15°，起裂　（10）岩体C, α=15°，峰值强度(σ_p)　（11）岩体C, α=15°，峰后1(0.85σ_p)　（12）岩体C, α=15°，峰后2(0.55σ_p)

图 5-12　不同节理倾角时节理岩体的破坏模式及相应的位移矢量图

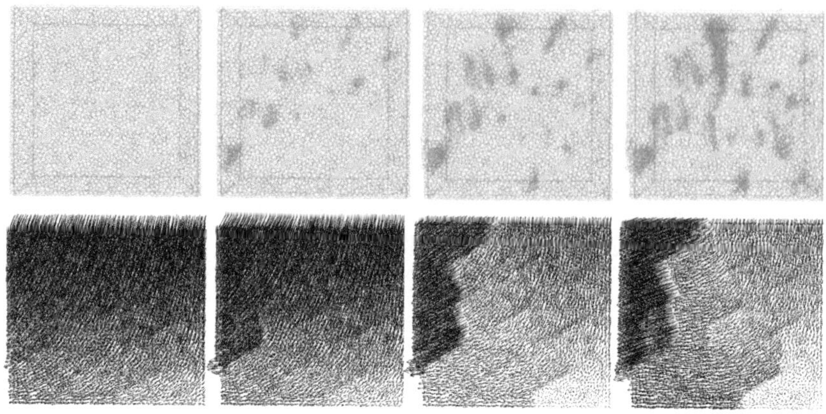

（13）岩体D, α=30°，起裂　（14）岩体D, α=30°，峰值强度(σ_p)　（15）岩体D, α=30°，峰后1(0.85σ_p)　（16）岩体D, α=30°，峰后2(0.55σ_p)

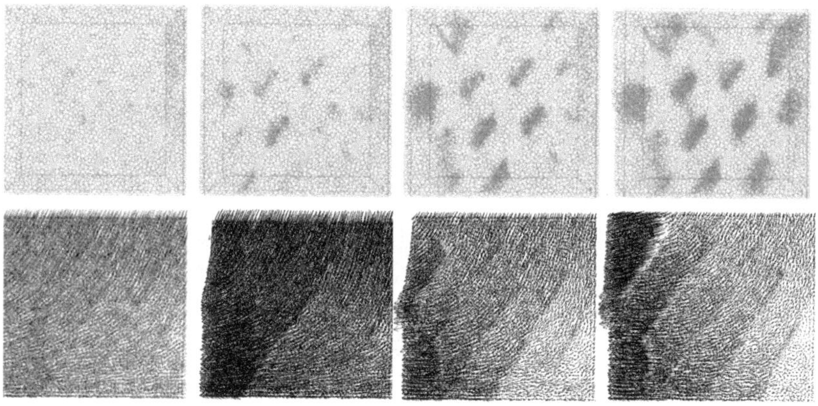

（17）岩体E, α=45°，起裂　（18）岩体E, α=45°，峰值强度(σ_p)　（19）岩体E, α=45°，峰后1(0.85σ_p)　（20）岩体E, α=45°，峰后2(0.55σ_p)

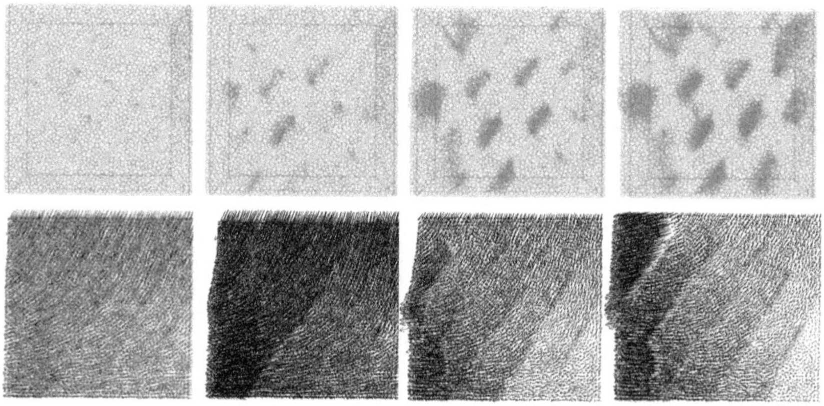

（21）岩体F, α=60°，起裂　（22）岩体F, α=60°，峰值强度(σ_p)　（23）岩体F, α=60°，峰后1(0.85σ_p)　（24）岩体F, α=60°，峰后2(0.55σ_p)

图 5-12 （续）

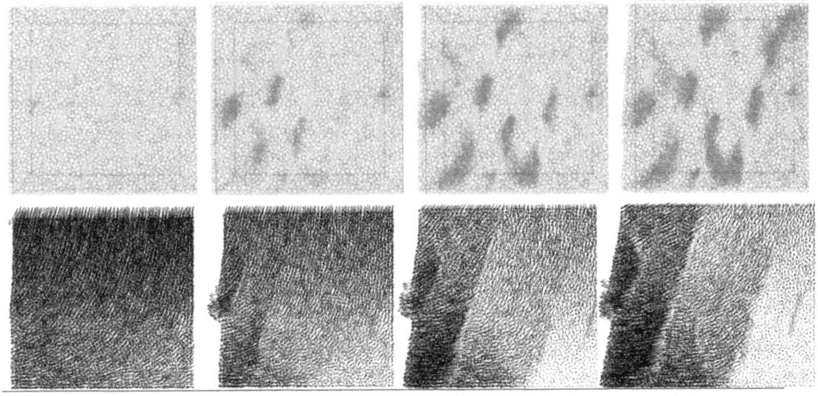

(25) 岩体G, α=75°, 起裂　(26) 岩体G, α=75°, 峰值强度(σ_p)　(27) 岩体G, α=75°, 峰后1(0.85σ_p)　(28) 岩体G, α=75°, 峰后2(0.55σ_p)

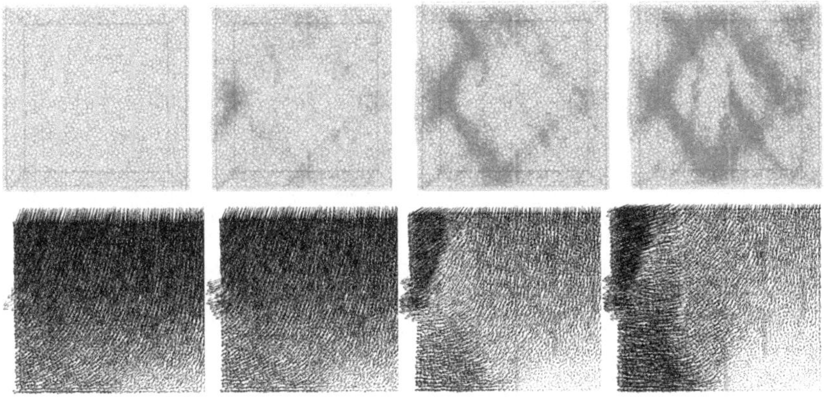

(29) 岩体H, α=90°, 起裂　(30) 岩体H, α=90°, 峰值强度(σ_p)　(31) 岩体H, α=90°, 峰后1(0.85σ_p)　(32) 岩体H, α=90°, 峰后2(0.55σ_p)

图 5-12 (续)

在含有竖直预制节理的模型(岩体 H,α=90°)中,微观裂隙首先在自由面与相近预制节理间的岩块中产生。随后,两条宏观节理表面自此分别向顶墙和底墙发展,并对称地逐一通过附近预制节理的尖端。虽然在岩体 B、C 和 H 中宏观破裂面的发展受到了预制节理的影响,但是整体的破坏过程与岩体 A 较接近,因此将它们的破坏模式可以归结为完整材料破坏。此外,在岩体 A、B、C 和 H 中,相应的矢量位移图表明新生的宏观破裂面(不包括预制节理表面)与自由面形成楔形体,并与模型整体分离开来。

(2) 模式Ⅱ:阶梯形破坏,包括岩体 D(α=30°)。

对于岩体 D(α=30°),其破坏模式与上述含有较小倾角或不含预制节理的模型破坏模式存在较大区别。微观裂隙首先在中间一列预制节理的尖端处开始出现,随后模型右上部中的预制节理尖端均出现微观裂隙,并且新生的微观裂隙沿与预制节理表面垂直的方向发展。当施加的垂直应力达到峰后 0.85σ_p 时,新生的裂隙与靠近自由面的 3 个预制节理共同形成宏观破裂面,并将左上部的岩体从模型中分离开来。当左上部的岩体失去承载力,大量的微观裂隙开始在模型内部形成。虽然在岩体模型 D 中破坏形成的宏观破裂面较为复杂,在靠近自由面阶梯形的宏观破裂面(图 5-12 中岩体 D)是岩体模型失去承载力的主要原因，因此将该模型的破坏形式归结为阶梯形破坏。

(3) 模式Ⅲ：平面破坏模式，包括岩体 F($\alpha=60°$)和岩体 G($\alpha=75°$)。

当节理倾角增大至 60°(岩体 F)时，所有预制节理的尖端同时开始产生微观裂隙，并沿着节理倾向发展。因此，位于同一平面上的预制节理会通过新生破裂面连通，形成贯穿整个模型的宏观破裂面。多组平行的宏观破裂面将模型整体分割成多个梁形岩块，并进一步断裂成体积较小的岩块，如图 5-12(24)所示。当节理倾角增大至 75°(岩体 G)时，微观裂隙首先在接近自由面预制节理的外尖端处产生。随后，在第二列和第三列预制节理之间的完整岩石材料中出现大量微观裂隙，并沿与节理表面平行的方向发展。随着竖向应力的增大，微观裂隙开始由外向内发展，并在 $\sigma_1=0.85\sigma_p$ 时开始形成第一个从顶墙至底墙贯穿整个模型的宏观破裂面。在 $\sigma_1=0.55\sigma_p$ 时，沿着第 4 列预制节理表面形成第二个贯穿模型的宏观破裂面。此类沿着预制节理平面形成宏观破裂面的破坏称为平面破坏模式。由位移矢量图可以看出在 $\alpha=60°$ 和 $\alpha=75°$ 时位移矢量的大小在预制节理表面处形成了明显的分界线。

对于岩体 E($\alpha=45°$)，由图中可知在模型中同时发生了阶梯形破坏和平面破坏。因此，相比其他岩体模型，岩体 E 产生了更复杂的破坏形式。在竖向压应力作用下，在所有预制节理的尖端处同时产生了微观裂隙。在 $\sigma_1=0.55\sigma_p$ 时，微观裂隙以翼裂隙的方式沿着与预制节理垂直的方向发展。随后，大量微观裂隙形成破裂面与预制节理一起形成多条贯穿模型的宏观破裂面。相应的位移矢量图与岩体破坏模式图具有较好的一致性，且位移矢量图指出了靠近自由面的楔形体与模型整体的分离。

5.4.2 节理倾角对断续节理岩体强度性质的影响

岩体强度是进行隧道工程支护设计和稳定性控制的重要依据。本节提出了一种含断续节理隧道围岩体强度性质的数值计算方法。图 5-13 所示为预制节理倾角对岩体抗压强度 σ_p 的影响规律。为了更好地比较含节理岩体强度与完整岩体强度的关系，图中断续节理岩体强度均采用完整岩体模型(岩体 A)的强度进行归一化处理。

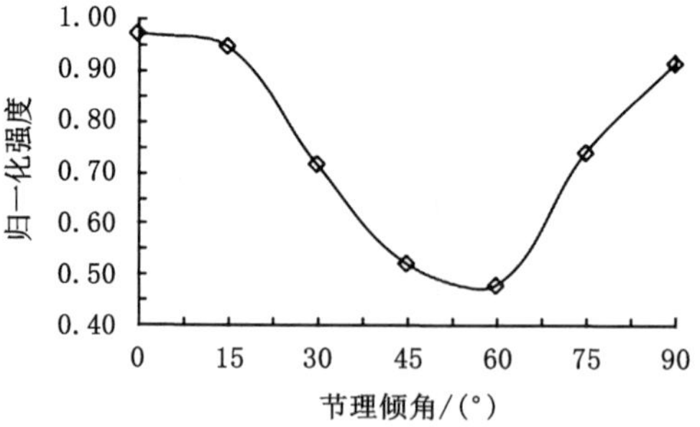

图 5-13　断续节理岩体归一化强度随节理倾角的变化曲线

如图 5-13 所示，节理倾角对断续节理岩体强度具有重要的影响。岩体 B($\alpha=0°$)的强度最高，约为完整岩体试件强度的 97.3%，这主要是因为岩体 B 与岩体 A 在压缩作用下表现出相同的破坏模式——完整材料破坏。虽然在岩体 B 中预制节理尖端效应影响了宏观破裂面的发展，这些闭合预制节理对岩体的强度性质的影响较小。此外，岩体 C 和岩体 H 的强度也较高，分别为完整岩体模型强度的 94.8% 和 91.5%。这些岩体模型均表现出与完整岩体类似的破坏过程。

需要注意的是，在 $\alpha=90°$ 时虽然岩体强度较高，但是较 $\alpha=0°$ 时的强度低一些，这与连续节理岩体的强度分布规律类似。当 $\alpha=0°$ 时，节理表面上法向应力的增量远高于切向应力的增量，因此沿节理平面上的完整岩石材料不易发生破坏(张拉破坏或剪切破坏)。含水平预制节理的岩体的破坏模式与各向同性的完整岩石材料的类似[147-148]。该规律适用于连续节理岩体和断续节理岩体。如图 5-14 所示含有竖向断续节理的模型中，在预制节理与自由面之间的岩石材料(岩块)中较容易产生应力集中，并导致该区域与岩体模型的分离。大量微观裂隙(平行黏结破坏)出现在该区域使其失去承载力，并形成靠近自由面的缺陷。正是该缺陷，使含有竖直预制节理($\alpha=90°$)岩体的强度较含有水平预制节理($\alpha=0°$)岩体的强度低。在工程实践中，应该采取措施消除自由面与节理表面之间缺陷的影响，达到提高围岩稳定性的效果。

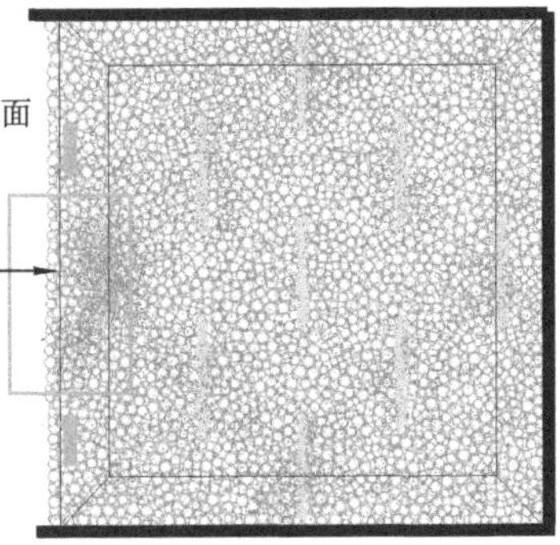

图 5-14　含竖直预制节理的岩体模型

如图 5-13 所示，当节理倾角从 15°增大至 30°时岩体强度大幅度减小，由完整岩体强度的 0.95 减小为 0.72。这主要是因为破坏模式由模式Ⅰ(完整材料破坏)变为模式Ⅱ(阶梯形破坏)。阶梯形破裂面将左上部分从模型中分离开来，并滑向岩体的自由面。靠近自由面的 3 个预制节理造成岩体模型局部破坏，降低岩体的承载力性质。

当节理倾角为 45°时(岩体 E)，预制节理表面上的剪切应力分量大幅度增加，使大量微观裂隙在预制节理的尖端处产生，形成宏观翼裂缝，如图 5-12(18)所示。需要注意的是，在岩体 E 中所有预制节理(9 条预制节理)的尖端同时产生微观裂隙，与岩体 D 中只在靠近自由面的预制节理尖端产生微观裂隙不同。大范围分布的微观裂隙使节理岩体整体产生损伤，而不局限于局部区域产生损伤。所以，岩体 E($\alpha=45°$)较岩体 D($\alpha=30°$)的强度更低。

当节理倾角为 60°(岩体 F)时，断续节理岩体的强度最低，约为完整岩体强度的 0.48。由图 5-12 可知岩体 F 发生平面破坏模式。在此条件下，断续节理岩体的承载力主要由节理平面上的岩桥提供。由 Jennings 的强度理论[135]可知含节理岩体强度可以通过计算节理强度与岩桥强度的线性组合获得。因此，非黏结的平滑预制节理(不具备张拉和剪切强度)是岩体强度大幅度降低的重要原因。当预制节理平面上的岩桥破坏时，新生破裂面与预制节理表面形成贯穿模型的宏观破裂面，将节理岩体分割成多个梁形岩块，并沿着破裂面滑向开挖自由面(图 5-12 中岩体 F 位移矢量图)。在隧道工程中，此类型的破坏可能对工程设施和工人造成灾难性伤害。因此，当隧道围岩体中节理倾斜角为 60°左右时，应该采取合理措施进行稳定性控制，防止灾害发生。

当 $\alpha=75°$时，虽然岩体的破坏模式为平面破坏，但宏观破裂面主要位于靠近自由面位置处，因此发生的是局部破坏。因此，当 $\alpha=75°$时断续节理岩体的强度较 $\alpha=60°$时节理岩体的强度高。上述对节理岩体强度的分析表明隧道开挖后围岩体的强度性质受到节理倾角的重要影响。在一定节理倾角条件下，节理的存在造成岩体的整体性破坏，使节理岩体的强度较完整岩体强度发生较大程度衰减。而在另外一定节理倾角条件下，节理的存在造成岩体的局部性破坏，使断续节理岩体的强度较完整岩体强度产生较小程度的衰减，即发生整体性破坏的岩体强度较发生局部破坏的岩体的强度低。

5.4.3 节理倾角对断续节理岩体变形性质的影响

在隧道工程中，围岩体的收敛变形是评价隧道稳定性的重要指标。在隧道开挖过程中，围岩体收敛变形的测量也是动态预测工程工作环境的方法。在本书中，自由面的变形可以作为隧道围岩体的收敛变形。因此，预制断续节理对隧道围岩体收敛变形的影响可以进行量化分析。为了获得自由面收敛变形量，在断续节理岩体模型压缩过程中生成一个紧贴自由面的墙体，如图 5-16 所示。当自由面产生位移时，测量墙体也会随之产生平行移动。该墙体的位移变化量可以作为自由面的收敛变形量。由图 5-15 可知：自由面上的颗粒体所发生的位移变化量具有一定的差异，而测量墙体始终以极小的应力紧贴在最外侧的颗粒体上，所以测量墙体获得的位移变形量是自由面上颗粒体位移变化量的最大值。

由图 5-2(a)中概念模型可知自由面的收敛变形量是与顶墙的位移变化量相关的。因此，为了更加清楚地说明预制节理倾角对自由面变形性质的影响，使用测量墙体获得的应变量(ε_3)与模型的竖向应变量(ε_1)的比值(不考虑 ε_1 和 ε_3 正负值情况)进行自由面收敛变形分析。图 5-16 所示为 $\varepsilon_3/\varepsilon_1$ 随竖向应变量 ε_1 的变化规律。在压缩条件下，$\varepsilon_3/\varepsilon_1$ 的变化可以分为三个阶段：

阶段Ⅰ：在开始进行压缩试验时，前墙会被删除，取代其的是测量墙体(图 5-15)。该过程中，初始应力释放导致完整材料发生弹性变形。在该阶段，自由面的收敛变形量是由自由面处的应力释放和在初始应力条件下材料的泊松效应造成的。此时，由于竖向应力 σ_1 较小，竖向应变 ε_1 也较小。因此，在阶段Ⅰ不同节理倾角条件下 $\varepsilon_3/\varepsilon_1$ 都较大，分布在 4.5～6.5 之间。随着完整材料弹性应变的快速释放，$\varepsilon_3/\varepsilon_1$ 大幅降低。

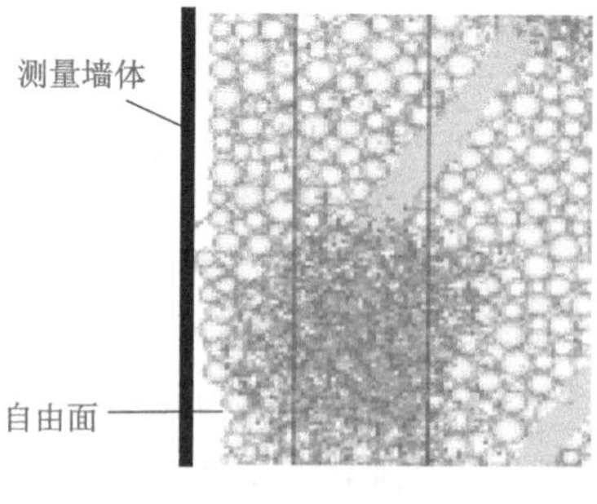

图 5-15 收敛变形测量墙体及自由面

阶段Ⅱ：随着 ε_1 的增大，岩体模型中的微观裂隙逐渐增多，岩体模型也发生相对稳定的变

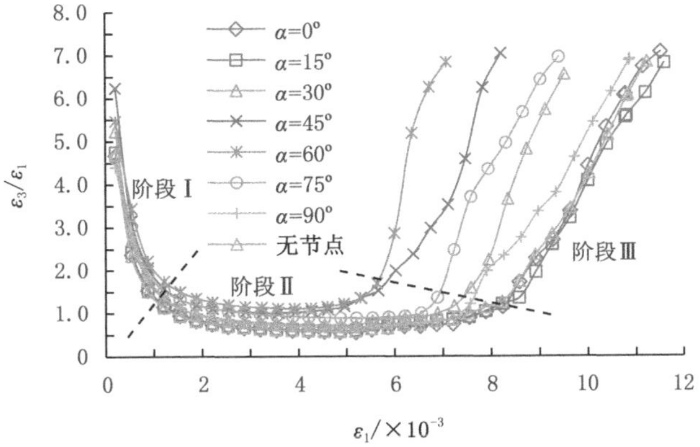

图 5-16　$\varepsilon_3/\varepsilon_1$ 随竖向应变量 ε_1 的变化规律

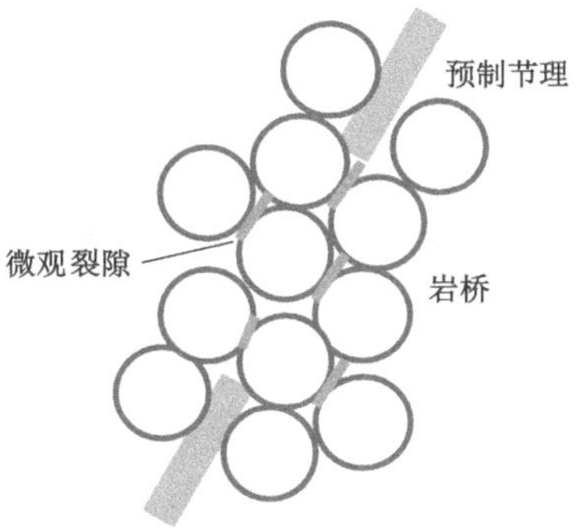

图 5-17　岩桥发生破坏

形。在该阶段，$\varepsilon_3/\varepsilon_1$ 稳定在 1.0 左右，且随着预制节理倾角的不同而不同，如图 5-16 中阶段Ⅱ所示。对于不含预制节理的岩体模型，$\varepsilon_3/\varepsilon_1$ 约为 0.5(低于 1.0)。由于在 σ_2 方向上应力较小，相应的应变量 ε_2 也较小，在本书中不予考虑。当 $\varepsilon_3/\varepsilon_1$ 小于 1.0 时，模型的体积是收缩的。从微观角度分析，模型中的颗粒集合体主要发生两种变化：一方面颗粒之间相互挤压，空隙率减小；另一方面，颗粒间的平行黏结断裂，产生新的间隙。对于不含预制节理的岩体模型，主要发生的是颗粒之间的相互挤压使空隙率减小，进而导致岩体模型体积减小。对于岩体 B($\alpha=0°$)、岩体 C($\alpha=15°$)、岩体 D($\alpha=90°$)，阶段Ⅱ时 $\varepsilon_3/\varepsilon_1$ 均小于 1.0。

对于岩体 E($\alpha=45°$)、岩体 F($\alpha=60°$)和岩体 G($\alpha=75°$)，在阶段Ⅱ时 $\varepsilon_3/\varepsilon_1$ 均大于或等于 1.0。在该阶段节理岩体模型自由面的位移变化量大于或等于模型竖向位移变化量。以上三种岩体模型在压缩条件下均发生平面破坏模式，即随着节理表面上剪切应力的增大，节理之间的岩桥沿节理表面方向破坏，如图 5-18 所示。岩桥中新生破裂面与预制的平滑节理平面不同，存在一定的粗糙度；在剪切应力作用下滑移时，岩体会沿破裂面发生体积膨胀，进而自由面的位移变化量增大。在隧道开挖中，围岩体的剪切滑移破坏往往导致较为严重的收敛变形。根据本章中数值计算结果分析可知：当围岩体中存在 45°～75°节理平面时，围岩容易产生剪切滑移，并引起较大的收敛变形。

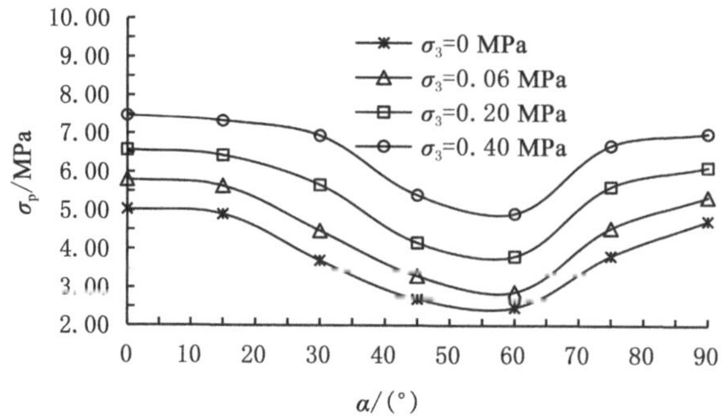

图 5-18　不同支护应力条件下断续节理岩体抗压强度分布规律

阶段Ⅲ：当断续节理岩体模型失去承载力时，大量的微观裂隙产生且合成为多条宏观破裂面，将岩体模型分割为多个较小的岩石块体。这些较小的岩石块体之间相互扭转、滑移，大幅度增加了岩体模型的孔隙率，并驱使开挖自由面的大幅度位移变化。在阶段Ⅲ，不同节理倾角条件下 $\varepsilon_3/\varepsilon_1$ 均呈增大趋势。

5.5　支护应力作用下断续节理岩体节理倾角力学效应

5.5.1　支护应力对断续节理岩体强度性质的影响

图 5-18 所示为不同支护应力条件下断续节理岩体的强度随节理倾角变化分布规律。由图 5-18 可知：施加在自由面上的支护应力(σ_3)大幅度提高了不同倾角断续节理岩体的抗压强度。在不同支护应力条件下，断续节理岩体抗压强度随节理倾角的分布规律没有发生变化，如最小抗压强度发生在 $\alpha=60°$ 时，而最大抗压强度发生在 $\alpha=0°$ 时。但是，断续节理岩体强度的增幅是随着节理倾角的不同而不同的，如图 5-19 所示。由图 5-19 可知：在 $\alpha=30°$ 时随着支护应力的增大，断续节理岩体抗压强度的增幅最大，在 $\alpha=75°$ 时随着支护应力的增大，断续节理岩体抗压强度的增幅次之。进一步分析，当支护应力为 0.06 MPa($\sigma_3=0.06$ MPa)时，断续节理岩体抗压强度的平均增幅为 0.66 MPa，表明断续节理岩体强度的增幅达到支护应力的 10 倍以上，这与 R. E. Goodman[12] 的结论相一致。然而，当支护应力为 0.20 MPa 和 0.40 MPa 时，断续节理岩体抗压强度的增幅与支护应力的比值分别降低为 7.9 和 6.6。因此，虽然提高支护力是提高断续节理岩体承载能力的有效措施，但是其效果随着支护应力的增大而降低，且支护应力的增大会大幅度提高支护成本。

5.5.2　支护应力对断续节理岩体变形性质的影响

图 5-20 和图 5-21 分别为支护应力 $\sigma_3=0.06$ MPa 和 $\sigma_3=0.40$ MPa 时断续节理岩体自由面收敛变形随节理倾角的变化规律。与无支护应力条件下相比(图 5-16)，图 5-20 和图 5-21 表明施加支护应力可以大幅度减小开挖自由面各个阶段(阶段Ⅰ、阶段Ⅱ和阶段Ⅲ)的收敛变形量。如阶段Ⅰ，在无支护应力条件下的 $\varepsilon_3/\varepsilon_1$ 可以达到 5.0～7.0；$\sigma_3=0.06$ MPa 时，$\varepsilon_3/\varepsilon_1$ 分布在 0.5～2.0 之间；$\sigma_3=0.40$ MPa 时，$\varepsilon_3/\varepsilon_1$ 均低于 0.5。支护应力可以大幅度限制完整材料的弹性变形。

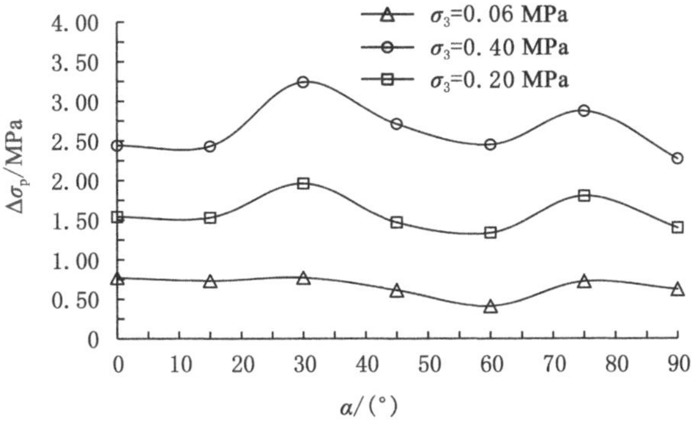

图 5-19　不同支护应力时断续节理岩体抗压强度增幅

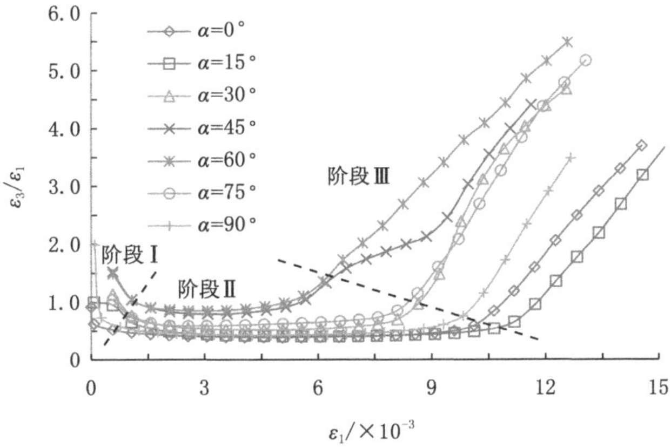

图 5-20　支护应力为 0.06 MPa 时 $\varepsilon_3/\varepsilon_1$ 随 ε_1 的变化规律

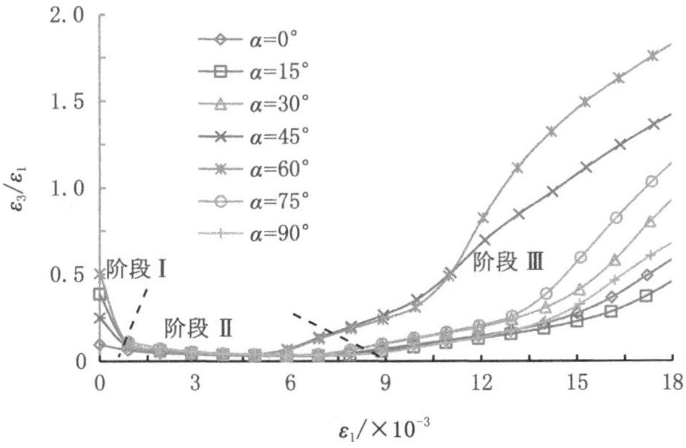

图 5-21　支护应力为 0.40 MPa 时 $\varepsilon_3/\varepsilon_1$ 随 ε_1 的变化规律

在阶段Ⅱ，断续节理岩体以相对稳定的趋势向自由面方向变形，$\varepsilon_3/\varepsilon_1$ 在该阶段变化不大，因此，$\varepsilon_3/\varepsilon_1$ 可以作为评价节理岩体承载能力的参数。由图 5-16 可知：无支护应力条件下在节理倾角为 30°、45°、75°时 $\varepsilon_3/\varepsilon_1$ 大于 1.0，表明节理岩体发生体积膨胀；当在自由面上施加一定大小的支护应力后，如图 5-20 和图 5-21 所示，$\varepsilon_3/\varepsilon_1$ 均小于 1.0，表明断续节理岩体发生体积压缩，承载能力进一步提高。

在阶段Ⅲ，断续节理岩体发生整体破坏并失去承载能力，岩体分割成体积较小的岩石块体。这些岩石块体的扭转和滑移造成体积膨胀，驱使自由面产生位移。即使在自由面上施加一定大小的支护应力，该支护应力仍难以抵消岩石块体的膨胀作用。因此，该阶段 $\varepsilon_3/\varepsilon_1$ 均大幅度增大。

5.6 本章小结

以隧道开挖复杂应力环境下断续节理围岩体为研究对象，取围岩体尺寸为 2.5 m×2.5 m×2.4 m。采用颗粒流数值模型试验方法，研究大比例相似岩体模型(尺寸为 0.5 m×0.5 m×0.48 m)在不同支护应力条件下的节理倾角力学效应。断续节理岩体模型中含 9 条长 0.5 m、宽 0.1 m 以一定倾向呈雁形排列的预制节理。节理倾角考虑 0°～90°(间隔 15°)7 种工况，用于研究节理倾角对节理岩体破坏模式、强度和变形性质的影响规律。首先，通过校验的方法确定颗粒流岩体模型中完整材料和节理的微观力学参数，使数值模型试验结果与物理试验结果一致。然后，在校验获得的微观参数基础上进一步试验获得了节理倾角和支护应力对节理岩体力学性质的影响规律，并总结如下：

(1) 在无支护应力条件下，节理岩体的破坏模式与节理倾角具有较大的相关性。与无预制节理岩体相似，在节理倾角为 0°、15°、90°时节理岩体主要发生完整材料破坏模式。当节理倾角为 30°时，节理岩体发生阶梯形破坏模式；当节理倾角为 60°和 75°时，节理岩体发生平面破坏模式；当节理倾角为 45°时，节理岩体同时发生阶梯形破坏和平面破坏。

(2) 当节理岩体以完整材料破坏模式破坏时，其抗压强度较大；当节理岩体以阶梯形破坏或者平面破坏模式发生破坏时，其抗压强度较小。因此，在 $\alpha=0°$、$\alpha=15°$、$\alpha=90°$时断续节理岩体的强度较高；在 $\alpha=30°$和 $\alpha=75°$时，断续节理岩体的强度适中；在 $\alpha=45°$和 $\alpha=60°$时，断续节理岩体的强度较低。

(3) 开挖自由面的收敛变形过程可以分为三个阶段，且在阶段Ⅱ和阶段Ⅲ时 $\varepsilon_3/\varepsilon_1$ 受节理倾角的影响较大。$\varepsilon_3/\varepsilon_1$ 可以作为隧道开挖后围岩体稳定性的评价指标：当 $\varepsilon_3/\varepsilon_1$ 大于 1.0 时，围岩体膨胀，易失稳；当 $\varepsilon_3/\varepsilon_1$ 小于 1.0 时，围岩体收缩，稳定性较好。

(4) 在自由面上施加一定的支护应力可以大幅度提高断续节理岩体的强度性质。在 $\alpha=30°$和 $\alpha=75°$时，提高支护应力对提高节理岩体强度效果最为显著。当施加的支护应力较小时(如 $\sigma_3=0.06$ MPa)，节理岩体强度增幅与施加支护应力之比可以达到 10 倍以上。而当支护应力进一步增大(0.20 MPa、0.40 MPa)时，上述比值分别为 7.9 和 6.6。

(5) 在施加支护应力时，在阶段Ⅱ时自由面变形量 $\varepsilon_3/\varepsilon_1$ 均低于 1.0，说明在自由面上施加支护应力是减小隧道开挖后围岩体收敛变形的有效措施。

6 三向应力环境下断续节理岩体节理力学参数效应

6.1 引言

节理岩体的破坏机理及力学性质受到节理几何结构和节理力学属性的影响。前文主要研究了断续节理岩体节理几何参数(倾角、连续度、间距、重叠度、张开度等)力学效应。为了进一步揭示断续节理岩体结构效应,需要对节理力学参数效应进行深入研究。在工程实践中,节理表面是否风化、节理的张开度、节理是否填充以及填充材料的强度等都会影响节理的力学性质,进而影响节理岩体的力学响应。N. Barton 等[2]提出了力学模型用于描述不同粗糙度、节理表面强度、张开度、填充及渗流条件下节理的抗剪强度。B. Indraratna 等[142]研究了在定刚度条件下含黏土填充介质节理的力学性质,指出当填充介质的厚度达到 1.5 mm 时节理的抗剪强度会大幅度降低。X. Fan 等[149]通过颗粒流数值方法研究了单轴压缩条件下断续节理岩体的力学性质,研究发现:随着节理倾角的增大,节理刚度对断续节理岩体单轴抗压强度的影响逐渐减小;随着节理连续度的增大,节理刚度对断续节理岩体单轴抗压强度的影响逐渐减小。X. X. Yang 等[129]采用 PFC3D 发现在节理倾角为 30°、45°、60°时,随着节理法向刚度、切向刚度和摩擦系数的变化节理岩体抗压强度的变化规律。最近,M. Bahaaddini 等[130]研究了平滑节理力学参数对岩石节理剪切行为的影响,指出在滑移破坏模式情况下节理的法向刚度和切向刚度对节理抗剪强度的影响较小,而滑移破坏模式和剪切破坏模式下节理法向刚度对节理的膨胀率具有较大影响。

在张茂林[81]和 H. W. Jing 等[146]提出的物理模型基础上,采用 PFC3D 软件建立颗粒流数值计算模型,并系统研究节理力学参数对含断续节理隧道围岩体破坏机理及力学性质的影响。物理模型试验在预制节理中灌入滑石粉模拟光滑节理表面,并用石膏将孔口封住防止滑石粉泄露[81,146],认为预制节理为闭合节理,并具有一定的黏结强度(较低,在上一章中该黏结强度被忽略)。采用黏结的平滑节理模型进行模拟,并考虑以下节理力学参数节理法向刚度、节理切向刚度、黏结节理内摩擦角、节理内聚力、节理摩擦系数及黏结节理抗拉强度。通过上述节理力学参数系统研究了不同节理力学属性条件下断续节理岩体的破坏模式和强度性质。此外,本章还研究了复杂应力环境下节理的剪切滑移对断续节理岩体力学性质的影响。研究成果对隧道围岩体强度预测及稳定性控制提供了科学依据。

6.2 模型设置

断续节理岩体颗粒流数值模型如图 5-6 所示。模型试验在隧道开挖复杂应力环境中进行。断续节理岩体颗粒流数值模型采用平滑节理模型模拟预制节理。平滑节理模型包含以下四种模式：① 非黏结且不发生破坏；② 非黏结且发生张拉破坏；③ 非黏结且发生剪切破坏；④ 黏结。通过这四种模式，平滑节理模型可以用于模拟不同节理条件。因此，本章采用黏结的平滑节理模型模拟预制节理。

黏结的平滑节理模型包含以下节理力学参数：节理法向刚度 $\overline{k}_{nj}$、节理切向刚度 $\overline{k}_{sj}$、节理剪切强度 $\overline{\tau}_{c}$、节理摩擦系数 μ_j 及黏结节理抗拉强度 $\overline{\sigma}_{cj}$。黏结的平滑节理模型原理如图 6-1 所示。在两个节理表面(节理表面 1 和节理表面 2)之间存在两组弹簧分别提供法向刚度和切向刚度。此外，黏结的平滑节理模型能够抵抗拉应力和切应力的作用，存在抗拉强度和抗剪强度。抗剪强度满足莫尔-库仑准则，如式(6-1)所示。

$$\overline{\tau}_{cj}=\overline{\sigma}_{nj}\tan\varphi_j+c_j \tag{6-1}$$

式中，$\overline{\sigma}_{nj}$ 为作用在节理表面上的法向应力，MPa；φ_j 为黏结平滑节理模型内摩擦角，(°)；c_j 为黏结平滑节理模型内聚力，MPa。

当作用在节理表面上的拉应力或切应力大于或等于黏结强度时，发生破坏，节理表面间的两组弹簧即被移除。当黏结发生剪切破坏时，节理表面间的强度变化为残余强度；当黏结发生张拉破坏时，节理表面间的强度变化为 0。图 6-2 所示为黏结的平滑节理模型力-位移准则。

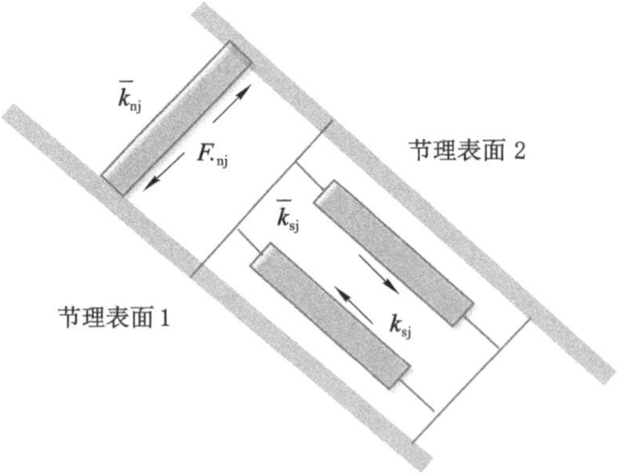

图 6-1　黏结平滑节理模型原理

6.3 模型试验结果分析

为了深入揭示断续节理岩体节理力学参数效应，采用 PFC3D 数值软件对颗粒流数值模型(图 5-6)进行压缩试验研究。由于节理倾角对节理岩体力学性质具有较大的影

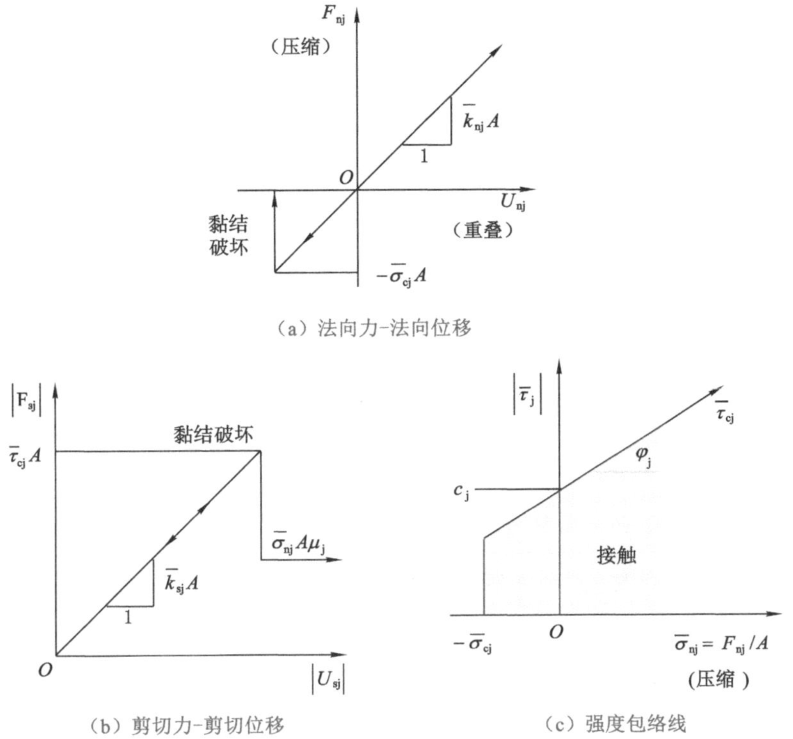

图 6-2　黏结的平滑节理模型力-位移准则

响[121,129,150-151]，在研究其他节理力学参数效应时均考虑节理倾角 $\alpha=0°\sim90°$，每 15°一个工况。此外，为了更好地反映断续节理岩体结构效应，首先对不含预制节理的完整岩体模型进行压缩试验。图 6-3 所示为完整岩体模型的破坏过程。需要注意的是，图中岩体模型的左边界为隧道开挖后的自由面。由图 6-3 可知：微观裂隙（平行黏结破坏）在岩体模型靠近自由面的左上部开始出现，并逐渐向模型的右下部发展，表明隧道开挖后暴露的自由面对围岩体的破坏过程具有重要的影响。上述发生在不含节理完整岩体模型的破坏模式称为完整材料破坏。完整岩体模型的抗压强度为 5.17 MPa。

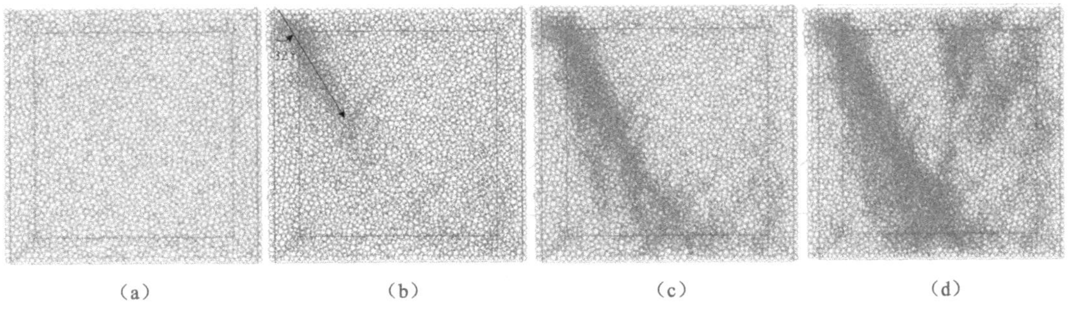

图 6-3　完整岩体模型的破坏过程

根据复杂应力环境下断续节理岩体数值模型试验结果，与 5.3 节类似，岩体模型主要发生四种破坏模式：

（1）完整材料破坏：该破坏模式不仅发生在不含节理的完整岩体模型中（图 6-3），还发生在含预制节理的岩体模型中，但预制节理对破坏过程的影响较小。

（2）劈裂破坏：该破坏模式可以认为是完整材料破坏模式的一种，不同的是，微观裂隙由预制节理的尖端发展至与之平行节理的中部或尖端，形成的宏观破裂面垂直于节理表面并与加载的发展大体一致。

（3）阶梯形破坏：该破坏模式发生时首先发生沿节理表面的滑移，并在相邻平行节理之间的完整岩石材料中形成新生裂缝，与预制节理一起形成宏观破裂面。微观裂隙由预制节理一侧的尖端发展至与之平行节理的另一侧尖端。

（4）平面破坏：新生裂缝沿节理平面发展穿过节理间的岩桥，与预制节理一起形成宏观破裂面。微观裂隙由预制节理的一侧尖端开始出现，并在岩桥中逐渐发展至相邻节理的另一侧尖端。

6.3.1 节理法向刚度 $\overline{k}_{nj}$ 力学效应

为了研究节理法向刚度 $\overline{k}_{nj}$ 对含断续节理隧道围岩体力学性质的影响，节理法向刚度分别取 1.36×10^{10} N/m^3、1.36×10^{9} N/m^3、1.36×10^{8} N/m^3。节理切向刚度与法向刚度一起变化，并保持切向刚度与法向刚度的比值为 1/3（$\overline{k}_{sj}/\overline{k}_{nj}=1/3$）。保持其他节理力学参数不变，即 $\overline{\sigma}_{cj}=0.5$ MPa、$\varphi_j=20°$、$c_j=0.5$ MPa、$\mu_j=0.3$。图 6-4 和图 6-5 所示为含断续节理隧道围岩体破坏模式及抗压强度。图 6-4 中节理岩体模型的左边界为隧道开挖后的自由面。图 6-5 中节理岩体的强度采用不含节理的完整岩体模型的强度进行归一化。

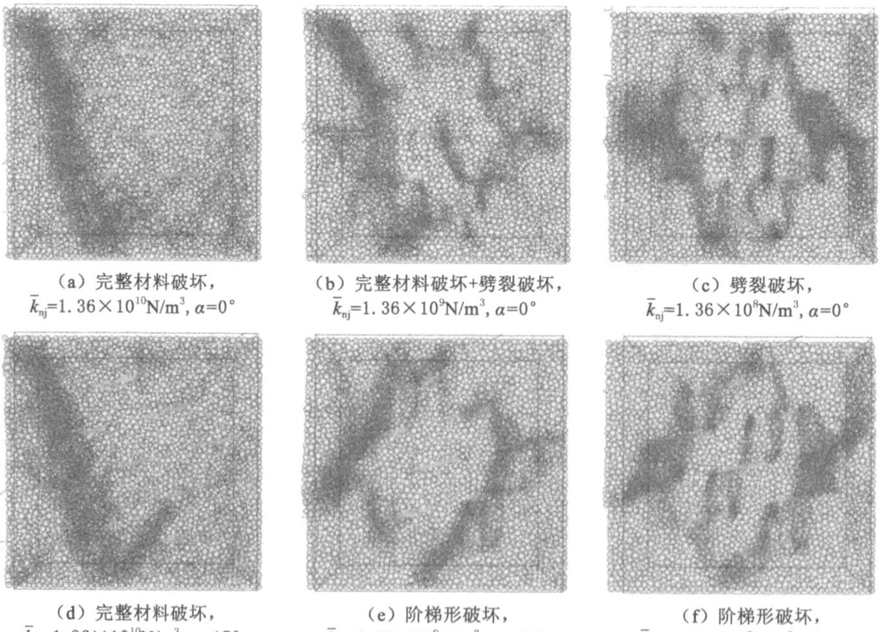

（a）完整材料破坏，$\overline{k}_{nj}=1.36\times10^{10}$N/m^3, $\alpha=0°$　（b）完整材料破坏+劈裂破坏，$\overline{k}_{nj}=1.36\times10^{9}$N/m^3, $\alpha=0°$　（c）劈裂破坏，$\overline{k}_{nj}=1.36\times10^{8}$N/m^3, $\alpha=0°$

（d）完整材料破坏，$\overline{k}_{nj}=1.36\times10^{10}$N/m^3, $\alpha=15°$　（e）阶梯形破坏，$\overline{k}_{nj}=1.36\times10^{9}$N/m^3, $\alpha=15°$　（f）阶梯形破坏，$\overline{k}_{nj}=1.36\times10^{8}$N/m^3, $\alpha=15°$

图 6-4　不同节理法向刚度时节理岩体的破坏模式

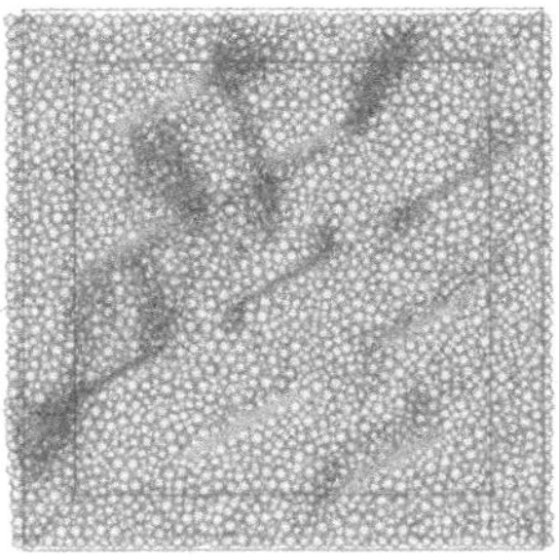

（g）阶梯形破坏，
$\bar{k}_{nj}=1.36\times10^{10}\mathrm{N/m^3}$, $\alpha=30°$

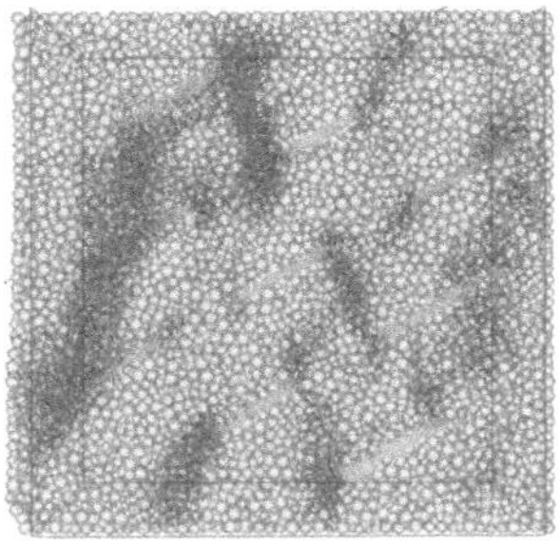

（h）阶梯形破坏，
$\bar{k}_{nj}=1.36\times10^{9}\mathrm{N/m^3}$, $\alpha=30°$

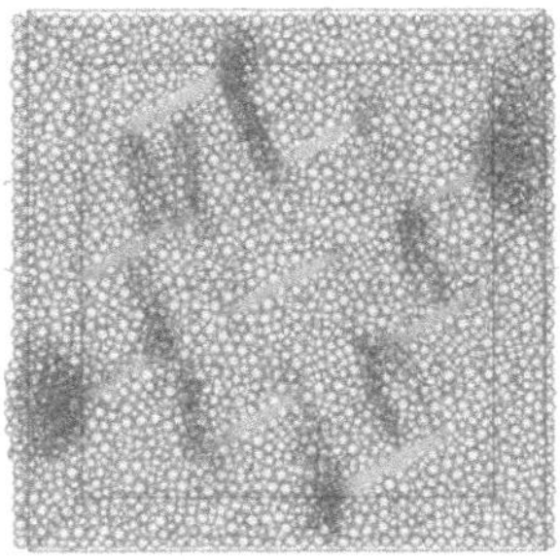

（i）阶梯形破坏，
$\bar{k}_{nj}=1.36\times10^{8}\mathrm{N/m^3}$, $\alpha=30°$

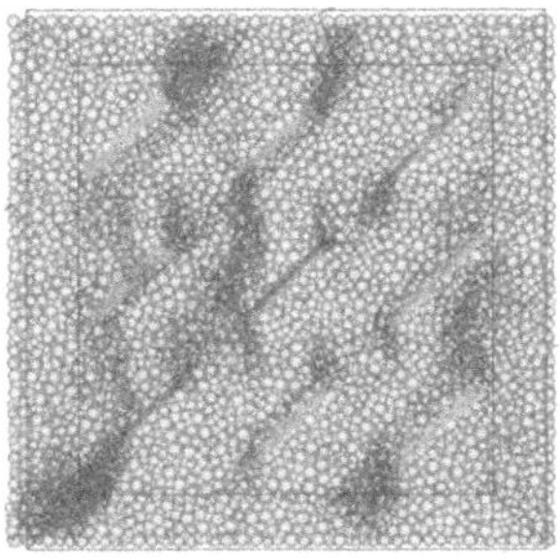

（j）阶梯形破坏+平面破坏，
$\bar{k}_{nj}=1.36\times10^{10}\mathrm{N/m^3}$, $\alpha=45°$

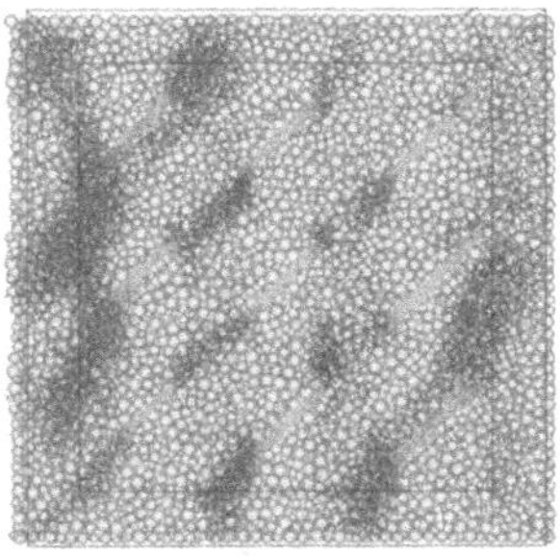

（k）阶梯形破坏+平面破坏，
$\bar{k}_{nj}=1.36\times10^{9}\mathrm{N/m^3}$, $\alpha=45°$

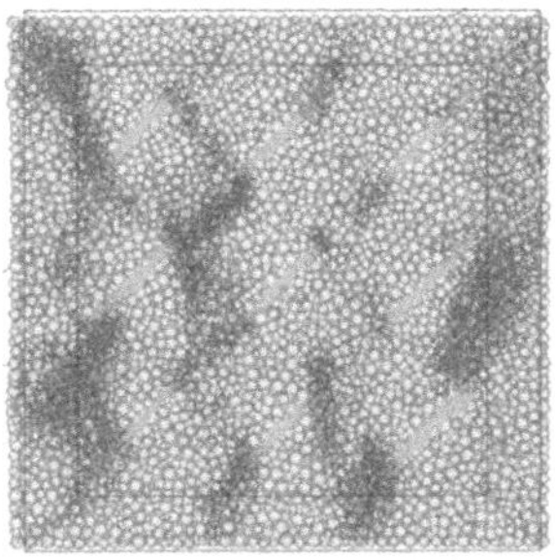

（l）阶梯形破坏+平面破坏，
$\bar{k}_{nj}=1.36\times10^{8}\mathrm{N/m^3}$, $\alpha=45°$

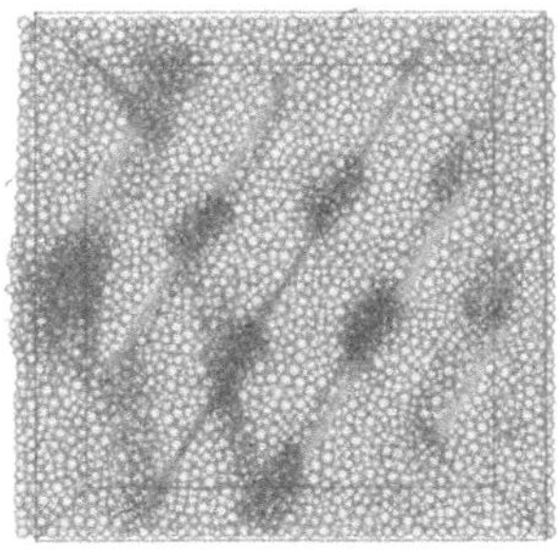

（m）平面破坏，
$\bar{k}_{nj}=1.36\times10^{10}\mathrm{N/m^3}$, $\alpha=60°$

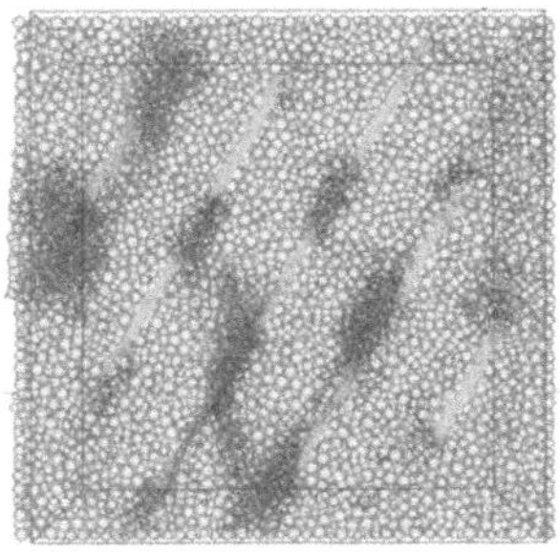

（n）平面破坏，
$\bar{k}_{nj}=1.36\times10^{9}\mathrm{N/m^3}$, $\alpha=60°$

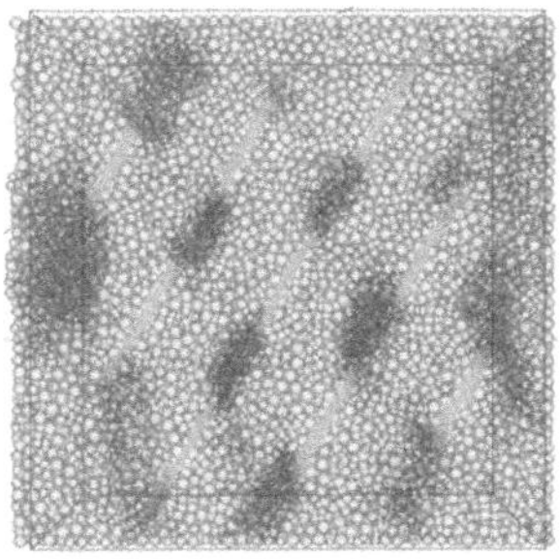

（o）平面破坏，
$\bar{k}_{nj}=1.36\times10^{8}\mathrm{N/m^3}$, $\alpha=60°$

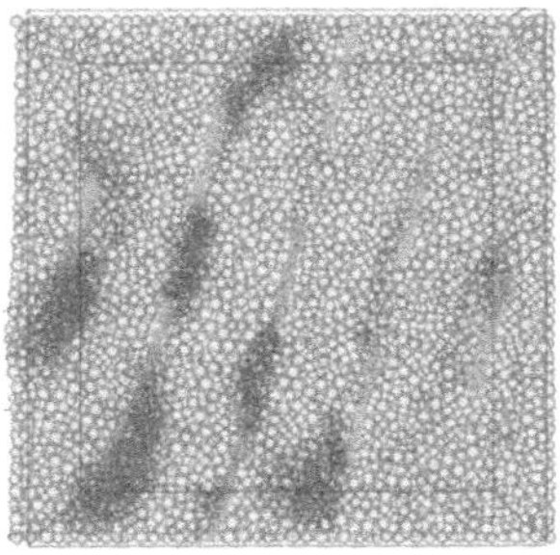

（p）平面破坏，
$\bar{k}_{nj}=1.36\times10^{10}\mathrm{N/m^3}$, $\alpha=75°$

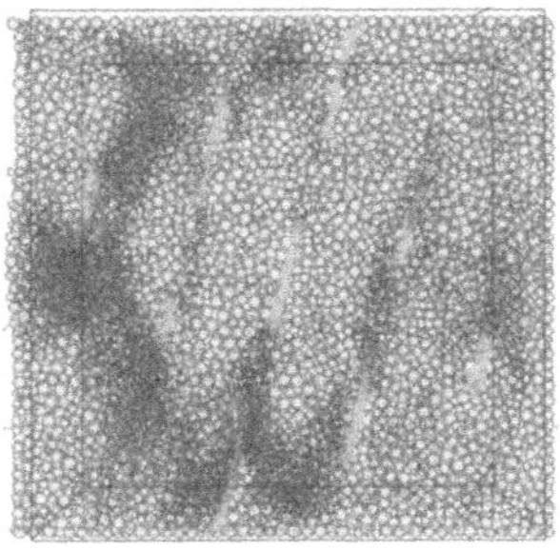

（q）平面破坏，
$\bar{k}_{nj}=1.36\times10^{9}\mathrm{N/m^3}$, $\alpha=75°$

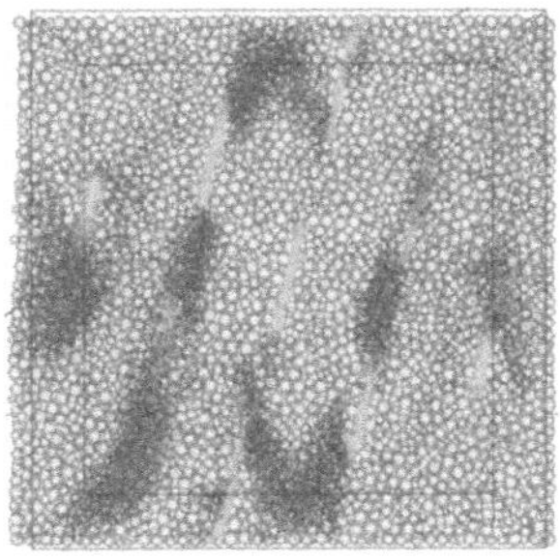

（r）平面破坏，
$\bar{k}_{nj}=1.36\times10^{8}\mathrm{N/m^3}$, $\alpha=75°$

图 6-4 （续）

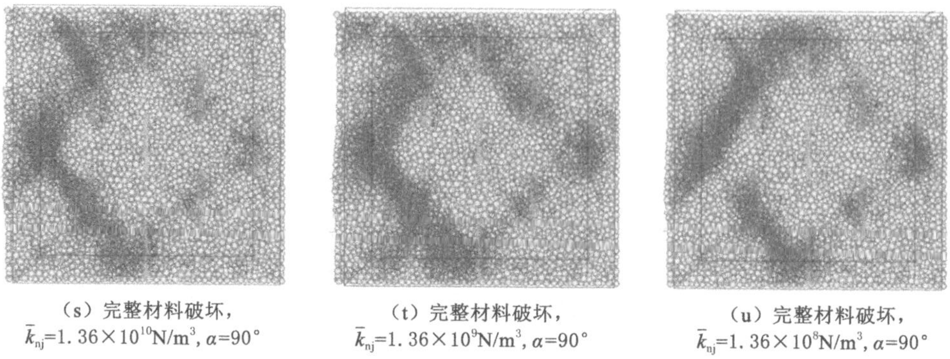

图 6-4 (续)

由图 6-4 和图 6-5 可知:不同节理法向刚度时节理倾角对节理岩体破坏模式和强度性质均具有较大影响。对于同一节理倾角条件下,节理法向刚度的改变也会对节理岩体力学性质产生影响。在节理法向刚度较大时(如 $\bar{k}_{nj}=1.36\times10^{10}$ N/m³),节理岩体强度最大值发生在 $\alpha=0°$,达到完整岩体强度的 97.7%。当 $\alpha=15°$时,节理岩体的强度也较高,达到完整岩体强度的 97.5%。这是由于在节理法向刚度较大($\bar{k}_{nj}=1.36\times10^{10}$ N/m³)的条件下,当节理倾角较小(0°、15°)时,节理岩体的破坏模式为完整材料破坏,与不含节理的完整岩体破坏模式相同。微观裂隙在靠近节理表面的左上部开始出现,并逐渐向节理岩体模型的右下部发展,不受预制节理的控制。但是,随着节理法向刚度的减小,在 $\alpha=0°$和 $\alpha=15°$时节理岩体的破坏模式和强度性质发生了较大变化。对于 $\alpha=0°$,随着节理法向刚度由 1.36×10^{10} N/m³ 减小为 1.36×10^{8} N/m³,破坏模式由完整材料破坏变为劈裂破坏。与完整材料破坏模式相比,劈裂破坏模式下节理岩体模型中会产生较多的宏观破裂面,并导致节理岩体的强度较低,约为完整岩体强度的 35.9%,如图 6-5 所示。当 $\bar{k}_{nj}=1.36\times10^{9}$ N/m³ 时,节理岩体以完整材料破坏和劈裂破坏的混合模式发生破坏,归一化强度为 0.706。对于 $\alpha=15°$,当节理法向刚度由 1.36×10^{10} N/m³ 减小为 1.36×10^{9} N/m³ 和 1.36×10^{8} N/m³ 时,节理岩体的破坏模式由完整材料破坏变为阶梯形破坏,归一化强度由 0.975 降为 0.673 和 0.329。

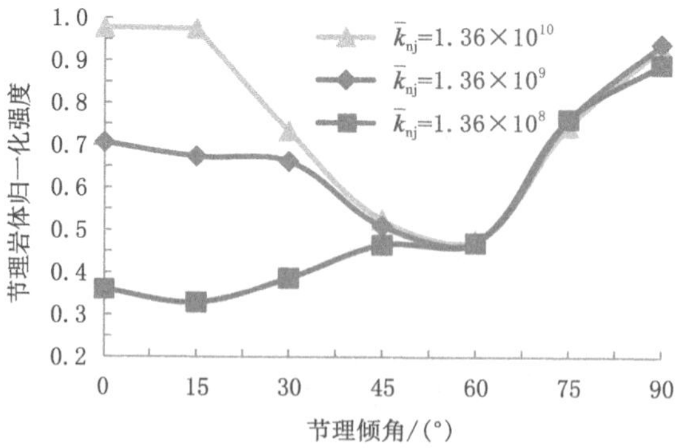

图 6-5 不同节理法向刚度时节理岩体归一化强度

当节理倾角大于或等于 30°时,节理法向刚度的改变对节理岩体模型的破坏模式的影响较小。节理倾向是影响节理岩体模型破坏模式的决定性因素，比如当 $\alpha=30°$、$\alpha=60°$和 $\alpha=90°$时，节理岩体的破坏模式分别为阶梯形破坏、平面破坏和完整材料破坏（图 6-4）。然而，当 $\alpha=30°$和 $\alpha=45°$时节理岩体模型的强度随着节理法向刚度的减小而减小，但是变化幅度不大。当节理倾角较大（60°、75°、90°）时，随着节理法向刚度的改变，节理岩体的强度和破坏模式均不变化（图 6-5）。

在颗粒流模型试验中，获得与物理模型试验较一致的计算结果是十分重要的。图 6-6 所示为通过颗粒流数值计算获得的节理岩体强度与物理模型试验结果的比较。需要注意的是，在物理模型试验中只获得了节理倾角为 30°、45°、60°时的节理岩体强度[6-7]。如图 6-6 所示，随着节理法向刚度的改变，颗粒流岩体模型的强度在物理试验结果附近上下波动（30°、45°）。选择合适的节理参数，如 $\bar{k}_{nj}=1.36\times10^{10}$ N/m³，通过颗粒流计算获得的节理岩体强度相比物理试验结果的误差分别为 2.7%（$\alpha=30°$）、7.5%（$\alpha=45°$）、7.9%（$\alpha=60°$）。因此，在节理岩体的强度性质方面，颗粒流计算结果与物理模型试验具有较好的一致性。

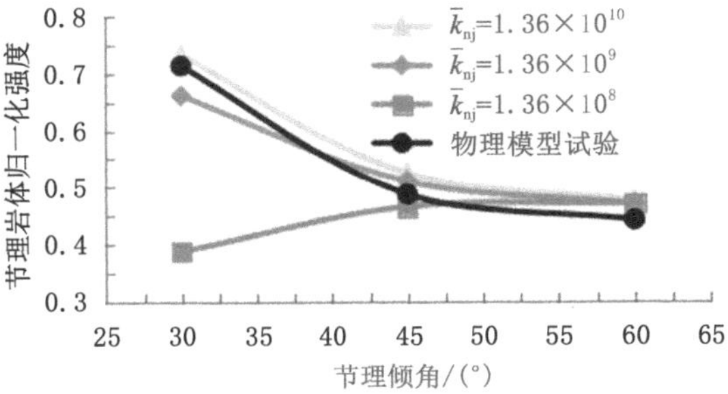

图 6-6 颗粒流计算结果与物理模型试验结果的比较

6.3.2 节理剪切刚度 $\bar{k}_{sj}$ 力学效应

为了研究节理法向刚度 $\bar{k}_{nj}$ 对含断续节理隧道围岩体力学性质的影响，节理切向刚度与法向刚度的比值分别取 1/3、1/30、1/300，并保持节理的法向刚度不变，即 $\bar{k}_{nj}=1.36\times10^{10}$ N/m³。同时，其他节理的力学参数保持不变，即 $\bar{\sigma}_{cj}=0.5$ MPa、$\varphi_j=20°$、$c_j=0.5$ MPa、$\mu_j=0.3$。图 6-7 和图 6-8 分别为不同剪切刚度时节理岩体模型的破坏模式和强度性质。

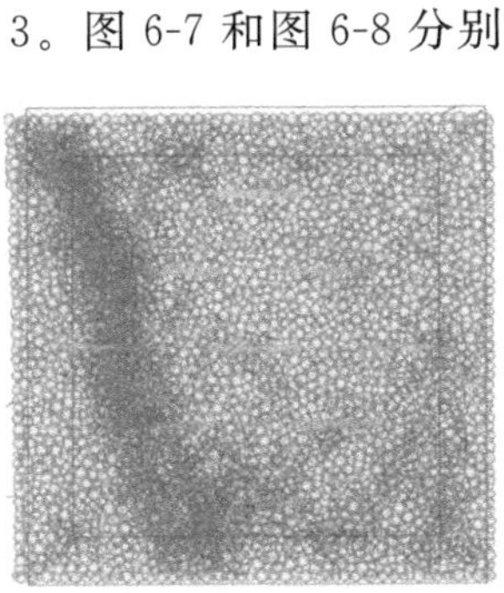

（a）完整材料破坏，$\bar{k}_{sj}/\bar{k}_{nj}=1/3$, $\alpha=0°$

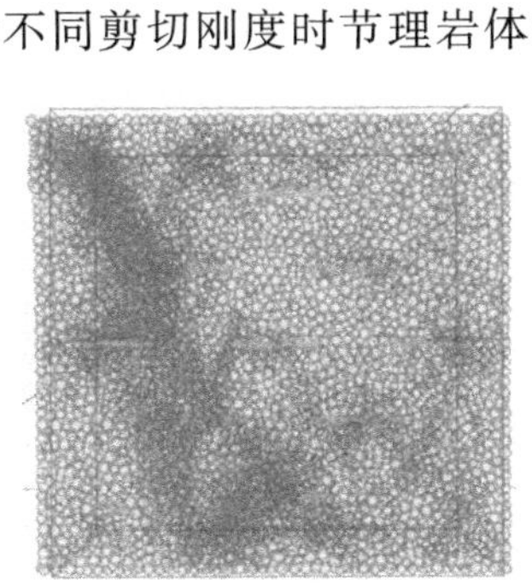

（b）完整材料破坏，$\bar{k}_{sj}/\bar{k}_{nj}=1/30$, $\alpha=0°$

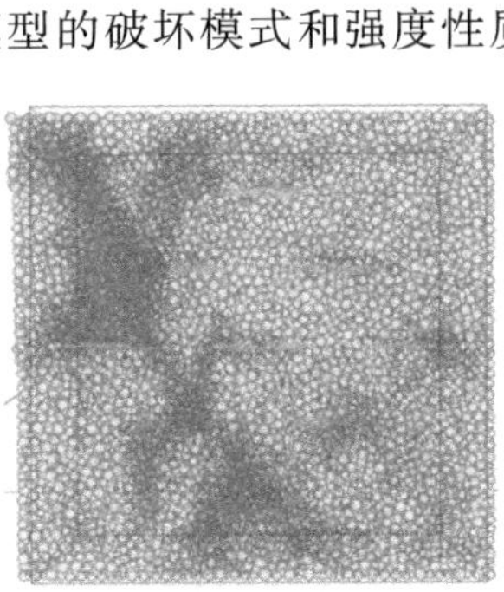

（c）完整岩石&劈裂破坏，$\bar{k}_{sj}/\bar{k}_{nj}=1/300$, $\alpha=0°$

图 6-7 不同节理剪切刚度时节理岩体的破坏模式

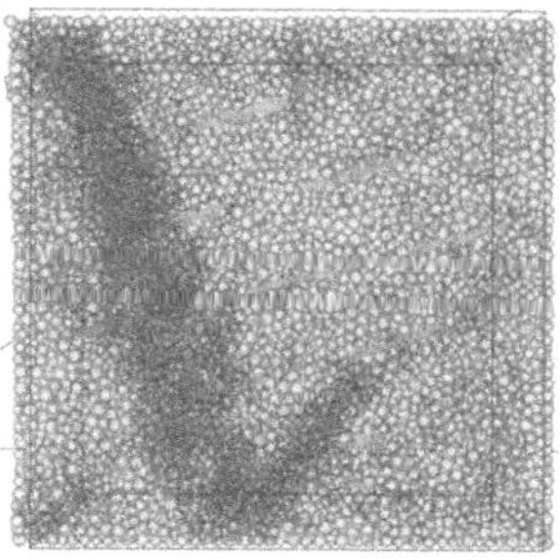

（d）完整材料破坏，
$\bar{k}_{sj}/\bar{k}_{nj}=1/3,\ \alpha=15^\circ$

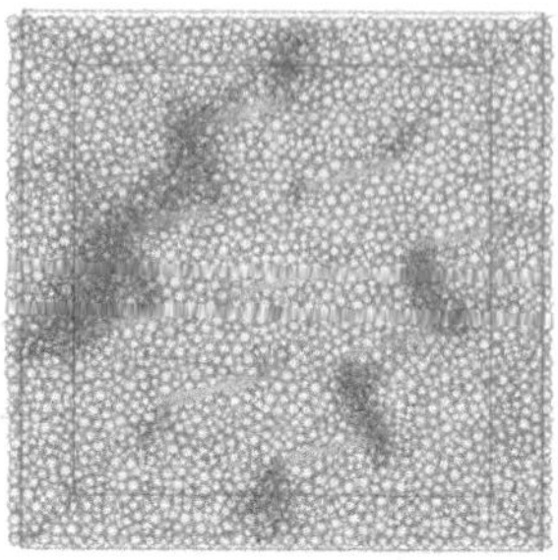

（e）阶梯形破坏，
$\bar{k}_{sj}/\bar{k}_{nj}=1/30,\ \alpha=15^\circ$

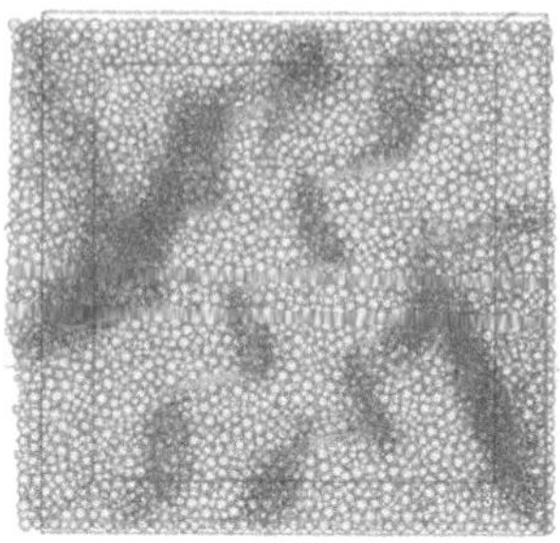

（f）阶梯形破坏，
$\bar{k}_{sj}/\bar{k}_{nj}=1/300,\ \alpha=15^\circ$

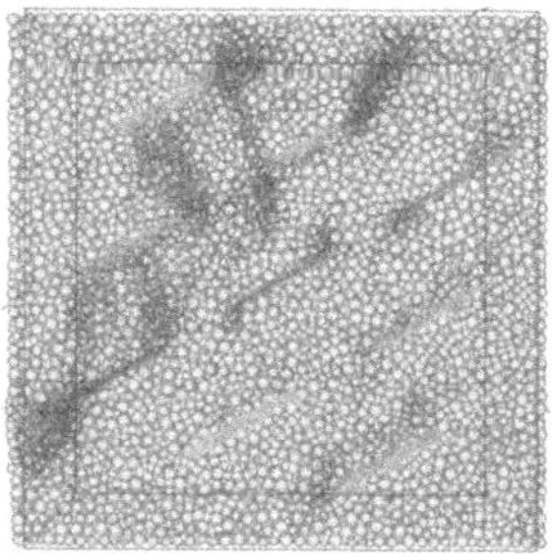

（g）阶梯形破坏，
$\bar{k}_{sj}/\bar{k}_{nj}=1/3,\ \alpha=30^\circ$

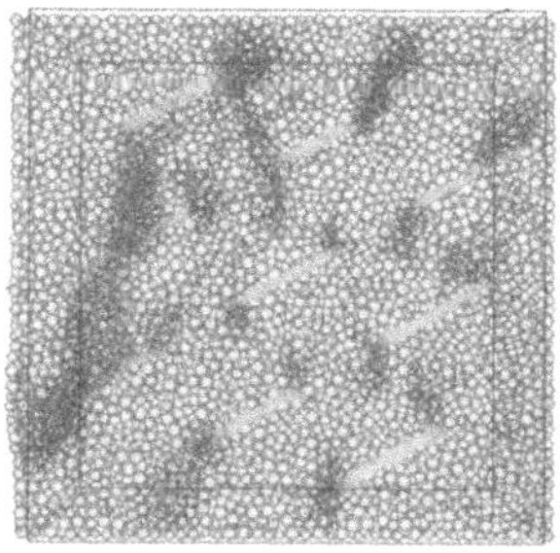

（h）阶梯形破坏，
$\bar{k}_{sj}/\bar{k}_{nj}=1/30,\ \alpha=30^\circ$

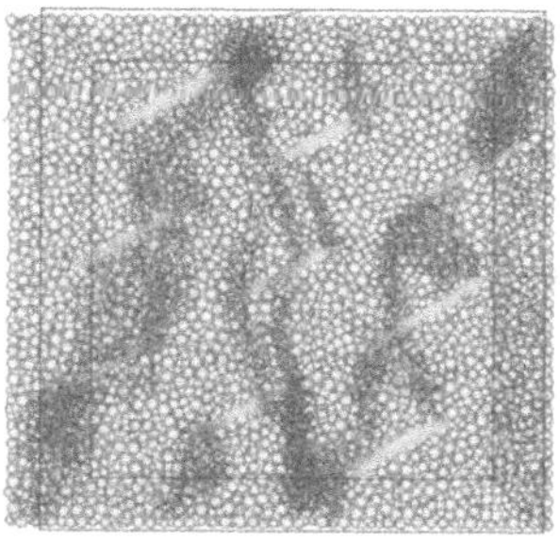

（i）阶梯形破坏，
$\bar{k}_{sj}/\bar{k}_{nj}=1/300,\ \alpha=30^\circ$

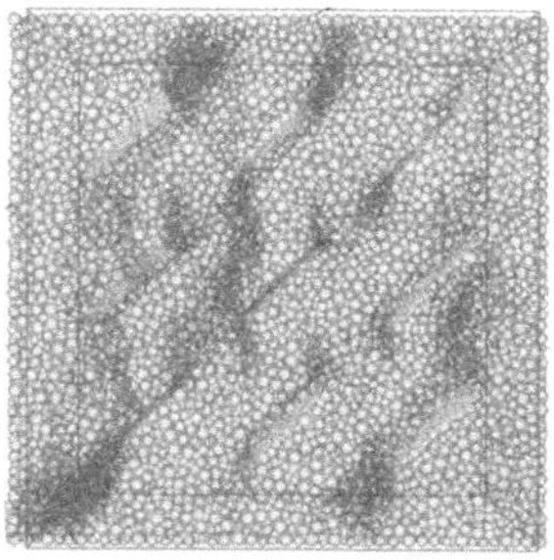

（j）阶梯形破坏&平面破坏，
$\bar{k}_{sj}/\bar{k}_{nj}=1/3,\ \alpha=45^\circ$

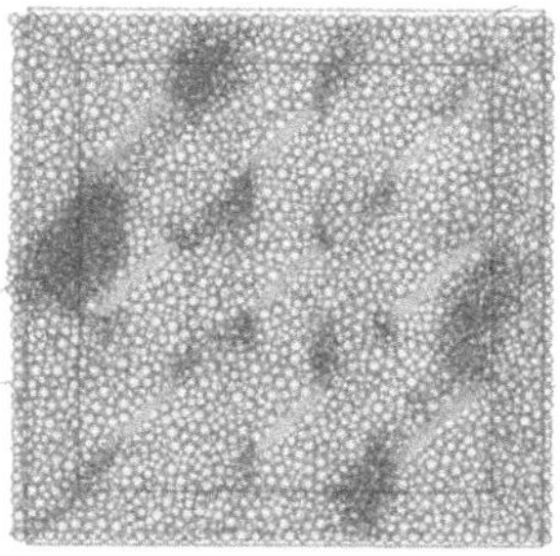

（k）阶梯形破坏&平面破坏，
$\bar{k}_{sj}/\bar{k}_{nj}=1/30,\ \alpha=45^\circ$

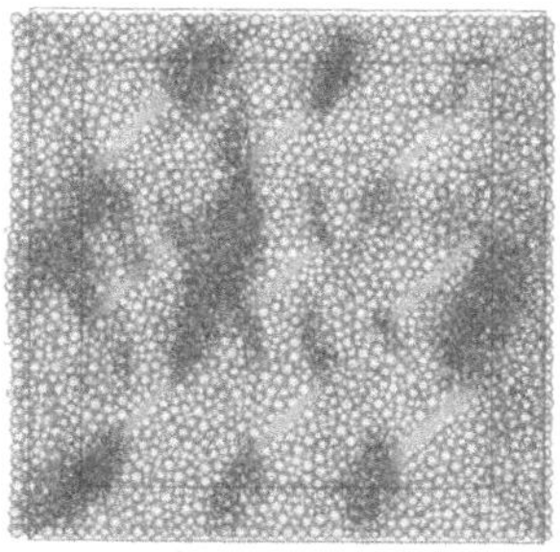

（l）阶梯形破坏&平面破坏，
$\bar{k}_{sj}/\bar{k}_{nj}=1/300,\ \alpha=45^\circ$

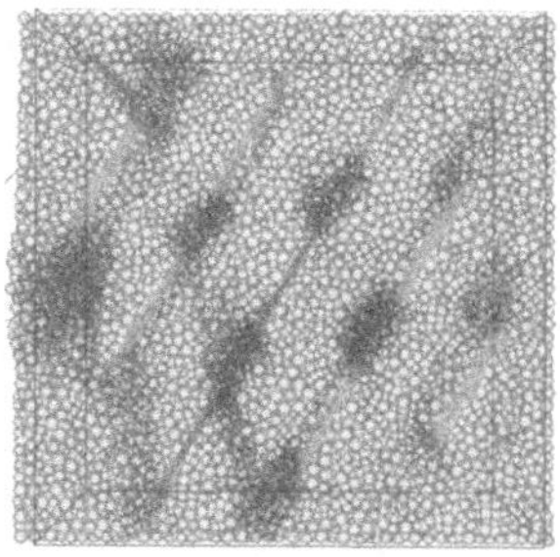

（m）平面破坏，
$\bar{k}_{sj}/\bar{k}_{nj}=1/3,\ \alpha=60^\circ$

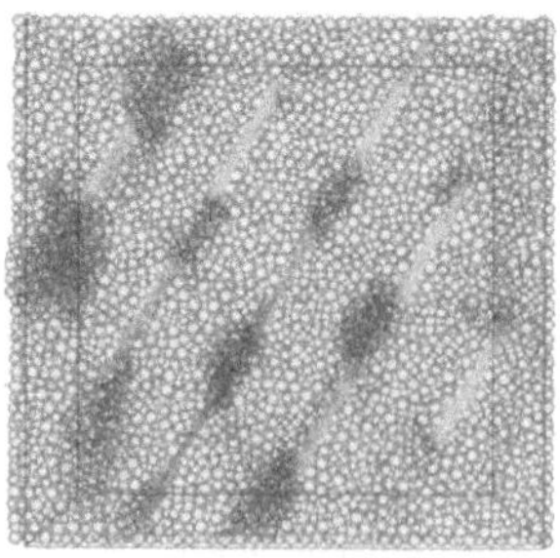

（n）平面破坏，
$\bar{k}_{sj}/\bar{k}_{nj}=1/30,\ \alpha=60^\circ$

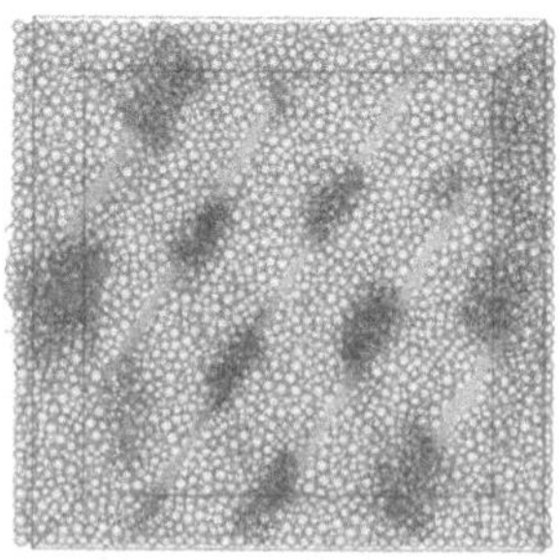

（o）平面破坏，
$\bar{k}_{sj}/\bar{k}_{nj}=1/300,\ \alpha=60^\circ$

图 6-7 （续）

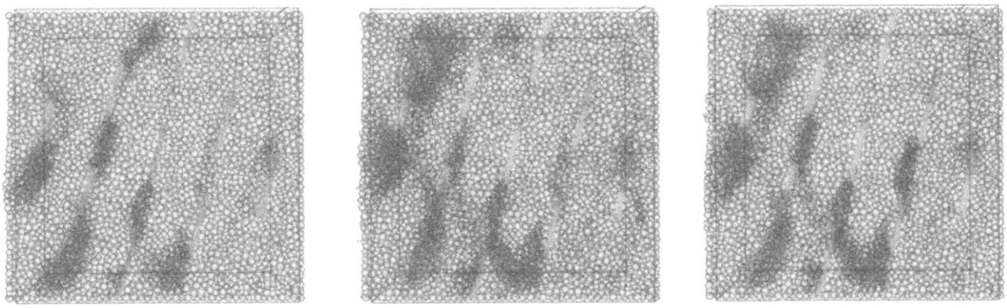

（p）平面破坏，$\bar{k}_{sj}/\bar{k}_{nj}=1/3, \alpha=75°$

（q）平面破坏，$\bar{k}_{sj}/\bar{k}_{nj}=1/30, \alpha=75°$

（r）平面破坏，$\bar{k}_{sj}/\bar{k}_{nj}=1/300, \alpha=75°$

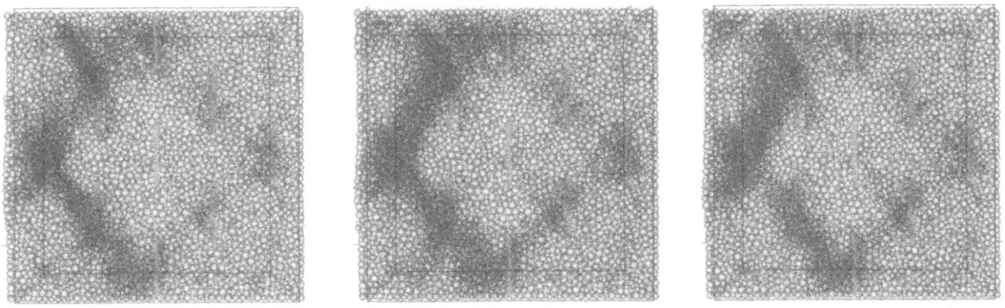

（s）完整材料破坏，$\bar{k}_{sj}/\bar{k}_{nj}=1/3, \alpha=90°$

（t）完整材料破坏，$\bar{k}_{sj}/\bar{k}_{nj}=1/30, \alpha=90°$

（u）完整材料破坏，$\bar{k}_{sj}/\bar{k}_{nj}=1/300, \alpha=90°$

图 6-7 （续）

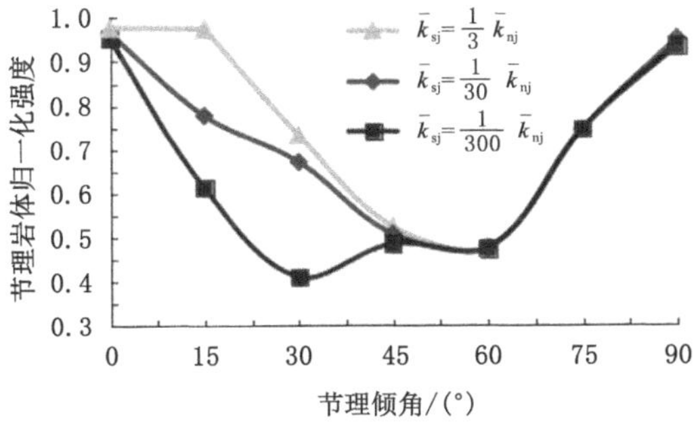

图 6-8 不同节理切向刚度时节理岩体归一化强度

与图 6-4 和图 6-5 相比，图 6-7 和图 6-8 中存在的不同主要发生在 $\alpha=0°$时，即节理的剪切刚度对节理岩体力学性质的影响与法向刚度类似(除了 $\alpha=0°$)。当预制的断续节理为水平方向($\alpha=0°$)时，节理岩体的破坏模式为完整材料破坏，与节理的剪切刚度无关(图 6-7)。因此，当节理倾角为 0°时，节理剪切刚度的减小对节理岩体的强度性质没有影响(图 6-8)。

节理法向刚度和剪切刚度对节理岩体力学性质的影响主要发生在节理倾角较小时，即 $\alpha=0°$、$\alpha=15°$、$\alpha=30°$和 $\alpha=45°$。其机理可以通过应力的分布情况进行解释。当节理倾角较小时，节理表面上会存在较大的法向应力，起到一定的对竖向荷载的分担作用。因此，法向刚度的减小会降低节理表面的抗变形能力，将部分应力传递到附近的岩桥上，发生应力集中，并最终影响整个节理岩体模型的力学性质。图 6-9 所示为不同节理法向刚度时节理岩体($\alpha=0°$)中在峰前应变为0.9%时的力链分布情况。力的大小与力链的粗细相关。如图6-9(a)所示,当节理法向刚度较大时,如$\overline{k}_{nj}=1.36\times10^{10}$ N/m³,力链在平行节理之间以及岩桥与岩桥之间的分布较为均匀。当节理法向刚度较小时,如$\overline{k}_{nj}=1.36\times10^{8}$ N/m³,力链主要分布在节理之间的岩桥内,如图6-9(b)所示。节理法向刚度的减小导致节理表面所承担的荷载相对比岩桥的大幅度减小。另外,当节理倾角较大时,如$\alpha\geqslant60°$,节理表面承担的法向应力分量本身就较少。因此,节理法向刚度的减小对节理岩体的力学性质的影响较小。

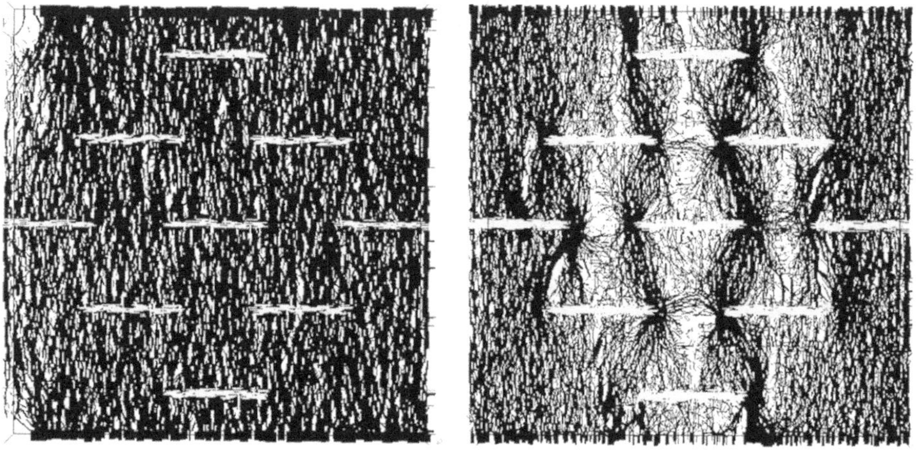

(a)　　(b)

图6-9　不同法向刚度时含水平节理岩体中应变为0.9%时的力链分布

节理剪切刚度对含有水平($\alpha=0°$)节理岩体的力学性质的影响较小,主要是因为在此条件下不会发生沿节理表面的剪切滑移。随着节理表面的倾斜($\alpha\geqslant15°$),节理表面开始承担竖向荷载的剪切应力分量。当节理剪切刚度降低时,节理表面的承载能力降低,节理岩体的强度也会相应降低,如$\alpha=0°$和$\alpha=15°$时(图6-8)。当节理倾角较大时,如$\alpha=60°$,竖向荷载的剪切应力分量成为破坏节理岩体模型的主要原因,造成岩体模型发生平面破坏。在平面破坏模式下,同一平面上的岩桥和节理表面均承担荷载作用[13]。但是,由式(6-1)可知:由于节理表面上的法向应力分量和剪切强度参数较小($\varphi_j=15°$、$c_j=0.5$ MPa),节理表面的剪切强度相比岩桥强度较小,节理表面对整个节理岩体模型的承载能力的贡献也就较小。因此,当节理倾角$\alpha=60°$和$\alpha=75°$时,节理剪切刚度对节理岩体的力学性质的影响较小。另外,当节理倾角较大时,节理的剪切强度对节理岩体的力学性质具有重要的影响。下文将对节理剪切强度参数对含断续节理隧道围岩体力学性质的影响进行系统研究。

6.3.3　节理内摩擦角 φ_j 力学效应

为了研究节理的剪切强度对含断续节理隧道围岩体力学性质的影响,本章对节理的剪切强度参数(内摩擦角φ_j、内聚力c_j、摩擦系数μ_j)进行了研究。本节对节理内摩擦角φ_j对节理岩体模型的破坏模式和强度性质的影响规律进行了分析。节理内摩擦角分别取15°、30°、45°,并保持其他节理力学参数不变,即$\overline{k}_{nj}=1.36\times10^{10}$ N/m³、$\overline{k}_{sj}/\overline{k}_{nj}=1/3$、$\overline{\sigma}_{cj}=0.5$

MPa、c_{j}=0.5 MPa、μ_{j}=0.2。图 6-10 和图 6-11 分别为不同节理内摩擦角时节理岩体模型的破坏模式和归一化强度。

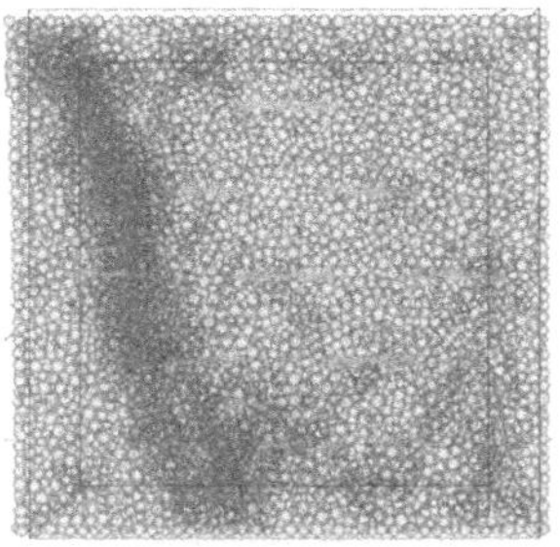

（a）完整材料破坏，φ_{j}=15°，α=0°

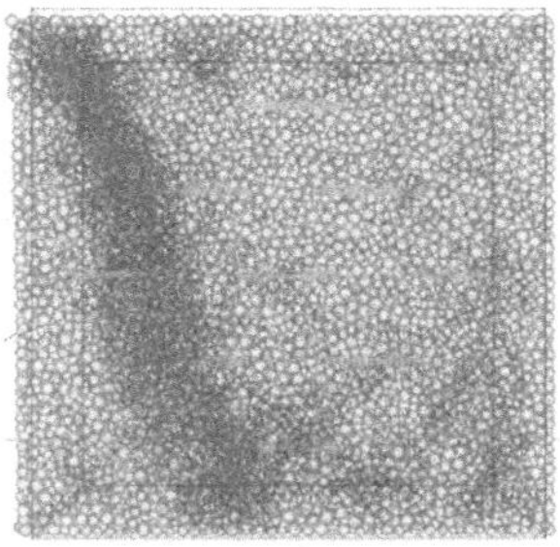

（b）完整材料破坏，φ_{j}=30°，α=0°

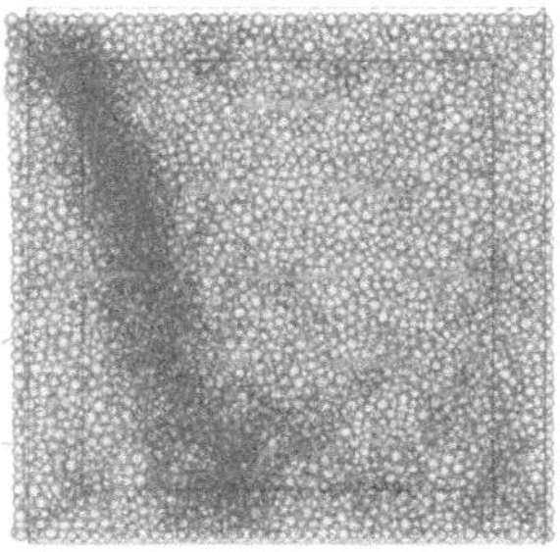

（c）完整材料破坏，φ_{j}=45°，α=0°

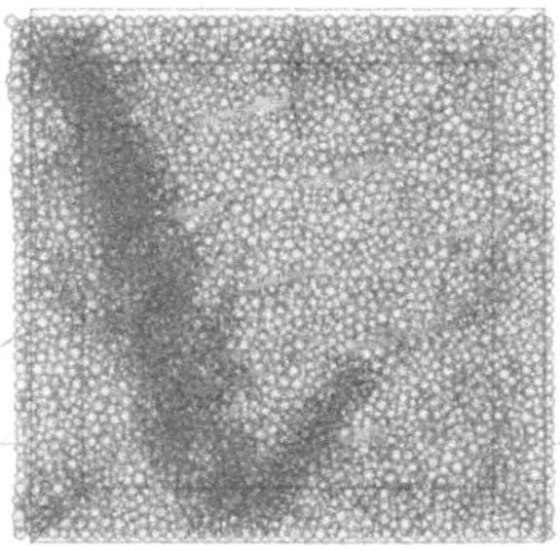

（d）完整材料破坏，φ_{j}=15°，α=15°

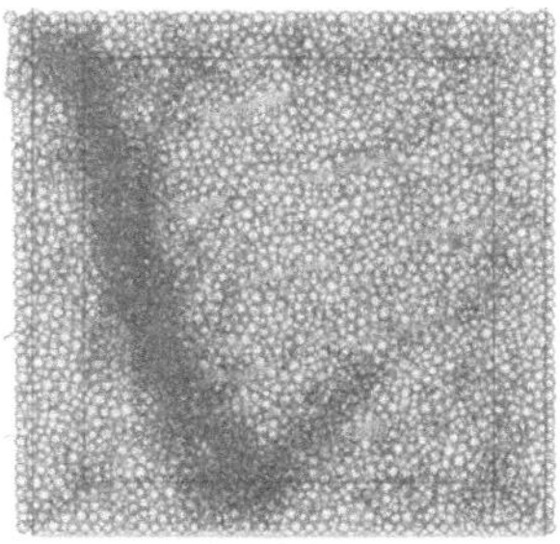

（e）完整材料破坏，φ_{j}=30°，α=15°

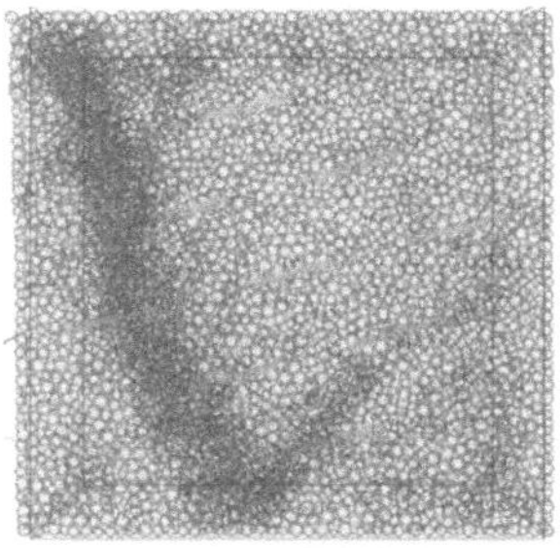

（f）完整材料破坏，φ_{j}=45°，α=15°

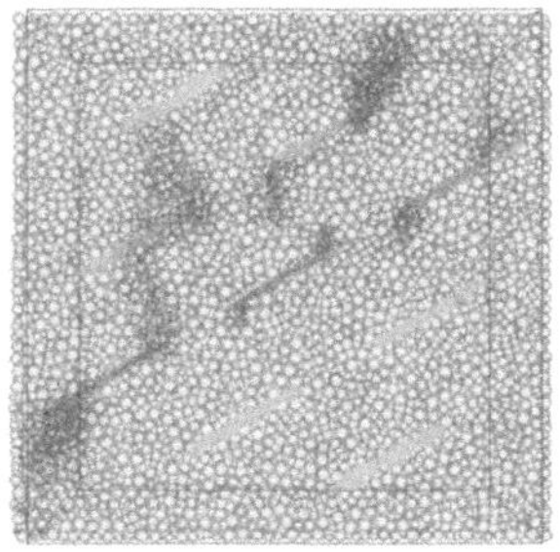

（g）阶梯形破坏，φ_{j}=15°，α=30°

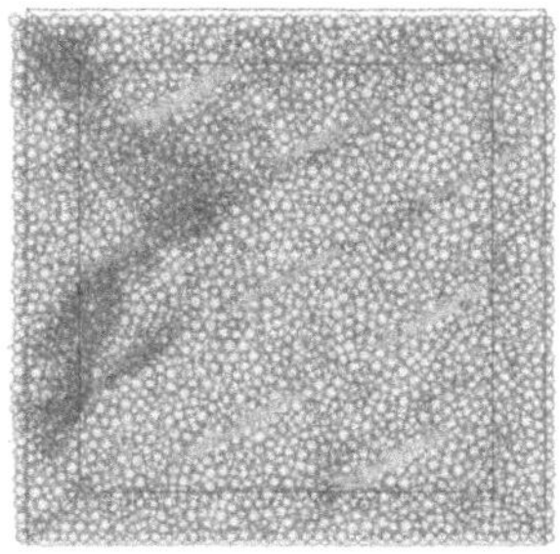

（h）阶梯形破坏&完整材料破坏，φ_{j}=30°，α=30°

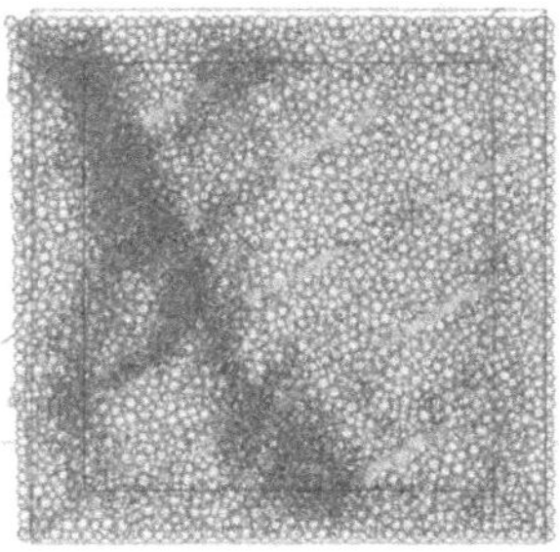

（i）完整材料破坏，φ_{j}=45°，α=30°

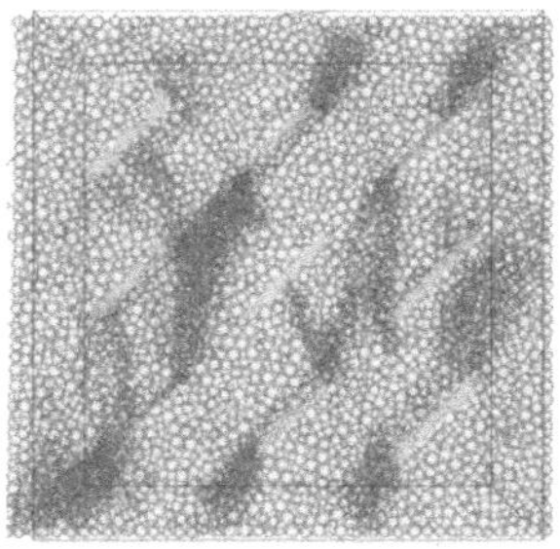

（j）阶梯形破坏&平面破坏，φ_{j}=15°，α=45°

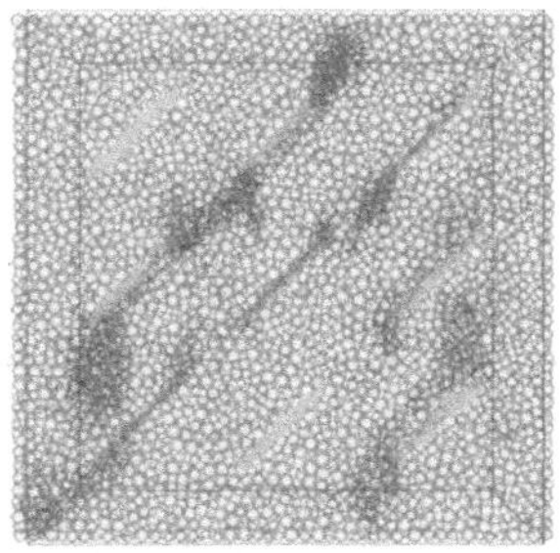

（k）阶梯形破坏,&平面破坏，φ_{j}=30°，α=45°

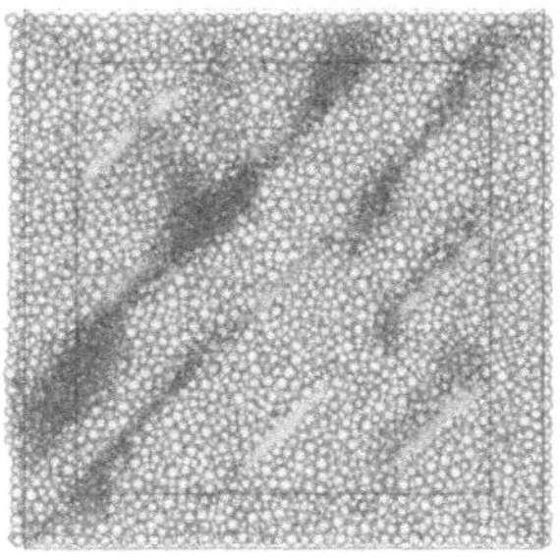

（l）平面破坏，φ_{j}=45°，α=45°

图 6-10　不同节理内摩擦角 φ_{j} 时节理岩体的破坏模式

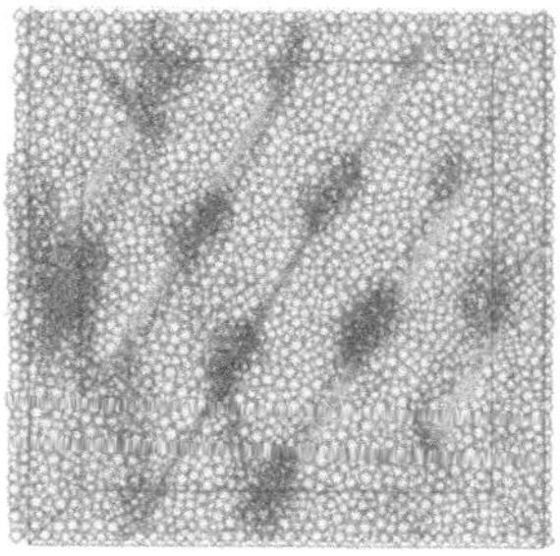

(m) 平面破坏，
φ_j=15°，α=60°

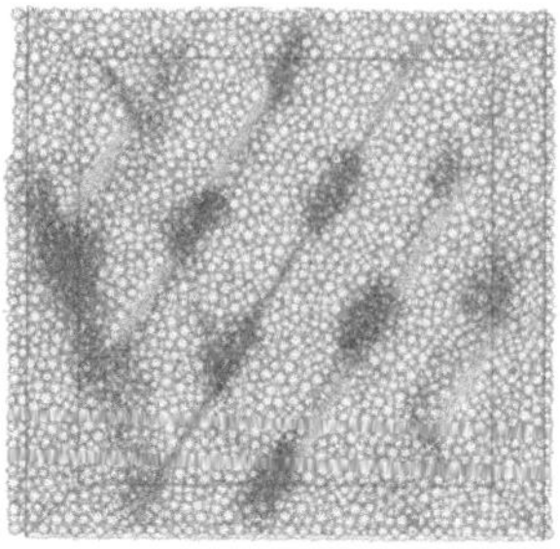

(n) 平面破坏，
φ_j=30°，α=60°

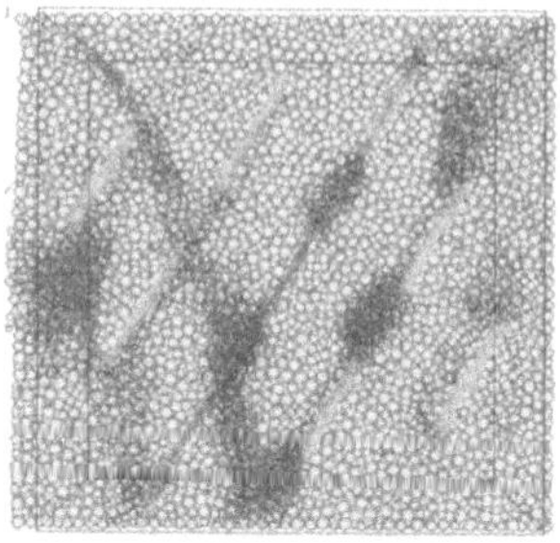

(o) 平面破坏，
φ_j=45°，α=60°

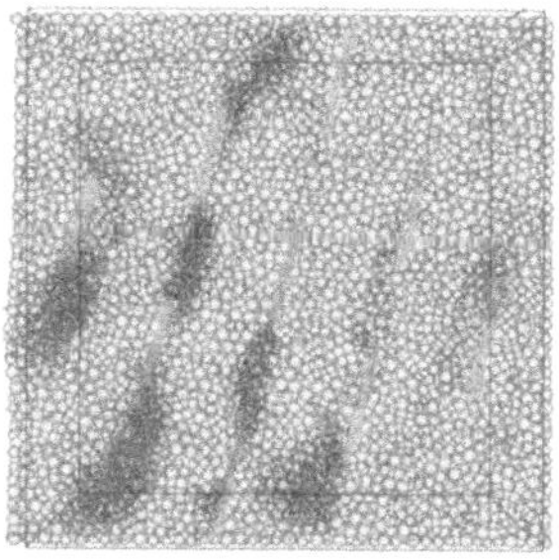

(m) 平面破坏，
φ_j=15°，α=75°

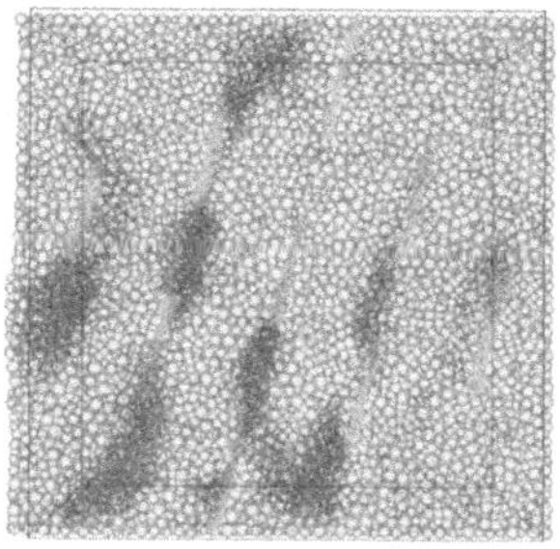

(n) 平面破坏，
φ_j=30°，α=75°

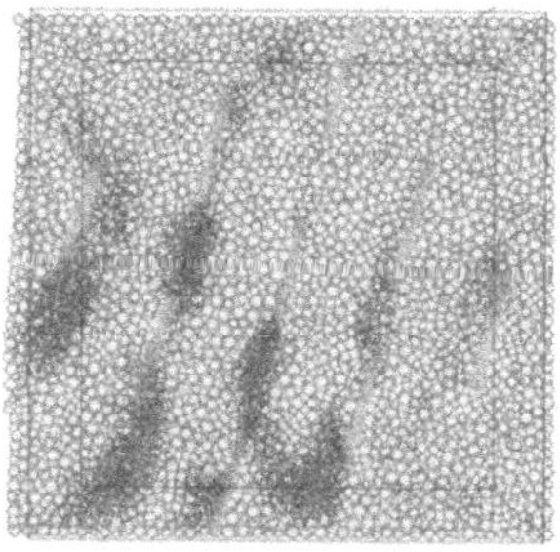

(o) 平面破坏，
φ_j=45°，α=75°

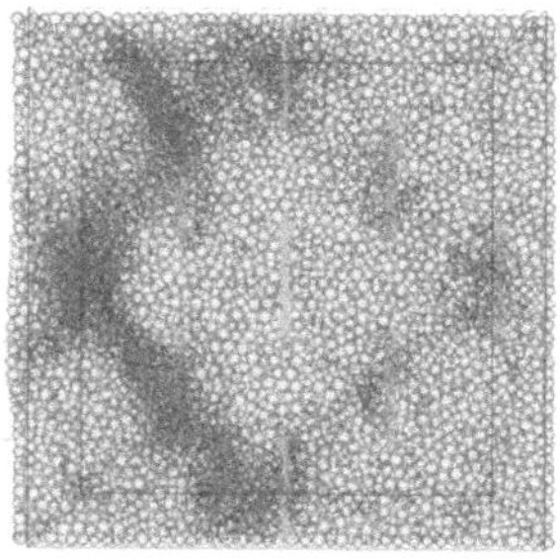

(p) 完整材料破坏，
φ_j=15°，α=90°

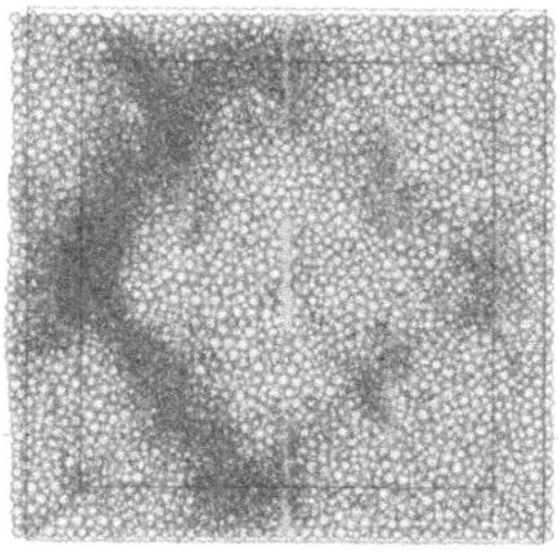

(q) 完整材料破坏，
φ_j=30°，α=90°

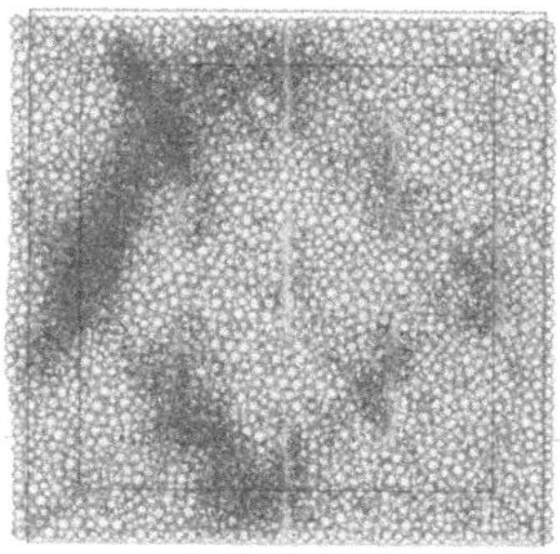

(r) 完整材料破坏，
φ_j=45°，α=90°

图 6-10 （续）

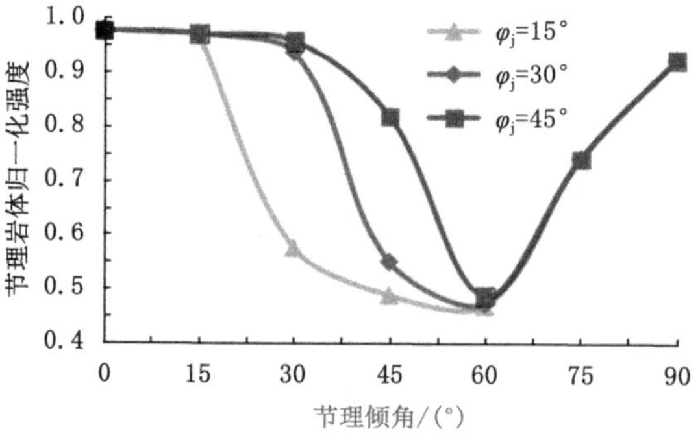

图 6-11　不同节理内摩擦角 φ_j 时节理岩体归一化强度

如图 6-10 所示，当节理内摩擦角由 15°增大为 30°和 45°时，节理岩体的破坏模式在一定节理倾角时发生了改变。其中，当 $\alpha=30°$时，随着节理内摩擦角的增大，节理岩体破坏模式由阶梯形破坏改变为完整材料破坏。相应的，节理岩体的归一化强度也由 0.574 变为 0.957(图 6-11)。当 $\alpha=45°$时，随着节理内摩擦角的增大，节理岩体破坏模式由阶梯形破坏 & 平面破坏变为平面破坏。节理内摩擦角的增大阻止了自由面附近阶梯形破坏的产生，进而造成节理岩体归一化强度的增大，由 0.487 增大为 0.549 和 0.818(图 6-11)。当 $\alpha=60°$时，虽然节理岩体的破坏模式没有发生改变，但是节理岩体的强度随着内摩擦角的增大而增大，由 0.468 增大至 0.472 和 0.487，增幅较小(图 6-11)。当 $\alpha=75°$时，节理岩体的破坏模式和强度性质不随节理内摩擦角的改变而改变。

由上述分析可知：当节理倾角由 30°增大为 75°的过程中，节理内摩擦角对节理岩体力学性质的影响逐渐减小。当 $\alpha=0°$、$\alpha=15°$和 $\alpha=90°$时，节理内摩擦角的改变对节理岩体力学性质没有影响，这主要是因为在 $\alpha=0°$、$\alpha=15°$和 $\alpha=90°$时，节理岩体的破坏模式为完整材料破坏，受到预制节理的影响较小。而当 $\alpha=30°\sim75°$时，节理和岩桥均起到了承载作用。因此，节理内摩擦角的增大必然会引起节理岩体强度的增大。然而，当节理倾角较大时，如 $\alpha=60°$和 $\alpha=75°$，节理表面上的法向应力分量 $\overline{\sigma}_{nj}$ 较小，节理的剪切强度 $\overline{\tau}_{nj}$ 也较小[式(6-1)]。因此，即使节理内摩擦角增大，节理岩体强度增大不明显。节理内摩擦角对节理岩体力学性质的影响是否显著取决于节理表面上的法向应力分量。

6.3.4 节理内聚力 c_j 力学效应

为了研究节理的剪切强度对含断续节理隧道围岩体力学性质的影响，本节对节理内聚力 c_j 对节理岩体模型破坏模式和强度性质的影响进行了分析研究。节理内聚力 c_j 分别取 0.5 MPa、1.0 MPa、1.5 MPa，其他节理力学参数保持不变，即 $\overline{k}_{nj}=1.36\times10^{10}$ N/m³、$\overline{k}_{sj}/\overline{k}_{nj}=1/3$、$\overline{\sigma}_{cj}=0.5$ MPa、$\varphi_j=20°$、$\mu_j=0.3$。图 6-12 和图 6-13 分别为不同节理内聚力时节理岩体模型的破坏模式和归一化强度。

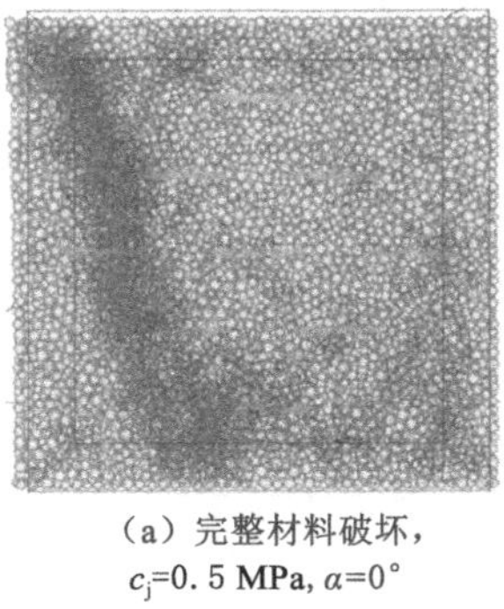

(a) 完整材料破坏，c_j=0.5 MPa, α=0°

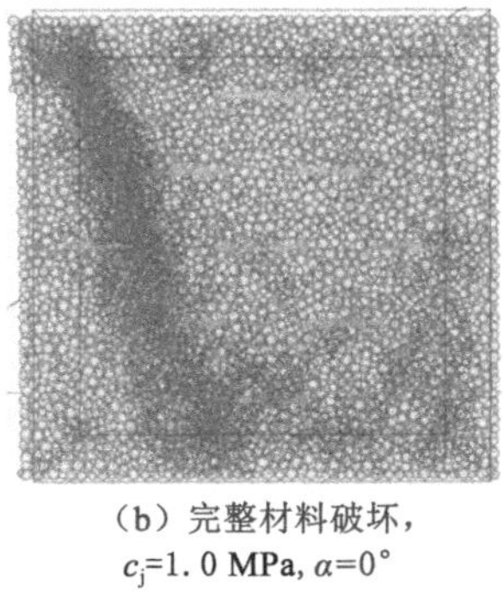

(b) 完整材料破坏，c_j=1.0 MPa, α=0°

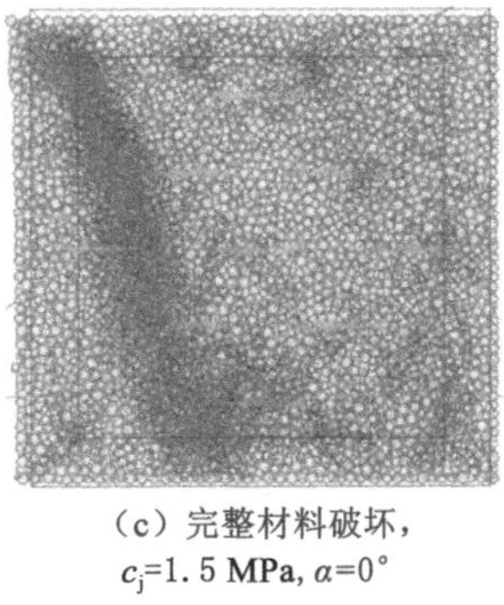

(c) 完整材料破坏，c_j=1.5 MPa, α=0°

图 6-12 不同节理内聚力 c_j 时节理岩体的破坏模式

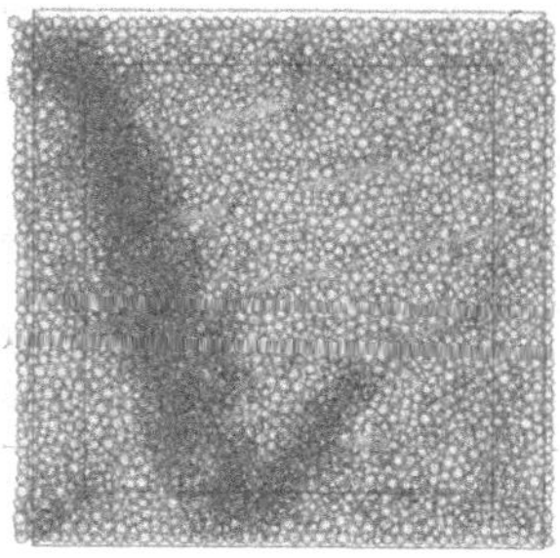

（d）完整材料破坏，
c_j=0.5 MPa, α=15°

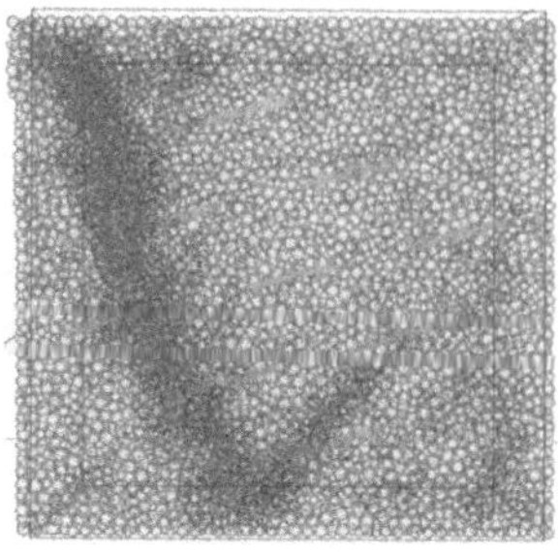

（e）完整材料破坏，
c_j=1.0 MPa, α=15°

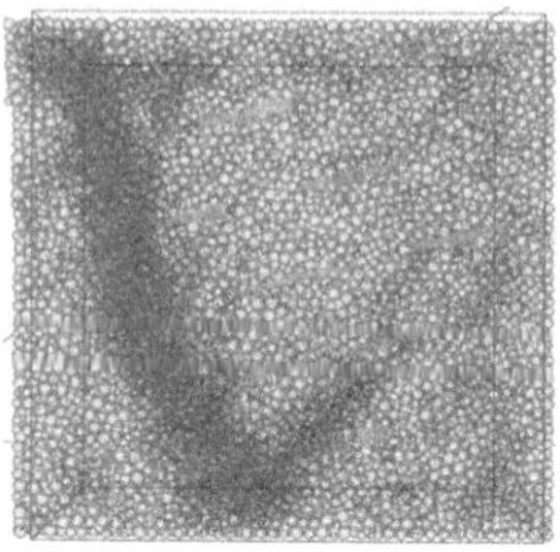

（f）完整材料破坏，
c_j=1.5 MPa, α=15°

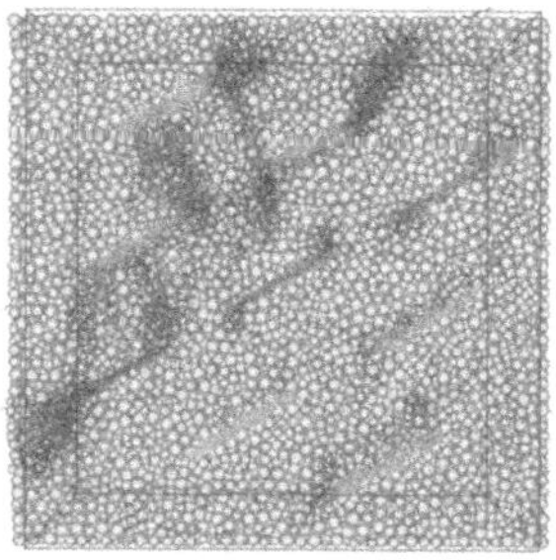

（g）阶梯形破坏，
c_j=0.5 MPa, α=30°

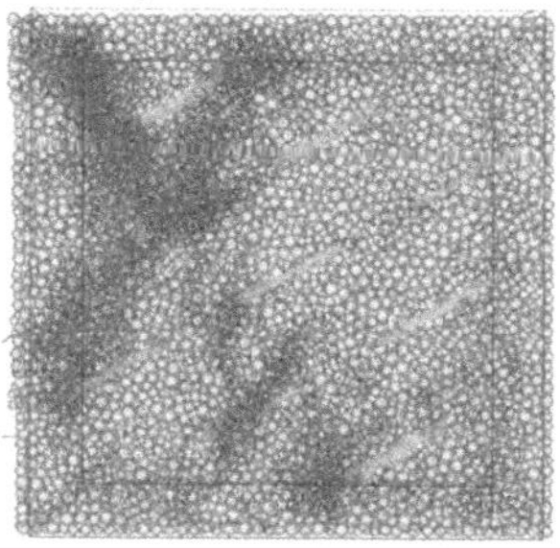

（h）阶梯形破坏&完整材料破坏，
c_j=1.0 MPa, α=30°

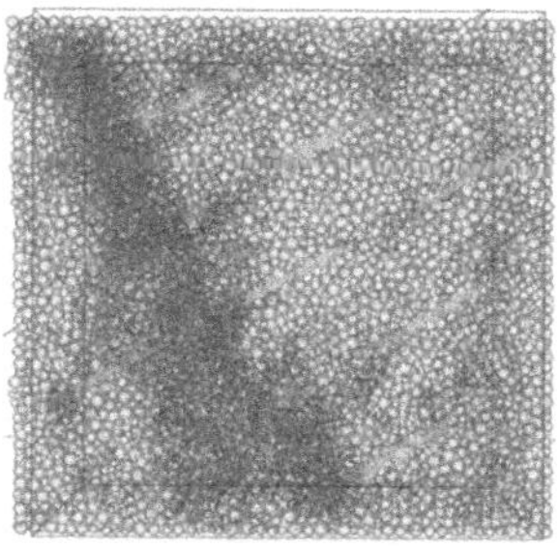

（i）完整材料破坏，
c_j=1.5 MPa, α=30°

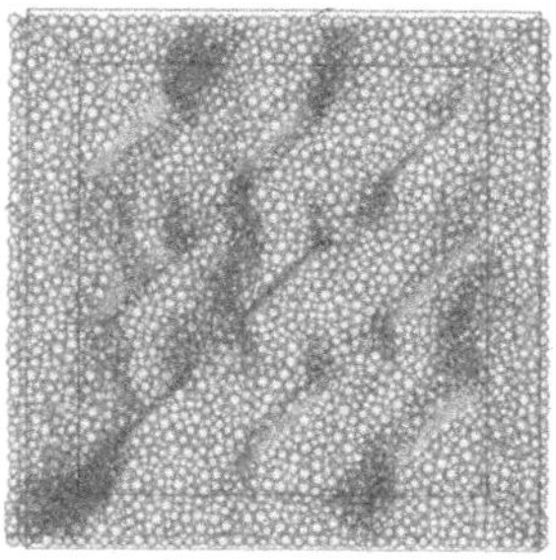

（j）阶梯形破坏&平面破坏，
c_j=0.5 MPa, α=45°

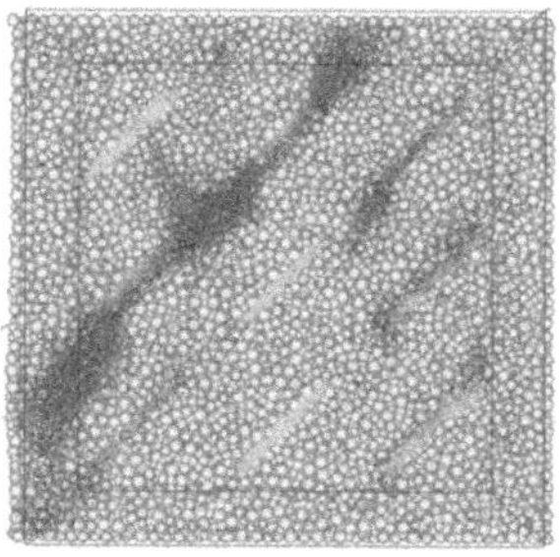

（k）平面破坏，
c_j=1.0 MPa, α=45°

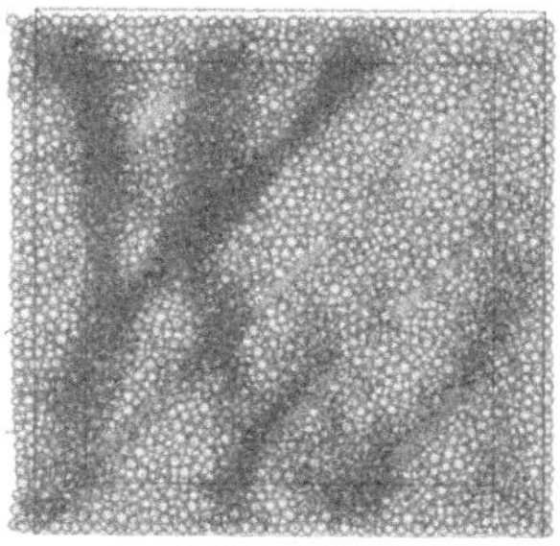

（l）完整岩石&平面破坏，
c_j=1.5 MPa, α=45°

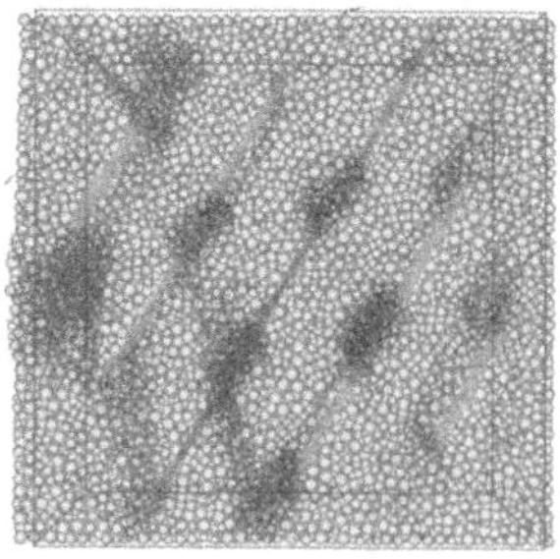

（m）平面破坏，
c_j=0.5 MPa, α=60°

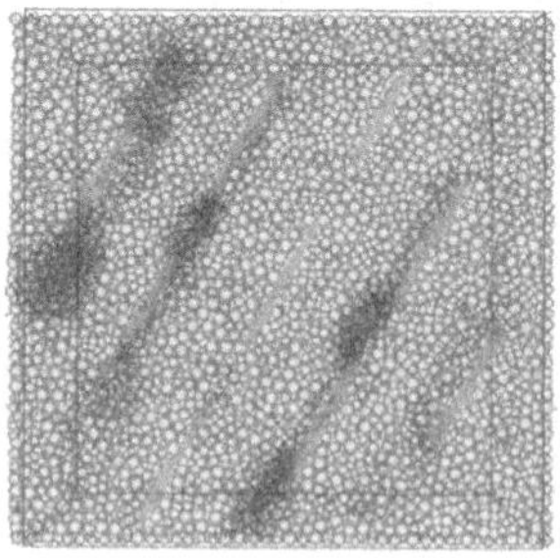

（n）平面破坏，
c_j=1.0 MPa, α=60°

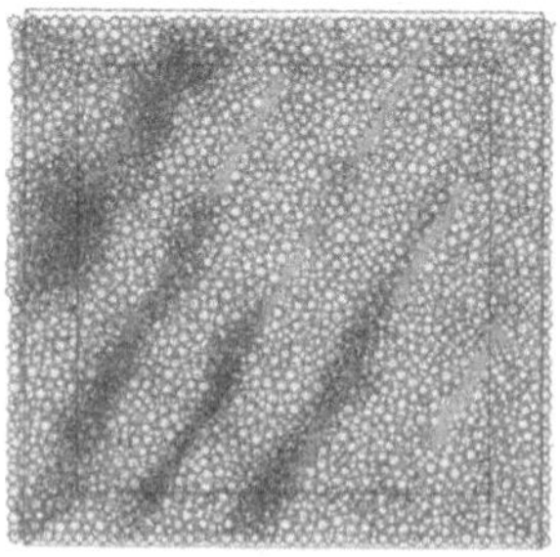

（o）平面破坏，
c_j=1.5 MPa, α=60°

图 6-12 （续）

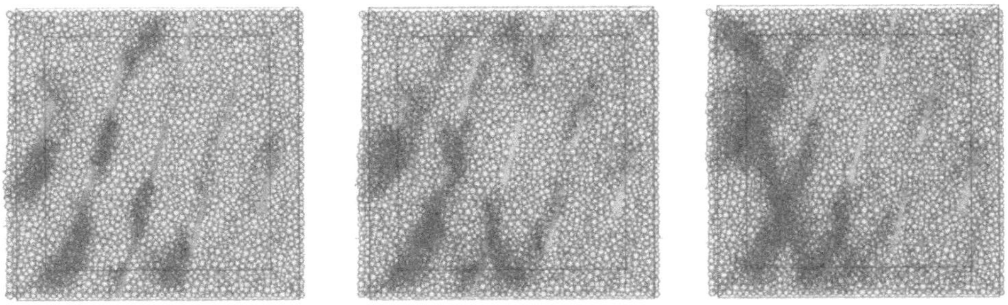

（p）平面破坏，
c_j=0.5 MPa, α=75°

（q）平面破坏，
c_j=1.0 MPa, α=75°

（r）完整岩石&平面破坏，
c_j=1.5 MPa, α=75°

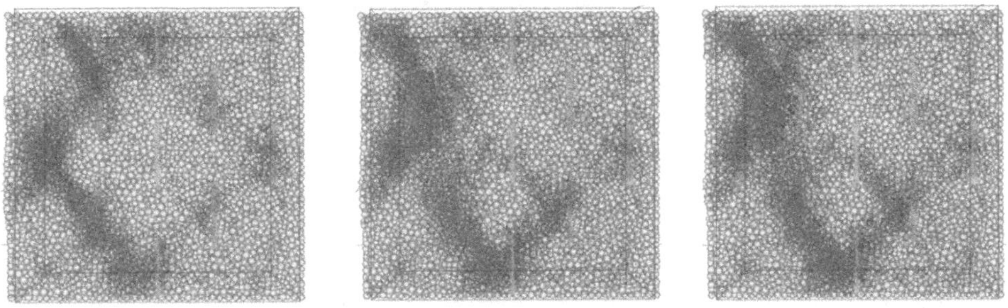

（s）完整材料破坏，
c_j=0.5 MPa, α=90°

（t）完整材料破坏，
c_j=1.0 MPa, α=90°

（u）完整材料破坏，
c_j=1.5 MPa, α=90°

图 6-12　（续）

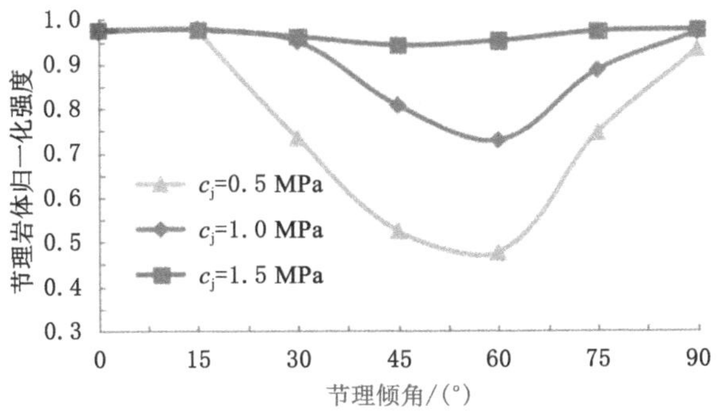

图 6-13　不同节理内聚力 c_j 时节理岩体归一化强度

图 6-12 表明：当节理倾角较大时（45°、60°、75°、90°），节理内聚力的增大可以引起节理岩体破坏模式的变化。当 $\alpha=45°$时，随着节理内聚力 c_j 的增大，节理岩体的破坏模式由阶梯形破坏 & 平面破坏转变为平面 & 完整材料破坏。因此可知：节理内聚力的增大不仅可以阻止自由面附近沿节理表面的滑移，还阻碍了节理岩体内部沿节理表面的滑移破坏。当 $\alpha=60°$时，虽然岩体的破坏模式没有发生改变，节理内聚力的增大造成预制节理附近微观裂隙数量的增加，如图 6-12 所示。当 $\alpha=75°$时，节理岩体的破坏模式由平面破坏转变为平面 & 完整材料破坏，自由面附近的平面破裂面由于节理内聚力的增大没有形成。当节理倾向为竖直（$\alpha=90°$）时，随着节理内聚力的增大，节理岩体中的宏观破裂面逐渐转变为与完整岩

体模型中的破裂面类似，如图 6-3 所示。节理内聚力的增大导致靠近自由面预制节理(最左端预制节理)对岩体模型破坏模式的影响降低，节理岩体稳定性进一步增强。

如图 6-13 所示，随着节理内聚力 c_j 的增大，节理岩体的归一化强度增大。与节理内摩擦角的增大主要提高 $\alpha=30°$和 $\alpha=45°$时节理岩体的强度不同(图 6-11)，增大节理内聚力不仅可以提高 $\alpha=30°$和 $\alpha=45°$时节理岩体的强度，也可以提高 $\alpha=60°$、$\alpha=75°$、$\alpha=90°$时节理岩体的强度。对于 $\alpha=60°$，随着节理内聚力 c_j 由 0.5 MPa 增大至 1.0 MPa 和 1.5 MPa，节理岩体的归一化强度增量最大，由 0.476 增大为 0.727 和 0.952。对于 $\alpha=75°$，随着节理内聚力 c_j 由 0.5 MPa 增大至 1.0 MPa 和 1.5 MPa，节理岩体的归一化强度由 0.745 增大为 0.886 和 0.973。此外，对于 $\alpha=90°$，随着节理内聚力的增大，节理岩体的归一化强度由 0.932 增大为 0.971 和 0.977。与节理内摩擦角相比，增大节理内聚力可以直接导致节理剪切强度的提高，而不受节理表面上法向应力分量的影响。这是造成增大节理内聚力可以提高 $\alpha=60°$、$\alpha=75°$和 $\alpha=90°$时节理岩体的强度，而增大节理内摩擦角不产生影响的原因。

6.3.5 节理摩擦系数 μ_j 力学效应

节理摩擦系数只有在节理表面的黏结发生破坏后产生作用，为节理表面提供残余强度，如图 6-2 所示。为了研究节理的剪切强度对含断续节理隧道围岩体力学性质的影响，对节理摩擦系数 μ_j 对节理岩体模型破坏模式和强度性质的影响进行了分析研究。节理摩擦系数 μ_j 分别取值 0.25、0.40、0.55。另外，保持其他节理力学参数不变，即 $\overline{k}_{nj}=1.36\times10^{10}$ N/m^3、$\overline{k}_{sj}/\overline{k}_{nj}=1/3$、$\overline{\sigma}_{cj}=0.5$ MPa、$\overline{\varphi}_j=30°$、$c_j=0.5$ MPa。图 6-14 和图 6-15 分别为不同节理摩擦系数时节理岩体模型的破坏模式和归一化强度。

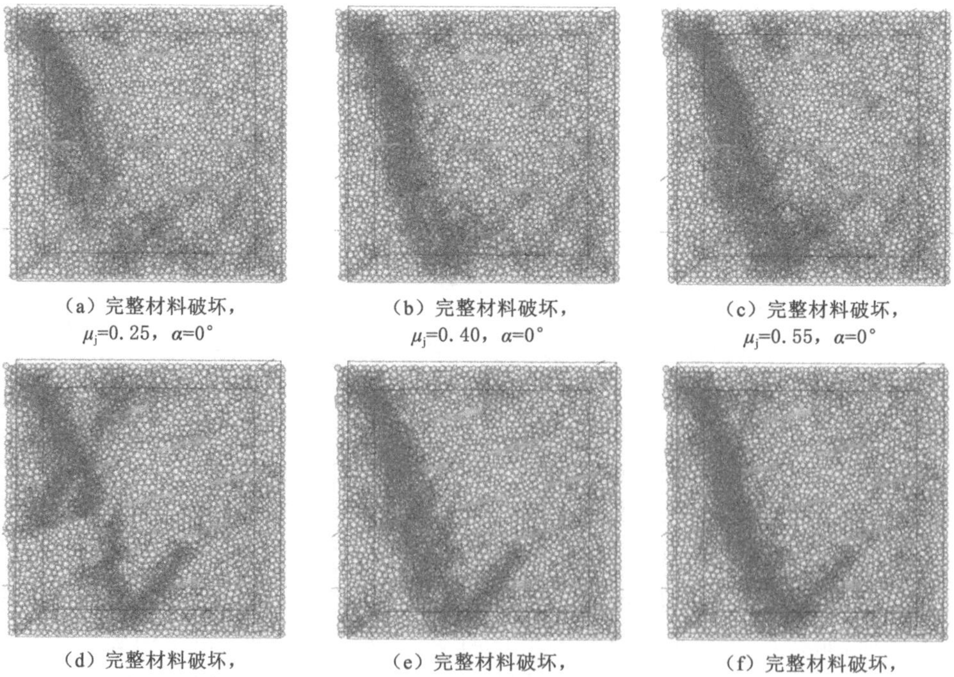

(a) 完整材料破坏，μ_j=0.25，α=0°
(b) 完整材料破坏，μ_j=0.40，α=0°
(c) 完整材料破坏，μ_j=0.55，α=0°
(d) 完整材料破坏，μ_j=0.25，α=15°
(e) 完整材料破坏，μ_j=0.40，α=15°
(f) 完整材料破坏，μ_j=0.55，α=15°

图 6-14 不同节理摩擦系数 μ_j 时节理岩体的破坏模式

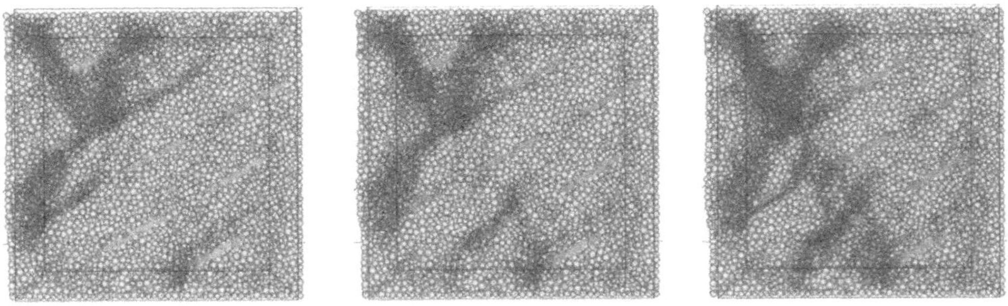

（g）阶梯形破坏，μ_j=0.25，α=30°

（h）阶梯形破坏&完整材料破坏，μ_j=0.40，α=30°

（i）阶梯形破坏&完整材料破坏，μ_j=0.55，α=30°

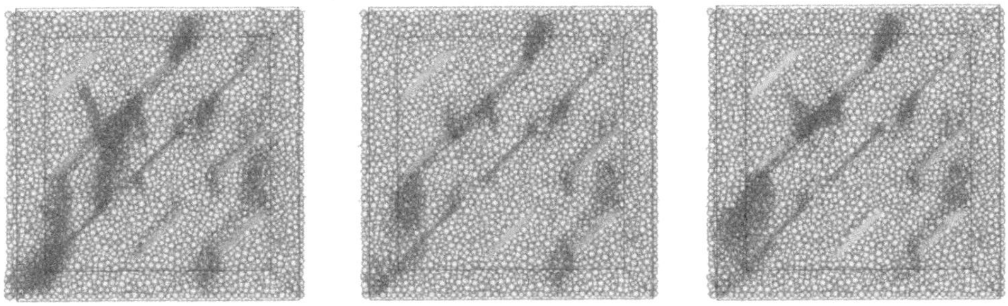

（j）阶梯形破坏&完整材料破坏，μ_j=0.25，α=45°

（k）平面破坏，μ_j=0.40，α=45°

（l）完整材料破坏，平面破坏，μ_j=0.55，α=45°

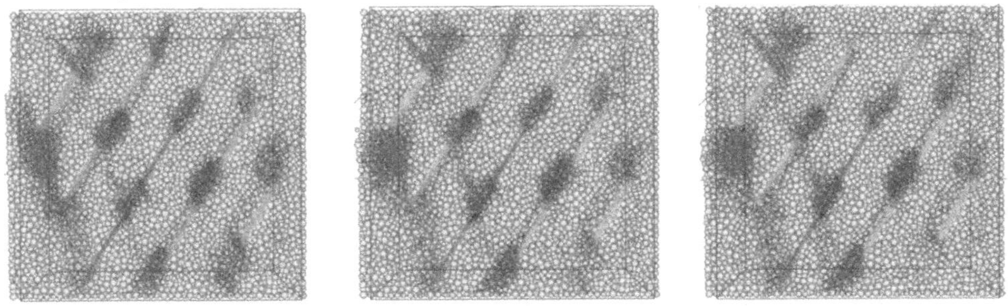

（m）平面破坏，μ_j=0.25，α=60°

（n）平面破坏，μ_j=0.40，α=60°

（o）平面破坏，μ_j=0.55，α=60°

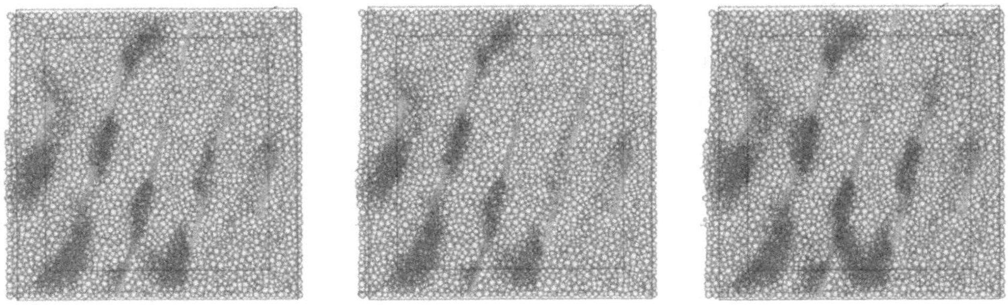

（p）平面破坏，μ_j=0.25，α=75°

（q）平面破坏，μ_i=0.40，α=75°

（r）完整岩石&平面破坏，μ_j=0.55，α=75°

图 6-14 （续）

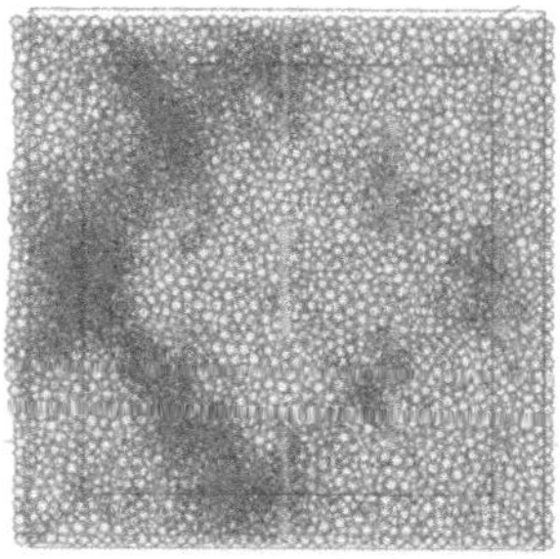

(s) 完整材料破坏，μ_j=0.25，α=90°

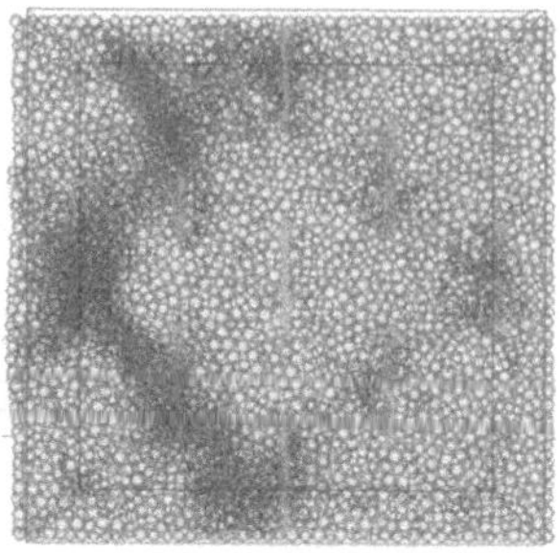

(t) 完整材料破坏，μ_j=0.40，α=90°

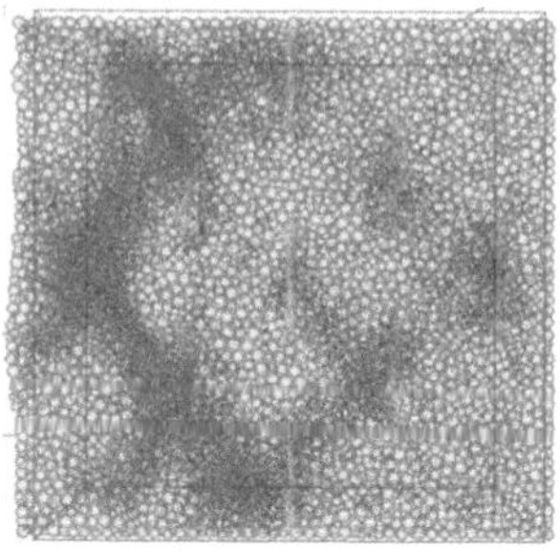

(u) 完整材料破坏，μ_j=0.55，α=90°

图 6-14 (续)

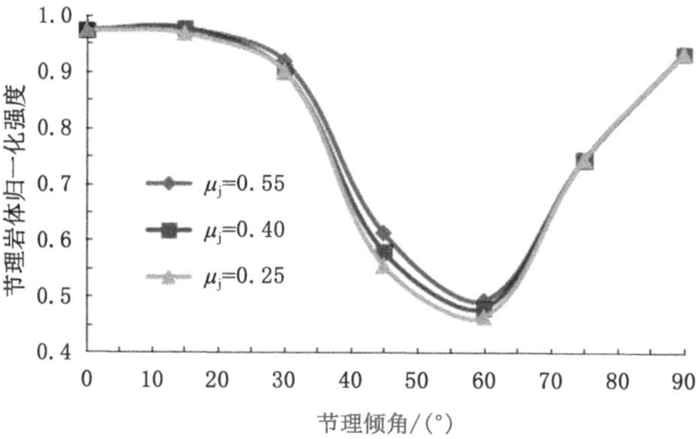

图 6-15 不同节理摩擦系数 μ_j 时节理岩体归一化强度

如图 6-14 和图 6-15 所示，随着节理倾角 α 由 15°增大到 60°，节理摩擦系数对节理岩体破坏模式和强度的影响逐渐增大。与节理内摩擦角类似，节理摩擦系数可以阻止靠近自由面沿预制节理的滑移破坏，并影响节理岩体的整体破坏模式。比如，当 $\alpha=15°$时，随着节理摩擦系数的增大，节理岩体的破坏模式由阶梯形破坏 & 完整材料破坏转变为完整材料破坏；当 $\alpha=45°$时，节理岩体的破坏模式由阶梯形破坏 & 完整材料破坏转变为平面破坏。由于沿节理的剪切滑移是造成阶梯形破坏的重要原因，随着节理摩擦系数的增大，当 $\alpha=30°$、$\alpha=45°$和 $\alpha=60°$时，节理岩体的强度也会提高。随着节理倾角的进一步增大(如 $\alpha=75°$)，节理摩擦系数对节理岩体力学性质的影响极小，主要原因是节理摩擦系数对节理剪切强度的增大的影响受到作用在节理表面上法向应力分量的影响。在一定程度上，节理摩擦系数 μ_j 对节理岩体力学性质的影响与节理内摩擦角 φ_j 类似。可以预知：当节理内摩擦角 φ_j 较小时，节理摩擦系数 μ_j 对节理岩体力学性质的影响进一步增强。

为了研究节理抗拉强度对节理岩体力学性质的影响，节理抗拉强度 $\overline{\sigma}_{cj}$ 分别取 0.5 MPa、1.0 MPa、1.5 MPa，保持其他节理力学参数不变。颗粒流数值计算结果表明节理抗拉强度对节理岩体破坏模式的影响较小。此外，如图 6-16 所示，除节理倾角为 90°时，节理抗拉强度对节理岩体的强度性质的影响也较小。

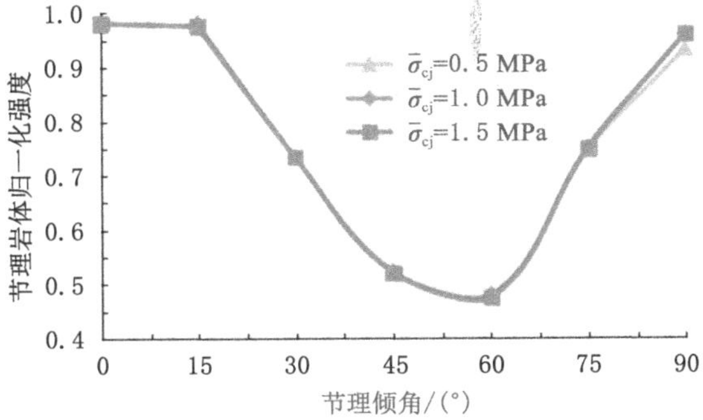

图 6-16 不同节理抗拉强度时节理岩体归一化强度

6.4 节理的剪切滑移对断续节理岩体力学性质的影响

由上述数值模型试验结果可知：节理剪切强度参数（节理内摩擦角、节理内聚力、节理摩擦系数）对含断续节理隧道围岩体力学性质的影响较节理抗拉强度的影响大得多。为了进一步揭示该现象的力学机理，对节理岩体中预制节理的力学响应及其对节理岩体宏观力学性质的影响进行了研究分析。

由 6.1 节可知平滑节理表面的黏结既可以发生张拉破坏也可以发生剪切破坏，并产生相应的张拉裂隙和剪切裂隙[137]。因此，在一定程度上节理表面上张拉裂隙和剪切裂隙的出现可以反映节理岩体模型在压缩条件下节理表面上相应的力学响应。图 6-17 所示为节理岩体模型在压缩条件下预制黏结节理中微观裂隙随着竖向（σ_1 方向）压缩应变的变化规律。需要注意的是，对于所有节理岩体模型，节理的微观力学参数均保持不变，即 $\bar{k}_{nj}=1.36\times10^{10}$ N/m^3、$\bar{k}_{sj}/\bar{k}_{nj}=1/3$、$\bar{\sigma}_{cj}=0.5$ MPa、$c_j=0.5$ MPa、$\mu_j=0.3$。如图 6-17 所示，对于任何节理倾角，黏结节理中形成的剪切裂隙均较形成的张拉裂隙的数量多。除 $\alpha=90°$ 外，黏结节理中形成的张拉裂隙数量较小。相反，在压缩试验过程中，黏结节理中的剪切裂隙数量经历一次大幅度增加，特别是节理倾角为 30°、45°、60°、75°。该现象表明：节理岩体模型在压缩过程中发生在节理表面上的剪切滑移造成了大量剪切裂隙的产生。因此，沿节理表面的剪切滑移是影响节理岩体力学性质的主要因素。

另外，沿节理表面的剪切滑移会影响节理岩体的强度性质。图 6-18 所示为不同节理倾角时黏结节理中剪切裂隙数量与节理岩体归一化强度的相应关系。需要指出的是，图中剪切裂隙的数量为应力达到峰值时的值。剪切裂隙数量较小时，节理岩体的归一化强度较大；剪切裂隙数量较大时，节理岩体的归一化强度较小。比如，对于 $\alpha=0°$，当黏结节理中剪切裂隙的数量为 115 条时，节理岩体的归一化强度为 0.977，与完整岩体试件的强度接近。而对于 $\alpha=60°$，当黏结节理中剪切裂隙的数量为 12 170 条时，节理岩体的归一化强度为 0.476。因此可以得出结论：沿节理的剪切滑移大幅度降低了节理岩体模型的抵抗力。这也揭示了上文中提高节理剪切强度从而提高节理岩体宏观强度性质的机理。

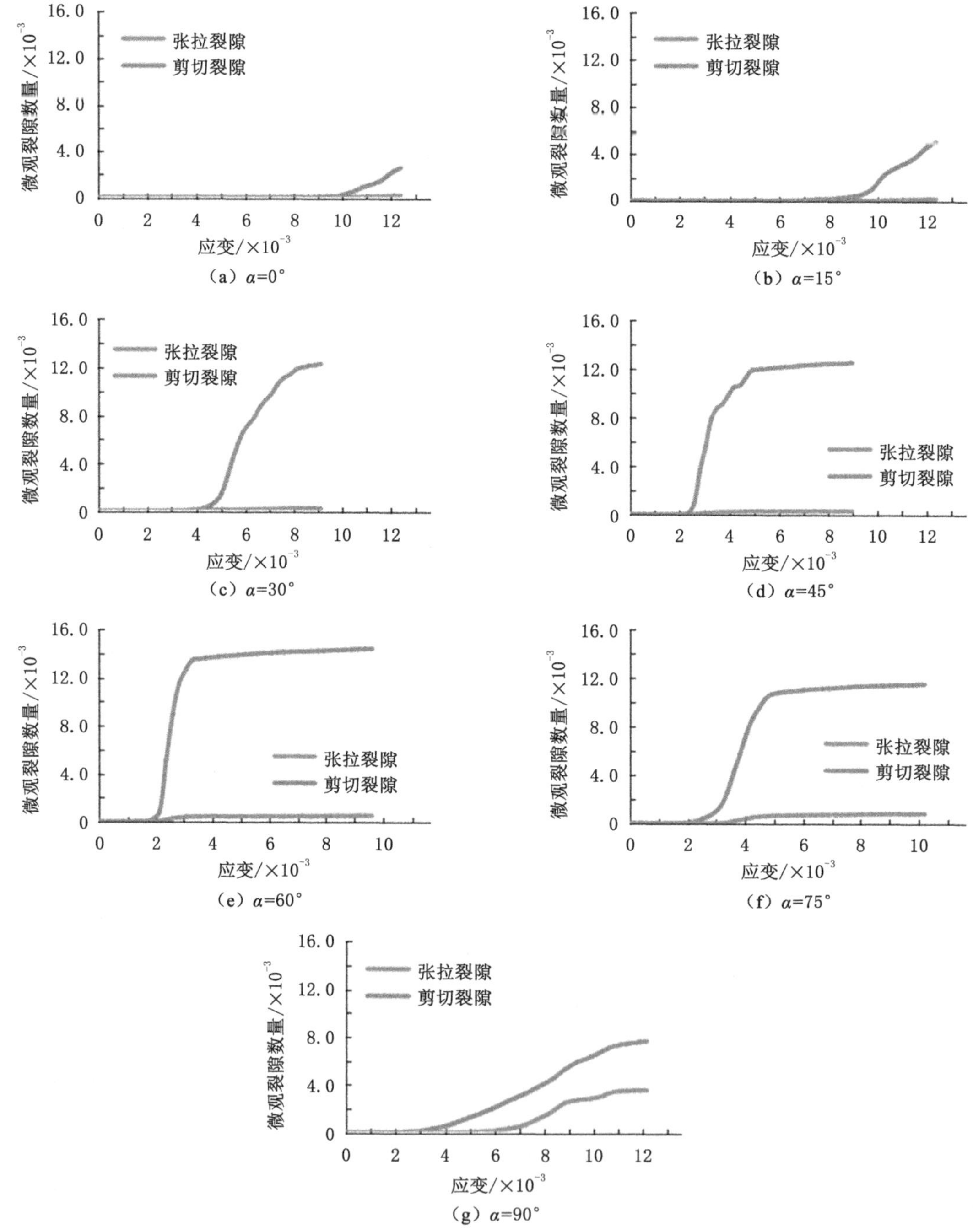

图 6-17　预制黏结节理中微观裂隙数量

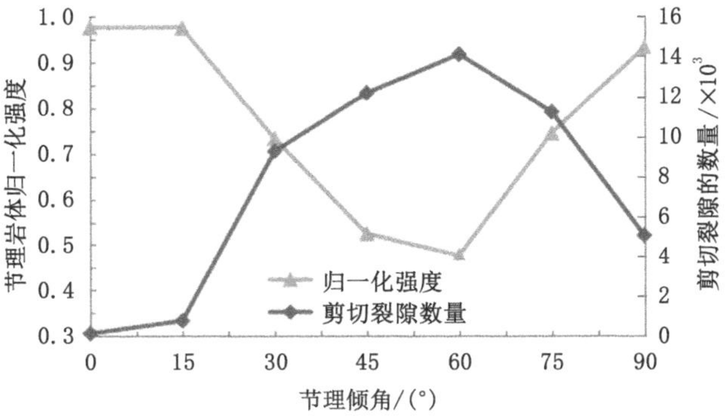

图 6-18　节理岩体归一化强度与剪切裂隙数量的关系曲线

6.5　本章小结

采用颗粒流数值方法系统研究了断续节理岩体节理力学参数效应。在物理模型试验[81,146]的基础上，采用 PFC3D 数值软件建立了断续节理岩体颗粒流数值模型，并进一步分析了节理法向刚度、节理剪切刚度、节理内摩擦角、节理内聚力、节理摩擦系数及节理抗拉强度对断续节理岩体模型破坏模式和强度性质的影响机理，主要得出以下结论：

（1）断续节理岩体模型在复杂应力环境下主要表现出四种基本破坏模式，即完整材料破坏、劈裂破坏、阶梯形破坏和平面破坏。一定条件下，断续节理岩体模型破坏模式为 2 种破坏模式的组合，如阶梯形破坏模式 & 平面破坏模式、阶梯形破坏模式 & 完整材料破坏模式、平面破坏模式 & 完整材料破坏模式以及完整材料破坏模式 & 劈裂破坏模式。

（2）节理法向刚度和节理剪切刚度对节理岩体力学性质的影响，主要发生在节理倾角较小的条件下，如 0°、15°、30°、45°，且影响随着节理倾角的增大而减小。当 $\alpha \leqslant 45°$ 时，节理岩体归一化强度随着节理法向刚度的增大而增大；当 $\alpha \geqslant 60°$ 时，节理法向刚度对节理岩体归一化强度几乎没有影响。

（3）当 $\alpha = 30°$ 和 $\alpha = 45°$ 时，节理内摩擦角的变化对节理岩体的力学性质具有重要的影响。随着节理倾角的增大，如 $\alpha = 60° \sim 90°$，由于作用在节理表面上的法向应力分量较小，节理内摩擦角对节理岩体力学性质的影响也较小；当 $\alpha = 30°$、$\alpha = 45°$ 和 $\alpha = 60°$ 时，节理摩擦系数对节理岩体的力学性质具有一定的影响，但影响较小。当节理倾角较小（0°、15°）或较大（75°、90°）时，节理摩擦系数的改变对节理岩体力学性质几乎没有影响。节理内聚力的增大直接造成节理剪切强度的增大，而不受节理表面上法向应力分量的影响（即不受节理倾角的影响），并最终导致节理岩体宏观强度的增大。

（4）在复杂应力环境下，断续节理岩体的节理抗拉强度力学效应不明显：当 $\alpha \leqslant 75°$ 时，节理抗拉强度的增大不会改变节理岩体的宏观力学性质；当 $\alpha = 90°$ 时，节理抗拉强度的增大可以增大节理岩体的强度，但增大幅度不大。

(5) 在复杂应力环境下，断续节理岩体的黏结节理中产生的剪切裂隙数量较张拉裂隙数量多，表明沿原有节理的剪切滑移是节理岩体破坏的重要原因。节理力学参数中与节理剪切强度相关的参数，如节理内聚力和节理内摩擦角，对断续节理岩体的宏观力学性质起主要作用。

7 结论与展望

7.1 主要研究成果

针对断续节理岩体结构效应研究的难点与热点，采用物理模型试验与颗粒流数值模型试验相结合的方法进行系统深入研究，取得了以下主要成果：

(1) 采用石膏和水组成的相似材料制备断续节理岩体物理模型试件，在单轴压缩条件下研究了不同节理间距和不同节理重叠度所引起的断续节理岩体结构效应，研究结果表明：

① 断续节理岩体模型的破坏模式主要受预制节理倾角的影响。根据物理模型试验结果，主要得到以下四种破坏模式：穿过节理平面的张拉破坏(破坏模式Ⅰ)、沿节理平面的剪切破坏(破坏模式Ⅱ)、沿节理平面的张拉破坏(破坏模式Ⅲ)和完整材料破坏(破坏模式Ⅳ)。

② 平行节理平面之间通过翼裂隙的产生和合并发生相互作用。在竖向荷载作用下，平行节理之间的相互作用受到节理倾角、节理间距和节理重叠度的影响。平行节理间的相互作用不仅要求节理倾角较低(0°、15°、30°、45°、60°)，还要求较小的节理间距。在合适的节理倾角和节理间距范围内，节理重叠度才会对平行节理间的相互作用产生影响。

③ 节理间距对断续节理岩体模型的力学性质具有重要的影响。随着节理间距的减小，断续节理岩体模型的归一化强度和试件表面最大位移变形量均较小($\alpha=0°$除外)。当节理倾角小于 60°时，节理间距才会对平行节理间的相互作用产生影响。

④ 当节理倾角小于或等于 45°时，节理重叠度对断续节理岩体模型的力学性质具有重要的影响($d=30$ mm)。断续节理岩体的归一化强度和试件表面最大位移变形量随着节理重叠度的减小而减小，$\alpha=0°$除外。

(2) 采用颗粒流数值模型方法研究了单轴压缩条件下不同节理倾角、不同节理连续度和不同节理张开度所引起的断续节理岩体结构效应，结论如下：

① 节理倾角对断续节理岩体模型力学性质的影响较为显著。当节理倾角由 0°增大到 90°的过程中，节理岩体强度先减小后增大，在 $\alpha=45°$时出现最小值。张开节理表面在节理倾角较小时容易发生接触，而在节理倾角较大时不容易发生接触，这是节理岩体应力-应变关系曲线在节理倾角较小和较大时不同的重要原因。

② 节理连续度对断续节理岩体模型力学性质的影响也较大。虽然节理岩体强度随节理倾角的分布趋势不随连续度发生改变，但是节理连续度越大，节理倾角对节理岩体力学性质的影响就越大。

③ 当节理倾角较小(0°、15°)时，节理张开度对节理岩体的力学性质的影响较大。随着节理倾角的增大，节理张开度对节理岩体力学性质的影响逐渐减小。节理表面发生接触并相互作用对断续节理岩体的力学性质具有较大影响。

(3) 采用物理模型试验和数值模型试验的方法，分别研究了侧向定刚度约束和侧向定压力约束条件下断续节理岩体的结构效应，分析了断续节理岩体锚杆锚固机理，得出以下结论：

① 当节理倾角较小(0°、15°)或较大(75°、90°)时，锚杆锚固作用对断续节理岩体模型力学性质的影响较小。当节理倾角为30°、45°、60°时，锚杆的“销钉”作用可以提高断续节理岩体模型的抗压强度。

② 在无侧向约束条件下，断续节理岩体颗粒流数值模型的破坏模式和归一化强度具有较好的一致性。当侧向应力较小时，对断续节理岩体的破坏模式的影响较小，但可以有效提高各个倾角时断续节理岩体的强度。

③ 当断续节理岩体中节理倾角为30°、45°、60°时，采用锚杆进行支护可以提高岩体的承载力；当节理倾角为0°和15°或75°和90°时，采用增加支护应力的措施可以提高岩体的承载力；在锚杆上施加预紧力是进行岩体加固的有效措施。

(4) 采用颗粒流数值模型方法，研究隧道开挖三向应力下不同节理倾角所引起的断续节理岩体结构效应，以及不同支护力对断续节理岩体力学性质的影响。

① 在无支护应力条件下，节理岩体的破坏模式与节理倾角具有较大的相关性。与无预制节理岩体相似，在节理倾角为0°、15°、90°时节理岩体主要发生完整材料破坏；当节理倾角为30°时，节理岩体发生阶梯形破坏；当节理倾角为60°和75°时，节理岩体发生平面破坏；当节理倾角为45°时，节理岩体同时发生阶梯形破坏和平面破坏。

② 当节理岩体以完整材料破坏模式破坏时，其抗压强度较大；当节理岩体以阶梯形破坏或者平面破坏模式发生破坏时，其抗压强度较小。因此，在$\alpha=0°$、15°、90°时节理岩体的强度较高；当$\alpha=30°$和$\alpha=75°$时，节理岩体的强度适中；当$\alpha=45°$和$\alpha=60°$时，节理岩体的强度较低。

③ 开挖自由面的收敛变形过程可以分为三个阶段，且在阶段Ⅱ和阶段Ⅲ中$\varepsilon_3/\varepsilon_1$受节理倾角的影响较大。$\varepsilon_3/\varepsilon_1$可以作为隧道开挖后围岩体稳定性的评价指标：当$\varepsilon_3/\varepsilon_1>1.0$时，断续节理岩体膨胀，易失稳；当$\varepsilon_3/\varepsilon_1<1.0$时，断续节理岩体收缩，稳定性较好。

④ 在自由面上施加一定的支护应力可以大幅度提高断续节理岩体的强度。在$\alpha=30°$和$\alpha=75°$时，提高支护应力对提高节理岩体强度效果最为显著。当施加的支护应力较小时(如$\sigma_3=0.06$ MPa)，节理岩体强度增幅与施加支护应力之比可以达到10倍以上。而当支护应力进一步增大($\sigma_3=0.20$ MPa和$\alpha=0.40$ MPa)时，上述比值分别为7.9和6.6。

(5) 断续节理岩体的结构效应不仅体现在节理几何参数对断续节理岩体力学性质的影响上，节理力学参数的改变同样会引起断续节理岩体的结构效应。

① 节理法向刚度和节理剪切刚度对断续节理岩体力学性质的影响，主要发生在节理倾

角较小的条件下，如 0°、15°、30°、45°，且影响随着节理倾角的增大而减小。当 $\alpha \leqslant 45°$ 时，节理岩体归一化强度随着节理法向刚度的增大而增大；当 $\alpha \geqslant 60°$ 时，节理法向刚度对节理岩体归一化强度几乎没有影响。

② 当 $\alpha = 30°$ 和 $\alpha = 45°$ 时，节理内摩擦角的变化对节理岩体的力学性质具有重要的影响。随着节理倾角的增大，由于作用在节理表面上的法向应力分量较小，节理内摩擦角对节理岩体力学性质的影响也较小。

③ 当 $\alpha = 30°$、$\alpha = 45°$ 和 $\alpha = 60°$ 时，节理摩擦系数对节理岩体的力学性质具有一定的影响，但是影响较小。当节理倾角较小(0°、15°)或较大(75°、90°)时，节理摩擦系数的改变对节理岩体力学性质几乎没有影响。

④ 节理内聚力的增大直接造成节理剪切强度的增大，而不受节理表面上法向应力分量的影响(不受节理倾角的影响)，并最终导致节理岩体宏观强度的增大。

⑤ 当 $\alpha \leqslant 75°$ 时，节理抗拉强度的增大不会改变节理岩体的宏观力学性质；当 $\alpha = 90°$ 时，节理抗拉强度的增大可以增大节理岩体的强度，但增幅不大。

⑥ 在三向应力环境下，黏结节理中产生的剪切裂隙数量较张拉裂隙数量多，表明沿原有节理的剪切滑移是造成岩体破坏的重要因素。节理力学参数中可以增大节理剪切强度的参数，如节理内聚力和节理内摩擦角，对断续节理岩体的宏观力学性质起主要作用。

7.2 进一步的研究工作

断续节理岩体的结构效应由于岩体结构的随机性以及岩桥与节理的相互作用是一个非常复杂的问题，本书仅在岩体结构分解法的基础上采用物理模型试验和数值模型试验对不同节理几何参数和力学参数所引起的断续节理岩体结构效应进行了初步探讨，由于所涉及的问题难度大，还有待于更为广泛的深入研究：

(1) 以一定的统计规律，采用颗粒流数值方法生成随机节理，研究工程扰动、岩爆等复杂应力环境下含随机节理体系的岩体结构效应。

(2) 在 PFC 软件平台上，开发锚杆锚固的应用，进一步研究锚杆锚固作用、锚杆预紧力对复杂应力环境下断续节理岩体力学性质的影响。

参考文献

[1] 孙广忠,周瑞光.岩体力学性质的结构效应[C]//全国第三次工程地质大会论文选集.成都:成都科技大学出版社,1988:257-262.

[2] BARTON N, BANDIS S, BAKHTAR K. Strength, deformation and conductivity coupling of rock joints[J]. International journal of rock mechanics and mining sciences & geomechanics abstracts,1985,22(3):121-140.

[3] BOBET A, EINSTEIN H H. Fracture coalescence in rock-type materials under uniaxial and biaxial compression[J]. International journal of rock mechanics and mining sciences,1998,35(7):863-888.

[4] SHEN B T, STEPHANSSON O, EINSTEIN H H, et al. Coalescence of fractures under shear stresses in experiments[J]. Journal of geophysical research: solid earth, 1995,100(B4):5975-5990.

[5] WONG R H C, CHAU K T, TANG C A, et al. Analysis of crack coalescence in rock-like materials containing three flaws: Part I: experimental approach[J]. International journal of rock mechanics and mining sciences,2001,38(7):909-924.

[6] 白世伟,任伟中,丰定祥,等.共面闭合断续节理岩体强度特性直剪试验研究[J].岩土力学,1999,20(2):10-16.

[7] 陈洪凯,唐红梅.危岩主控结构面强度参数计算方法[J].工程地质学报,2008,16(1):37-41.

[8] HOEK E, BROWN E T. Underground excavations in rock[M]. Rev. and reprinted 1982. London: Institution of Mining and Metallurgy,1980.

[9] TIEN Y M, KUO M C, JUANG C H. An experimental investigation of the failure mechanism of simulated transversely isotropic rocks[J]. International journal of rock mechanics and mining sciences,2006,43(8):1163-1181.

[10] 牛双建.深部巷道围岩强度衰减规律研究[D].徐州:中国矿业大学,2011.

[11] 许国安.深部巷道围岩变形损伤机理及破裂演化规律研究[D].徐州:中国矿业大学,2011.

[12] GOODMAN R E. Introduction to rock mechanics[M]. 2nd ed. New York: John

Wiley & Sons; 1990.

[13] YANG Z Y,CHEN J M,HUANG T H. Effect of joint sets on the strength and deformation of rock mass models[J]. International journal of rock mechanics and mining sciences,1998,35(1):75-84.

[14] KULATILAKE P H S W,MALAMA B,WANG J L. Physical and particle flow modeling of jointed rock block behavior under uniaxial loading[J]. International journal of rock mechanics and mining sciences,2001,38(5):641-657.

[15] KULATILAKE P H S W,WANG S,STEPHANSSON O. Effect of finite size joints on the deformability of jointed rock in three dimensions[J]. International journal of rock mechanics and mining sciences & geomechanics abstracts,1993,30(5):479-501.

[16] TIEN Y M,KUO M C,JUANG C H. An experimental investigation of the failure mechanism of simulated transversely isotropic rocks[J]. International journal of rock mechanics and mining sciences,2006,43(8):1163-1181.

[17] YANG S Q,JING H W. Strength failure and crack coalescence behavior of brittle sandstone samples containing a single fissure under uniaxial compression[J]. International journal of fracture,2011,168(2):227-250.

[18] ZHANG X P,WONG L N Y. Cracking processes in rock-like material containing a single flaw under uniaxial compression:a numerical study based on parallel bonded-particle model approach[J]. Rock mechanics and rock engineering,2012,45(5):711-737.

[19] 李术才,李树忱,朱维申,等.裂隙水对节理岩体裂隙扩展影响的CT实时扫描实验研究[J].岩石力学与工程学报,2004,23(21):3584-3590.

[20] 李术才,李廷春,王刚,等.单轴压缩作用下内置裂隙扩展的CT扫描试验[J].岩石力学与工程学报,2007,26(3):484-492.

[21] 苏海健,靖洪文,赵洪辉,等.纵向裂隙对砂岩力学特性影响试验研究[J].采矿与安全工程学报,2014,31(4):644-649.

[22] MUGHIEDA O,OMAR M T. Stress analysis for rock mass failure with offset joints[J]. Geotechnical and geological engineering,2008,26(5):543-552.

[23] WONG L N Y,EINSTEIN H H. Crack coalescence in molded gypsum and Carrara marble:part 1. macroscopic observations and interpretation[J]. Rock mechanics and rock engineering,2009,42(3):475-511.

[24] YANG S Q. Crack coalescence behavior of brittle sandstone samples containing two coplanar fissures in the process of deformation failure[J]. Engineering fracture mechanics,2011,78(17):3059-3081.

[25] 张平,李宁,贺若兰,等.动载下两条断续预制裂隙贯通机制研究[J].岩石力学与工程学报,2006,25(6):1210-1217.

[26] 杨圣奇,温森,李良权.不同围压下断续预制裂隙粗晶大理岩变形和强度性质的试验研究[J].岩石力学与工程学报,2007,26(8):1572-1587.

[27] 杨圣奇,刘相如.不同围压下断续预制裂隙大理岩扩容特性试验研究[J].岩土工程学报,2012,34(12):2188-2197.

[28] TANG C A,LIN P,WONG R H C,et al. Analysis of crack coalescence in rock-like materials containing three flaws:Part II:numerical approach[J]. International journal of rock mechanics and mining sciences,2001,38(7):925-939.

[29] FENG X T,DING W X,ZHANG D X. Multi-crack interaction in limestone subject to stress and flow of chemical solutions[J]. International journal of rock mechanics and mining sciences,2009,46(1):159-171.

[30] YANG S Q,YANG D S,JING H W,et al. An experimental study of the fracture coalescence behaviour of brittle sandstone specimens containing three fissures[J]. Rock mechanics and rock engineering,2012,45(4):563-582.

[31] 张平,李宁,贺若兰,等.动载下3条断续裂隙岩样的裂缝贯通机制[J].岩土力学,2006,27(9):1457-1464.

[32] YANG S Q,HUANG Y H,JING H W,et al. Discrete element modeling on fracture coalescence behavior of red sandstone containing two unparallel fissures under uniaxial compression[J]. Engineering geology,2014,178:28-48.

[33] SAGONG M,BOBET A. Coalescence of multiple flaws in a rock-model material in uniaxial compression [J]. International journal of rock mechanics and mining sciences,2002,39(2):229-241.

[34] LAJTAI E Z,CARTER B J,DUNCAN E J S. En echelon crack-arrays in potash salt rock[J]. Rock mechanics and rock engineering,1994,27(2):89-111.

[35] WONG R H C,CHAU K T. Crack coalescence in a rock-like material containing two cracks[J]. International journal of rock mechanics and mining sciences,1998,35(2):147-164.

[36] GEO Landslide studies. Blast-induced Rock Slide at Shau Kei Wan[C]//Geotechnical Engineering Office, Civil Engineering Department. Hong Kong:[s. n.],1991.

[37] JAMIL S M. Strength of non-persistent rock joints[D]. Illinois: University of Ullinois,1992.

[38] CORDING E J, JAMIL S M. Slide geometrieson rock slopes and walls[C]//In: 4th South American congress on rock mechanics. Santiago:[s. n.],1997:199-221.

[39] MUGHIEDA O. Failure mechanisms and strength of non-persistent rock joints[D]. Urbaba, Illinois: Unversity of Ullinois; 1997.

[40] JAN M V S, PRUDENCIO M. Strenth of model rock masses with discontinuous joints[C]// Proceedings of the 11th congress of international society of rock mechanics. South Africa:[s. n.],2003:1275-1279.

[41] PRUDENCIO M,JAN V S M. Strength and failure modes of rock mass models with non-persistent joints[J]. International journal of rock mechanics and mining sciences,2007,44(6):890-902.

[42] PRUDENCIO M. Study of the strength and failure mode of rock masses with non-persistent joints[D]. Sanriago: Catholic University of Chile: 2009.

[43] BAHAADDINI M, SHARROCK G, HEBBLEWHITE B K. Numerical investigation of the effect of joint geometrical parameters on the mechanical properties of a non-persistent jointed rock mass under uniaxial compression [J]. Computers and geotechnics, 2013, 49: 206-225.

[44] WU Q, KULATILAKE P H S W. REV and its properties on fracture system and mechanical properties, and an orthotropic constitutive model for a jointed rock mass in a dam site in China[J]. Computers and geotechnics, 2012, 43: 124-142.

[45] WONG R H C, LIN P, TANG C A, et al. Creeping damage around an opening in rock-like material containing non-persistent joints [J]. Engineering fracture mechanics, 2002, 69(17): 2015-2027.

[46] TSANG C F, BERNIER F, DAVIES C. Geohydromechanical processes in the Excavation Damaged Zone in crystalline rock, rock salt, and indurated and plastic clays: in the context of radioactive waste disposal[J]. International journal of rock mechanics and mining sciences, 2005, 42(1): 109-125.

[47] MARTINI C D, READ R S, MARTINO J B. Observations of brittle failure around a circular test tunnel[J]. International journal of rock mechanics and mining sciences, 1997, 34(7): 1065-1073.

[48] MARTINO J, CHANDLER N. Excavation-induced damage studies at the underground research laboratory[J]. International journal of rock mechanics and mining sciences, 2024, 41: 1413-1426.

[49] LAJTAI E Z, LAJTAI V N. The collapse of cavities[J]. International journal of rock mechanics and mining sciences & geomechanics abstracts, 1975, 12(4): 81-86.

[50] LAJTAI E Z, CARTER B J, DUNCAN E J S. En echelon crack-arrays in potash salt rock[J]. Rock mechanics and rock engineering, 1994, 27(2): 89-111.

[51] SAGONG M, PARK D, YOO J, et al. Experimental and numerical analyses of an opening in a jointed rock mass under biaxial compression[J]. International journal of rock mechanics and mining sciences, 2011, 48(7): 1055-1067.

[52] JIANG Y J, LI B, YAMASHITA Y. Simulation of cracking near a large underground cavern in a discontinuous rock mass using the expanded distinct element method[J]. International journal of rock mechanics and mining sciences, 2009, 46(1): 97-106.

[53] 杨圣奇，渠涛，韩立军，等. 注浆锚固裂隙砂岩破裂模式和裂纹扩展特征[J]. 工程力学，2010，27(12)：156-163.

[54] CHEN X, LIAO Z H, PENG X. Deformability characteristics of jointed rock masses under uniaxial compression [J]. International journal of mining science and technology, 2012, 22(2): 213-221.

[55] JEON S, KIM J, SEO Y, et al. Effect of a fault and weak plane on the stability of a

tunnel in rock:a scaled model test and numerical analysis[J]. International journal of rock mechanics and mining sciences,2004,41:658-663.

[56] HAO Y H,AZZAM R. The plastic zones and displacements around underground openings in rock masses containing a fault[J]. Tunnelling and underground space technology,2005,20(1):49-61.

[57] YAN S,BAI J B,LI W F,et al. Deformation mechanism and stability control of roadway along a fault subjected to mining[J]. International journal of mining science and technology,2012,22(4):559-565.

[58] HUANG F,ZHU H H,XU Q W,et al. The effect of weak interlayer on the failure pattern of rock mass around tunnel - Scaled model tests and numerical analysis[J]. Tunnelling and underground space technology,2013,35:207-218.

[59] JIA P,TANG C A. Numerical study on failure mechanism of tunnel in jointed rock mass[J]. Tunnelling and underground space technology,2008,23(5):500-507.

[60] HE M C. Physical modeling of an underground roadway excavation in geologically 45° inclined rock using infrared thermography[J]. Engineering geology,2011,121(3/4):165-176.

[61] WANG S Y,SLOAN S W,TANG C A,et al. Numerical simulation of the failure mechanism of circular tunnels in transversely isotropic rock masses[J]. Tunnelling and underground space technology,2012,32:231-244.

[62] FORTSAKIS P,NIKAS K,MARINOS V,et al. Anisotropic behaviour of stratified rock masses in tunnelling[J]. Engineering geology,2012,141/142:74-83.

[63] BHASIN R,HØEG K. Parametric study for a large cavern in jointed rock using a distinct element model (UDEC:BB)[J]. International journal of rock mechanics and mining sciences,1998,35(1):17-29.

[64] JIANG Y J,TANABASHI Y,LI B,et al. Influence of geometrical distribution of rock joints on deformational behavior of underground opening [J]. Tunnelling and underground space technology,2006,21(5):485-491.

[65] WANG T T,HUANG T H. Anisotropic deformation of a circular tunnel excavated in a rock mass containing sets of ubiquitous joints: theory analysis and numerical modeling[J]. Rock mechanics and rock engineering,2014,47(2):643-657.

[66] JIN C Y,YANG C X,FANG D,et al. Study on the failure mechanism of basalts with columnar joints in the unloading process on the basis of an experimental cavity[J]. Rock mechanics and rock engineering,2015,48(3):1275-1288.

[67] LI S, FENG X T, LI Z, et al. In situ monitoring of rock burst nucleation and evolution in the deeply buried tunnels of Jinping Ⅱ hydropower station[J]. Eng Geol 2012; 137-138:85-96.

[68] EINSTEIN H H. Modern developments in discontinuity analysis - the persistence - connectivity problem [M]//Rock Testing and Site Characterization. Amsterdam:

Elsevier,1993:193-213.

[69] KULATILAKE P H S W,WU Q,YU Z X,et al. Investigation of stability of a tunnel in a deep coal mine in China[J]. International journal of mining science and technology,2013,23(4):579-589.

[70] WANG X,KULATILAKE P H S W,SONG W D. Stability investigations around a mine tunnel through three-dimensional discontinuum and continuum stress analyses[J]. Tunnelling and underground space technology,2012,32:98-112.

[71] HUANG Z P,BROCH E,LU M. Cavern roof stability:mechanism of arching and stabilization by rockbolting[J]. Tunnelling and underground space technology,2002,17(3):249-261.

[72] 葛修润,刘建武.加锚节理面抗剪性能研究[J].岩土工程学报,1988,10(1):8-19.

[73] KHARCHAFI M,GRASSELLI G,EGGER P. 3D behaviour of bolted rock joints:experimental and numerical study[M]//Mechanics of Jointed and Faulted Rock. London:Routledge,2018:299-304.

[74] 温进涛,朱维申,李术才.锚索对结构面的锚固抗剪效应研究[J].岩石力学与工程学报,2003,22(10):1699-1703.

[75] SPANG K,EGGER P. Action of fully-grouted bolts in jointed rock and factors of influence[J]. Rock mechanics and rock engineering,1990,23(3):201-229.

[76] DIGHT P M. Improvement to the stability of rock walls in open pit mines[D]. Victoria :Monash University,1982.

[77] PELLET F,EGGER P. Analytical model for the mechanical behaviour of bolted rock joints subjected to shearing[J]. Rock mechanics and rock engineering,1996,29(2):73-97.

[78] JALALIFAR H,AZIZ N,HADI M. The effect of surface profile,rock strength and pretension load on bending behaviour of fully grouted bolts[J]. Geotechnical &geological engineering,2006,24(5):1203-1227.

[79] JALALIFAR H,AZIZ N. Analytical behaviour of bolt - joint intersection under lateral loading conditions[J]. Rock mechanics and rock engineering,2010,43(1):89-94.

[80] 伍右伦,王元汉,古德生.锚杆抑制临空结构面扩展的试验研究[J].岩石力学与工程学报,2006,25(增1):3046-3050.

[81] 张茂林.断续节理岩体破裂演化特征与锚固控制机理研究[D].徐州:中国矿业大学,2013.

[82] 孟波.软岩巷道破裂围岩锚固体承载特性及工程应用研究[D].徐州:中国矿业大学,2013.

[83] OKUI Y,HORII H. A micromechanics-based continuum theory for microcracking localization of rocks under compression[C]// Mühlhaus HB, editor. Continuum models for materials with microstructure. New York:Wiley,1995:27-68.

[84] BIENIAWSKI Z T. Mechanism of brittle fracture of rock[J]. International journal of rock mechanics and mining sciences & geomechanics abstracts, 1967, 4(4): 407-423.
[85] HALLBAUER D K, WAGNER H, COOK N G W. Some observations concerning the microscopic and mechanical behaviour of quartzite specimens in stiff, triaxial compression tests[J]. International journal of rock mechanics and mining sciences & geomechanics abstracts, 1973, 10(6): 713-726.
[86] KRANZ R L. Crack growth and development during creep of Barre granite[J]. International journal of rock mechanics and mining sciences & geomechanics abstracts, 1979, 16(1): 23-35.
[87] KRANZ R L. Crack-crack and crack-pore interactions in stressed granite[J]. International journal of rock mechanics and mining sciences & geomechanics abstracts, 1979, 16(1): 37 47.
[88] LOCKNER D. The role of acoustic emission in the study of rock fracture[J]. International journal of rock mechanics and mining sciences & geomechanics abstracts, 2023, 30: 883-899.
[89] AUBERTIN M, JULIEN MR, LI L. The semi-brittle behavior of low porosity rocks [C]//Prodceedings of the Third North American Rock Mechanics Symposium. Mexico: International Society for Rock Mechanics, 1998: 65-90.
[90] BLAIR S C, COOK N G W. Analysis of compressive fracture in rock using statistical techniques: Part I. A non-linear rule-based model[J]. International journal of rock mechanics and mining sciences, 1998, 35(7): 837-848.
[91] BLAIR S C, COOK N G W. Analysis of compressive fracture in rock using statistical techniques: Part II. Effect of microscale heterogeneity on macroscopic deformation [J]. International journal of rock mechanics and mining sciences, 1998, 35(7): 849-861.
[92] KEMENY J M. A model for non-linear rock deformation under compression due to sub-critical crack growth[J]. International journal of rock mechanics and mining sciences & geomechanics abstracts, 1991, 28(6): 459-467.
[93] KEMENY J M, COOK N G W. Micromechanics of deformation in rocks[J]. Toughening mechanisms in quasi-brittle materials, 1991: 155-188.
[94] LOCKNER D A, MADDEN T R. A multiple-crack model of brittle fracture: 1. non-time-dependent simulations[J]. Journal of geophysical research: solid earth, 1991, 96(B12): 19623-19642.
[95] LOCKNER D A, MADDEN T R. A multiple-crack model of brittle fracture, 2, non-time-dependent simulations[J]. J Geophys Res 1991, 96: 19643-54.
[96] LOCKNER D A. A generalized law for brittle deformation of Westerly granite[J]. Journal of geophysical research: solid earth, 1998, 103(B3): 5107-5123.
[97] OKUI Y, HORII H. Stress and time-dependent failure of brittle rocks under

compression:a theoretical prediction[J]. Journal of geophysical research:solid earth, 1997,102(B7):14869-14881.

[98] CUNDALL P A, POTYONDY D O, LEE C A. Micromechanics-based models for fracture and breakout around the mine-by tunnel[C]// In: Martino JB, Martin CD, editors. Proceedings of the Excavation Disturbed Zone Workshop, Designing the Excavation Disturbed Zone for a Nuclear Repository in Hard Rock. Toronto: Canadian Nuclear Society; 1996:113-22.

[99] POTYONDY D O, CUNDALL P A. A bonded-particle model for rock [J]. International journal of rock mechanics and mining sciences,2004,41(8):1329-1364.

[100] CUNDALL P A, DRESCHER A, STRACK O D L. Numerical experiments on granular assemblies, measurements and observations[C]//In: Vermeer PA, Luger HJ, editors. Deformation and failure of granular materials. Rotterdam: Balkema; 1982: 355-370.

[101] KRAJCINOVIC D. Damage mechanics[J]. Mechanics of materials,1989,8(2/3): 117-197.

[102] HERRMANN H J,ROUX S. Statistical models for the fracture of disordered media [M]. Amsterdam:North-Holland,1990.

[103] CHARMET J C,ROUX S,GUYON E. Disorder and Fracture[M]. Boston,MA: Springer US,1990.

[104] SCHLANGEN E,GARBOCZI E J. Fracture simulations of concrete using lattice models:Computational aspects[J]. Engineering fracture mechanics,1997,57(2/3): 319-332.

[105] D'ADDETTA G A,KUN F,RAMM E. On the application of a discrete model to the fracture process of cohesive granular materials[J]. Granular matter,2002,4(2): 77-90.

[106] DONZÉ F, MAGNIER S A. Formulation of a 3-D numerical model of brittle behaviour[J]. Geophysical journal international,1995,122(3):790-802.

[107] HANDLEY M F. An investigation into the constitutive behaviour of brittle granular media by numerical experiment[D]. Minnesota :University of Minnesota, 1995.

[108] JIRASEK M, BAZANT Z P. Discrete element modeling of fracture and size effect inquasi brittle materials: analysis of sea ice[C]. In:Proceedings of the Second International Conference on Discrete Element Methods. Cambridge, MA: IESL Publications; 1993:357-68.

[109] BAŽANT Z,TABBARA M,KAZEMI M,et al. Random particle model for fracture of aggregate or fiber composites[J]. Journal of engineering mechanics-asce,1990, 116:1686-1705.

[110] TRENT B C, MARGOLIN L G, CUNDALL P A, et al. The micro-mechanics of

cemented granular material[C]// Constitutive laws for engineering materials: theory and applications. Amsterdam: Elsevier; 1987:795-802.

[111] LORIG L J, CUNDALL P A. Modeling of reinforced concrete using the distinct element method[C]// Fracture of Concrete and Rock. New York, NY: Springer New York, 1989:276-287.

[112] PLESHA ME, AIFANTIS EC. On the modeling of rocks with microstructure [C]// Rock mechanics - theory - experiment - practice. New York: Association of Engineersand Geologists; 1983:27-35.

[113] ZUBELEWICZ A, MRÓZ Z. Numerical simulation of rock burst processes treated as problems of dynamic instability[J]. Rock mechanics and rock engineering, 1983, 16(4):253-274.

[114] HUNT S P, MEYERS A G, LOUCHNIKOV V. Modelling the Kaiser effect and deformation rate analysis in sandstone using the discrete element method[J]. Computers and geotechnics, 2003, 30(7):611-621.

[115] HAZZARD J F, YOUNG R P. Simulating acoustic emissions in bonded-particle models of rock[J]. International journal of rock mechanics and mining sciences, 2000, 37(5):867-872.

[116] Hazzard J F, Young R P. 3D numerical modelling of acoustic emissions[C]// ISRM workshop on geophysics in rock mechanics at the 5th North American rock mechanics symposium. Toronto, Canada; 2002.

[117] WANNE T. PFC3D simulation procedure for compressive strength testing of anisotropic hard rock[M]//Numerical Modeling in Micromechanics via Particle Methods. London: Routledge, 2017:241-249.

[118] FAKHIMI A, RIEDEL J J, LABUZ J F. Shear banding in sandstone: physical and numerical studies[J]. International journal of geomechanics, 2006, 6(3):185-194.

[119] JIANG M J, YAN H B, ZHU H H, et al. Modeling shear behavior and strain localization in cemented sands by two-dimensional distinct element method analyses [J]. Computers and geotechnics, 2011, 38(1):14-29.

[120] FAKHIMI A, VILLEGAS T. Application of dimensional analysis in calibration of a discrete element model for rock deformation and fracture[J]. Rock mechanics and rock engineering, 2007, 40(2):193-211.

[121] TRAN TH, VÉNIER R, CAMBOU B. Discrete modelling of rock-ageing in rockll dams[J]. Comput geotech 2009; 36(1-2): 264-75.

[122] POTYONDY D O. Simulating stress corrosion with a bonded-particle model for rock[J]. International journal of rock mechanics and mining sciences, 2007, 44(5): 677-691.

[123] ZHANG Z X, HU X Y, SCOTT K D. A discrete numerical approach for modeling face stability in slurry shield tunnelling in soft soils[J]. Computers and geotechnics,

2011,38(1):94-104.

[124] AKRAM M S, SHARROCK G B. Physical and numerical investigation of a cemented granular assembly of steel spheres[J]. International journal for numerical and analytical methods in geomechanics,2010,34(18):1896-1934.

[125] HOLT R M, KJØLAAS J, LARSEN I, et al. Comparison between controlled laboratory experiments and discrete particle simulations of the mechanical behaviour of rock[J]. International journal of rock mechanics and mining sciences, 2005,42(7/8):985-995.

[126] 陈新,廖志红,李德建. 节理倾角及连通率对岩体强度、变形影响的单轴压缩试验研究[J]. 岩石力学与工程学报,2011,30(4):781-789.

[127] DERSHOWITZ W S, EINSTEIN H H. Characterizing rock joint geometry with joint system models[J]. Rock mechanics and rock engineering,1988,21(1):21-51.

[128] KIM B H, KAISER P K, GRASSELLI G. Influence of persistence on behaviour of fractured rock masses[J]. Geological society, london, special publications,2007,284(1):161-173.

[129] YANG X X, KULATILAKE P H S W, JING H W, et al. Numerical simulation of a jointed rock block mechanical behavior adjacent to an underground excavation and comparison with physical model test results[J]. Tunnelling and underground space technology,2015,50:129-142.

[130] BAHAADDINI M, HAGAN P, MITRA R, et al. Numerical study of the mechanical behavior of nonpersistent jointed rock masses [J]. International journal of geomechanics,2016,16(1):13-15.

[131] YANG X X, KULATILAKE P H S W, CHEN X, et al. Particle flow modeling of rock blocks with nonpersistent open joints under uniaxial compression [J]. International journal of geomechanics,2016,16(6):152-161.

[132] 李元海,朱合华,上野胜利,等. 基于图像相关分析的砂土模型试验变形场量测[J]. 岩土工程学报,2004,26(1):36-41.

[133] 李元海，靖洪文，曾庆有. 岩土工程数字照相量测软件系统研发与应用[J]. 岩石力学与工程学报，2006;25(增 2):3859-3866.

[134] GRIFFITH A A. The phenomena of rupture and flow in solids[J]. Philos Trans R. Soc. ,1921, 221:163-198.

[135] JENNINGS J E. A mathematical theory for the calculation of the stability of open cast mines[C]//Proceedings of the Symposium on Theoretical Background to the Planning of Open Pit Mines. Johannesburg, 1970: 87-102.

[136] MAS IVARS D, PIERCE M E, DARCEL C, et al. The synthetic rock mass approach for jointed rock mass modelling[J]. International journal of rock mechanics and mining sciences,2011,48(2):219-244.

[137] ITASCA CONSULTING GROUP. PFC3D manual, version 4. 0, Itasca,

Minneapolis. [S. l. :s. n.],2008.

[138] PIERCE M,CUNDALL P,POTYONDY D,et al. A synthetic rock mass model for jointed rock[M]//Rock Mechanics: Meeting Society's Challenges and Demands. London:Taylor & Francis,2007:341-349.

[139] BAHAADDINI M, SHARROCK G, HEBBELWHITE B, et al. Direct shear tests to model the shear behavior of rock joints by PFC2D[C]//46th US rock mechanics/geomechanics symposium. Chicago:[s. l.],2012.

[140] GHAZVINIAN A,SARFARAZI V,SCHUBERT W,et al. A study of the failure mechanism of planar non-persistent open joints using PFC2D[J]. Rock mechanics and rock engineering,2012,45(5):677-693.

[141] SARFARAZI V,GHAZVINIAN A,SCHUBERT W,et al. Numerical simulation of the process of fracture of echelon rock joints [J]. Rock mechanics and rock engineering,2014,47(4):1355-1371.

[142] INDRARATNA B,AZIZ N,DEY A. Behaviour of joints containing clay infill under constant normal stiffness,with and without bolting[J]. Geotechnical engineering, 2001,149:259-267.

[143] JOHNSTON I W,LAM T S K. Shear behavior of regular triangular concrete/rock joints:analysis[J]. Journal of geotechnical engineering,1989,115(5):711-727.

[144] SKINAS C A, et al. Experimental investigations and modelling of rock joint behavior under constant normal stiffness [C]//Proceedings of an International Symposium on Rock Joints, Leon (Barton and Stephanson eds.). Balkema, Rotterdam:[s. l.],1990:301-308.

[145] INDRARATNA B,HAQUE A,AZIZ N. Shear behaviour of idealized infilled joints under constant normal stiffness[J]. Geotechnique,1999,49(3):331-355.

[146] JING H W,YANG S Q,ZHANG M L,et al. An experimental study on anchorage strength and deformation behavior of large-scale jointed rock mass[J]. Tunnelling and underground space technology,2014,43:184-197.

[147] VUTUKURI V S, LAMA R D, SALUJA S S. Handbook on Mechanical Properties of Rocks-Testing Techniques and Results, vol. 1[M]. Switzerland :Trans Tech Publication,1974.

[148] PATERSON M S. Experimental rock deformation: the brittle field[M]. Berlin: Springer-Verlag,1978.

[149] FAN X,KULATILAKE P H S W,CHEN X. Mechanical behavior of rock-like jointed blocks with multi-non-persistent joints under uniaxial loading: a particle mechanics approach[J]. Engineering geology,2015,190:17-32.

[150] YANG Z Y,CHEN J M,HUANG T H. Effect of joint sets on the strength and deformation of rock mass models[J]. International journal of rock mechanics and mining sciences,1998,35(1):75-84.

[151] CHIU C C, WANG T T, WENG M C, et al. Modeling the anisotropic behavior of jointed rock mass using a modified smooth-joint model[J]. International journal of rock mechanics and mining sciences, 2013, 62: 14-22.